高职高专畜牧兽医类专业系列教材

动物微生物与免疫

DONGWU WEISHENGWU YU MIANYI

主　编　宋金秋（湘西民族职业技术学院）
向双云（北京农业职业学院）
副主编　张崇英（重庆三峡职业学院）
王晓平（湘西民族职业技术学院）
卢占龙（朔州职业技术学院）
刘淑娇（朔州职业技术学院）
参　编　师丽敏（海南职业技术学院）
田璨熙（湘西民族职业技术学院）
主　审　贺宋文（湘西民族职业技术学院）

重庆大学出版社

内 容 提 要

本书根据教育部高等学校畜牧兽医专业教学指导委员会最新提出的有关要求编写。

全书共分绪论和9个章节，其中包括原核微生物、病毒、真核微生物、微生物的人工培养、微生物的新陈代谢、微生物生态、传染与免疫、生物制品及其应用、微生物实验。

本书可作为高职高专畜牧兽医专业的基础必修教材，也可以作为畜牧兽医专业实验用书。

图书在版编目(CIP)数据

动物微生物与免疫/宋金秋，向双云主编.--重庆：重庆大学出版社，2017.8(2022.8重印)

高职高专畜牧兽医类专业"十三五"系列规划教材

ISBN 978-7-5689-0649-4

Ⅰ.①动… Ⅱ.①宋…②向… Ⅲ.①兽医学—微生物学—高等职业教育—教材②兽医学—免疫学—高等职业教育—教材 Ⅳ.①S852

中国版本图书馆CIP数据核字(2017)第166380号

高职高专畜牧兽医类专业"十三五"系列规划教材

动物微生物与免疫

主 编 宋金秋 向双云

副主编 王晓平 卢占龙

策划编辑：梁 涛

责任编辑：陈 力 涂 昀 版式设计：梁 涛

责任校对：贾 梅 责任印制：赵 晟

*

重庆大学出版社出版发行

出版人：饶帮华

社址：重庆市沙坪坝区大学城西路21号

邮编：401331

电话：(023) 88617190 88617185(中小学)

传真：(023) 88617186 88617166

网址：http://www.cqup.com.cn

邮箱：fxk@cqup.com.cn (营销中心)

全国新华书店经销

POD：重庆新生代彩印技术有限公司

*

开本：787mm×1092mm 1/16 印张：11.75 字数：267千

2017年8月第1版 2022年8月第5次印刷

ISBN 978-7-5689-0649-4 定价：32.00元

前　言

Preface

随着我国畜牧兽医职业教育的迅速发展，有关院校对具有畜牧兽医职业教育特色教材的需求也日益迫切。高等职业教育是我国近几年来高等教育发展的重点，为了适应社会发展对高职高专人才培养的需求，本书的编写始终围绕着高职高专畜牧兽医专业的培养目标，坚持“以能力为本位，以就业为导向”的原则，淡化了学科体系，重视能力的培养。在内容的安排上，紧密联系实际，将知识和技能融为一体。同时，将当前动物微生物领域的一些新知识、新技术融于本书之中。本书的每章节都有章节小结和思考题，并争取了最大限度的图文并茂，内容上的编排顺序与以往同类教材相比有所调整，在学习内容的设置和选择上力求内容丰富、技术新颖。实训内容规范，注重其实践操作性，与当前的高等职业学院技能抽考相匹配，所有章节都设有“学习目标”“本章小结”和“思考题”部分，有利于学生自学和培养学生课后思考问题的能力，让学生了解本章学了什么，哪些是重要的知识点。

本书编写组由来自全国各地从事职业教育多年、具有丰富教学经验和实践经验的教师组成，具体分工是：宋金秋编写绪论、第 3 章、实验八；向双云编写第 2 章、实验十四；王晓平编写第 1 章、实验十三；师丽敏编写第 7 章、实验十六；卢占龙编写第 8 章、实验十二；刘淑娇编写第 5 章、第 6 章、实验一；张崇英编写第 4 章、实验九；田璨熙编写第 9 章的其余实验项目。

感谢为本书辛勤付出的全体编写教师，同时也感谢重庆大学出版社的专家、编辑及工作人员为本书的顺利出版所付出的努力。由于时间紧、任务重，编写水平有限，本书可能有不少缺点，甚至错误，敬请广大师生和读者批评指正。

编　者

2017 年 4 月

Contents

目　录

绪　论 ·· 1

0.1　微生物的概念与分类 ·· 1

0.2　微生物的特点 ·· 2

0.3　微生物发展史 ·· 2

0.4　学习动物微生物的目的和方法 ·· 5

本章小结 ·· 5

思考题 ·· 5

第 1 章　原核微生物 ·· 6

1.1　细菌 ·· 6

1.2　其他原核微生物 ·· 13

1.3　常见病原细菌 ·· 16

1.4　其他病原微生物 ·· 29

本章小结 ·· 32

思考题 ·· 32

第 2 章　病　毒 ·· 33

2.1　病毒的基本特征与形态结构 ·· 33

2.2　病毒的增殖 ·· 38

2.3　病毒的其他特性 ·· 41

2.4　常见动物病毒 ·· 45

本章小结 ·· 54

思考题 ·· 54

第 3 章 真核微生物 …… 55
3.1 真菌 …… 55
3.2 常见病原真菌 …… 60
本章小结 …… 65
思考题 …… 65

第 4 章 微生物的人工培养 …… 66
4.1 细菌的营养与培养 …… 66
4.2 其他原核微生物的培养 …… 73
4.3 病毒的培养 …… 74
4.4 真菌的培养 …… 77
本章小结 …… 79
思考题 …… 79

第 5 章 微生物的新陈代谢 …… 80
5.1 微生物的代谢类型 …… 80
5.2 微生物独特的合成代谢途径 …… 82
本章小结 …… 84
思考题 …… 84

第 6 章 微生物生态 …… 85
6.1 微生物分布 …… 85
6.2 微生物的生长规律 …… 86
6.3 外界环境与微生物的关系 …… 89
6.4 微生物的变异 …… 94
本章小结 …… 96
思考题 …… 96

第 7 章 传染与免疫 …… 97
7.1 传染 …… 97
7.2 非特异性免疫 …… 100
7.3 特异性免疫 …… 103
7.4 免疫学方法及其应用 …… 117
本章小结 …… 125

思考题 …… 125

第 8 章 生物制品及其应用 …… 126
8.1 生物制品的相关知识 …… 126
8.2 生物制品的应用 …… 130
本章小结 …… 134
思考题 …… 134

第 9 章 微生物实验 …… 135
9.1 实验一 显微镜油镜使用及微生物形态观察 …… 135
9.2 实验二 美蓝染色法 …… 137
9.3 实验三 瑞氏染色法 …… 139
9.4 实验四 姬姆萨染色法 …… 141
9.5 实验五 革兰氏染色法 …… 142
9.6 实验六 放线菌的形态观察 …… 144
9.7 实验七 霉菌的形态结构观察 …… 146
9.8 实验八 四大类微生物菌落形态的观察 …… 148
9.9 实验九 培养基的制备及灭菌 …… 151
9.10 实验十 微生物的分离与纯化 …… 154
9.11 实验十一 微生物细胞大小的测定与显微镜直接计数 …… 159
9.12 实验十二 细菌的药物敏感性试验 …… 164
9.13 实验十三 病毒的鸡胚接种 …… 166
9.14 实验十四 病毒的血凝和血凝抑制试验 …… 168
9.15 实验十五 凝集实验 …… 172
9.16 实验十六 沉淀实验 …… 175
9.17 实验十七 酶联免疫吸附试验(ELISA) …… 177

参考文献 …… 180

绪　论

【学习目标】

了解什么是微生物及其分类；知道什么是动物微生物；了解微生物的发展史。

人类对动植物的认识可追溯到人类的出现，可是对数量无比庞大、分布极其广泛并始终包围在人体内外的微生物却长期缺乏认识，其主要原因是它们的形体微小、结构简单、繁殖迅速、容易变异等。可以说，微生物与人类关系的重要性，怎么强调都不过分，微生物是一把十分锋利的双刃剑，它们在给人类带来巨大利益的同时也带来“残忍”的破坏。例如，被称为“世纪瘟疫”的艾滋病，从感染病毒到发病一般要经历长达十几年的潜伏期，如果没有微生物学知识，谁会知道病人的死因是由于极其微小的人类免疫缺陷病毒（HIV）在作祟。又如被国际兽疫局列为“A 类动物传染病名单”之首的口蹄疫，倘若没有微生物学知识，人们无论如何都不会相信这一类极其不显眼的小生物，竟然会给畜牧业造成极其严重的损失。因此，在人类的历史长河中，微生物给人类带来的利益不仅是享受，而且实际上涉及人类的生存，如霍乱弧菌、天花病毒、埃博拉病毒、SARS 病毒等。直至今日，在全球范围内，人类不但面临着旧病的卷土重来，也要经受着新病不断出现的严峻形势。那么，什么是微生物呢？

0.1　微生物的概念与分类

0.1.1　微生物的概念

微生物是一切肉眼看不见或看不清的微小生物的总称，包括细菌、放线菌、螺旋体、支原体、衣原体、立克次氏体、真菌、病毒八大类。

0.1.2　微生物的分类

已经发现的微生物有 10 多万种，按照其结构特点，可分为 3 种类型。

1)原核微生物

原核微生物仅有核质,无核膜和核仁,缺乏完整的细胞器。这类微生物有细菌、放线菌、螺旋体、支原体、衣原体、立克次氏体。

2)真核微生物

真核微生物细胞核高度分化,有核膜、核仁和染色体,细胞质内存在多种细胞器,如真菌。

3)非细胞型微生物

非细胞型微生物个体最小,不具备细胞结构,没有代谢必需的酶系统,只能在活细胞内增殖生长,如病毒。

0.2 微生物的特点

在整个生物界中,各种生物体型的大小各异。植物界的一种红杉可高达350 m,动物界中的蓝鲸可长达34 m,而微生物体的长度一般都在数微米甚至纳米围之内。微生物由于其体型都极其微小,因而导致一系列与之密切相关的5个重要共性,即体积小,面积大;吸收多,转化快;生长旺,繁殖快;适应强,易变异;分布广,种类多的特点。

0.2.1 微生物学

微生物学是生物科学的一个分支,主要研究微生物在一定条件下的形态结构、生命活动及其规律、分类以及微生物与人类、动植物相互作用的科学。广义的微生物学还包括免疫学,甚至还包括寄生虫学,特别是原虫学。

0.2.2 动物微生物

动物微生物包括微生物和免疫两部分内容。动物微生物是研究常见动物病原微生物的基本生物学特性以及病原微生物与动物机体相互作用、相互斗争的复杂病理过程的总称。动物免疫是研究抗原性物质、动物机体的免疫系统和免疫应答的规律和调节以及免疫应答的各种产物和各种免疫现象的一门科学。

0.3 微生物发展史

整个微生物发展史是一部逐步探究它们生命活动规律,并开发利用有益微生物和控制、消灭有害微生物的历史。现简明扼要地将其分为4个时期。

0.3.1 感性认识阶段（史前时期）

在古希腊留下来的石刻上记有酿酒的操作过程。人类在从事生产活动的早期,已经感觉到了微生物的存在,并在不知不觉中应用了它们。我国在利用微生物方面,更有着丰富的经验和悠久的历史。中国利用微生物进行酿酒的历史可以追溯到 4 000 多年前的龙山文化时期。殷商时代的甲骨文中刻有“酒”字。在公元 6 世纪,后魏贾思勰所著的《齐民要术》一书中就详细记载了制曲和酿酒的技术,还记载了栽种豆科植物可以肥沃土壤,当时虽不知根瘤菌的存在,也不知固氮作用,但会利用根瘤菌积累氮肥。中国在春秋战国时期就已经利用微生物分解有机物质的作用进行沤粪积肥。公元 2 世纪的《神农本草经》中有白僵蚕治病的记载。公元 6 世纪的《左传》中有用麦曲治腹泻病的记载。据清代董正山《种痘新书》记载:“自唐开元(712—756)年间,江南赵氏史传鼻苗种痘之法。”这是预防天花的最早记载。到了 16 世纪,古罗马医生伏拉卡斯托罗(G.Fracastoro)明确提出疾病是由肉眼看不见的生物引起的;1642 年,我国明末医生吴又可,在其编著的《瘟疫论》一书中提出,瘟疫病是由“戾气”引起的,认为戾气是通过口鼻进入体内,不同种类的戾气引发的疾病种类也有所不同。尽管人们对微生物有了初步的了解和应用,但微生物作为一门学科,真正被人们所认识应该是始于显微镜的发明。

0.3.2 形态学发展时期（初创时期）

1673 年微生物学的先驱荷兰人列文·虎克(Antony van Leeuwenhoek,1632—1723 年)利用自制的放大倍数为 200 倍以上的显微镜在液体标本中首次观察到了许多微生物,这是过去人类历史上谁也没有见过的微小生物,也就是这样一个没有上过大学、只会荷兰语的小商人,给我们展示了一个全新的生物世界——微生物界,从此也打开了研究微生物的门户,使得微生物学进入了形态学时期。在这一时期内,人类借助显微镜观察到了许多种细菌,进行了简单的形态学描述,这一时期从 17 世纪末至 19 世纪中叶,延续了将近 200 年之久。

0.3.3 生理学发展阶段（奠基时期）

图 0.1 路易·巴斯德

生理学发展阶段大约是从 1870 持续到 1920 年。在此期间微生物学发展成为一门独立的学科,在理论、技术、应用等方面都取得了不少成就。此时期的奠基人为法国学者路易·巴斯德(Louis Pasteur,1822—1895 年)。他通过一个简单的曲颈瓶实验彻底否定了“自然发生”学说,以大量的实验证明了自然界和酿造工业的发酵是由不同种类的微生物所引起的。一直沿用至今,广泛用于食品制造业的巴斯德消毒法也是巴斯德的重要贡献。

巴斯德在免疫研究方面也做出了重大贡献,他相继成功研制了鸡霍乱菌苗、炭疽菌苗、狂犬病疫苗和猪丹毒菌苗。他发现运用定向变异的原则可使病原毒力减弱,为制备各种弱毒菌苗奠定了初步的理论和技术基础。

图 0.2 科赫

继巴斯德之后，德国科学家科赫(Koch,1843—1910 年)创造了一系列的特殊研究方法，推动了微生物学的发展。他根据自己分离致病菌的经验，总结出了著名的“科赫原则”。在这个原则的指导下，使得 19 世纪 70 年代到 20 世纪 20 年代成了发现病原菌的黄金时代。科赫除了在病原体的确证方面做出了奠基性工作外，他创立的细菌分离和纯培养技术、培养基技术、染色技术一直沿用至今，为微生物学作为生命科学中一门重要的独立分支学科奠定了坚实的基础。1905 年，为了表彰其在肺结核研究方面的贡献，科赫获得了诺贝尔医学和生理学奖。

1860 年，英国外科医生约瑟夫·李斯特(Joseph Lister,1827—1912 年)用石炭酸喷洒手术室和煮沸手术用具，为防腐、消毒以及无菌操作打下了基础，并创立了无菌的外科手术操作方法。李斯特的发现使外科学领域发生了彻底的革命，拯救了千百万人的生命，从 1861 年到 1865 年，男性急诊病房中的术后死亡率为 45%，到 1889 年减少到 15%。从此以后，死于外科手术后感染的患者极少。

1892 年，俄国科学家伊凡诺夫斯基(Dmitri Iosifovich Ivanovsky,1864—1920 年)首次发现了烟草花叶病毒，从而创立了传染病的病毒学说。在伊凡诺夫斯基的启发下，自 1930 年以来许多医生和兽医在研究某些人和动物疾病时，也发现一些经过过滤器除去了细菌的液体也会使人和动物生病。相继发现了许多可致人类及动物疾病的病毒，如流行性感冒病毒、麻疹病毒、乙脑病毒、肝炎病毒、脊髓灰质炎病毒、获得性免疫缺陷综合征(艾滋病)病毒等。据现有资料证明，人类的传染病约有 80%是由病毒所致。它是对人类危害最大、个头最小的“杀手”。

0.3.4 分子生物学发展阶段(成熟时期)

进入 20 世纪以后，特别是近 20 年以来，由于分子生物学新技术不断出现，使得微生物学研究得以迅速向纵深发展，已从细胞水平、酶学水平逐渐进入基因水平、分子水平和后基因组水平。概括起来，近年来微生物领域有三大进展，即微生物的遗传学、免疫学及病毒学，而且这 3 门学科都已经发展成为独立的科学。

1977 年，C. Woese 提出并建立了细菌(bacteria)、古菌(archaea)和真核生物(eukarya)并列的生命三域的理论，揭示了古细菌在生物系统发育中的地位，创立了利用分子生物学技术进行在分子和基因水平上进行分类鉴定的理论与技术。微生物细胞结构与功能、生理生化与遗传学研究的结合，已经进入基因和分子水平，即在基因和分子水平上研究了微生物分化的基因调控，分子信号物质及其作用机制，生物大分子物质装配成细胞器过程的基因调控，催化各种生理生化反应的酶的基因及其组成、表达和调控，阐明了蛋白质生物合成机制，建立了酶生物合成和活性调节模式，探查了许多核酸序列，构建了 超过 10 万种微生物的基因核酸序列图谱。如大肠杆菌(Escheriachia coli)的基因图谱早已绘出，1/3 多的基因产物已完成了生化研究，80%的代谢途径已有了解，染色体复制模式及调控方式已基本阐明，对许多操纵子的主要特征已有描述，对大肠杆菌细胞高分子的合成已探明，并可以在试管中模拟，即进入了后基因组时期。

近代微生物的研究已经达到了分子水平，细菌已成为现代研究基因工程的重要对象和实验手段，从而大大推动了其他生物工程的研究。可以毫不夸张地说，在近代科学中，微生物学已成为对人类福利最大的一门科学之一。

我国在动物微生物和免疫学方面也取得了一定的成绩，如在世界上首先发现小鹅瘟病病毒、兔出血热病毒；研制了猪瘟疫苗等十几种疫苗，其中猪瘟疫苗获国际殊荣；发明了饮水免疫、饲喂免疫和气雾免疫法；对马传染性贫血的研究走在了世界的前列；等等。

0.4 学习动物微生物的目的和方法

动物微生物是畜牧兽医、兽医、动物防疫检疫专业的一门重要专业基础课，为学习畜禽传染病、兽医卫生检验、兽医药理、家畜内科病、家畜外科病、家畜寄生虫病和畜牧各论等课程提供必要的理论知识和操作技能。

学习动物微生物应以病原微生物的致病性为核心，将各部分内容有机联系，有助于理解和记忆种类庞杂的各种病原微生物，切忌死记硬背。学生在学习中必须重视动物微生物学的实验课。它不仅能验证课堂理论和培养学生的操作技能，更重要的是它能培养学生善于观察以及分析问题的能力，从而为今后独立从事畜牧兽医工作奠定牢固的基础。

本章小结

1.微生物是一切肉眼看不见或看不清的微小生物的总称，包括细菌、放线菌、螺旋体、支原体、衣原体、立克次氏体、真菌、病毒八大类。

2.微生物的五大共性十分重要，它是微生物对自然界和人类发挥一切重要作用的基础。

3.微生物学的发展史可分为 4 个时期，即感性认识阶段（史前时期）、形态学发展时期（初创时期）、生理学发展阶段（奠基时期）、分子生物学发展阶段（成熟时期）。

思考题

1.什么是微生物？它包括哪些类群？

2.微生物有哪五大共性？

3.简述微生物学发展史上 4 个时期的特点和代表人物。

第1章　原核微生物

【学习目标】

深入了解细菌的形态、结构及繁殖方式；一般了解其他原核微生物的形态结构和致病性；了解常见病原细菌和其他病原微生物的形态特点、微生物诊断方法和防治方法。

1.1　细　菌

广义的细菌(Bacterium)即为原核微生物，是指一大类细胞核无核膜包裹，只存在核区的裸露 DNA 的原始单细胞生物。人们通常所说的细菌多为狭义的细菌，狭义的细菌为一大类个体微小、形态结构简单的单细胞微生物。细菌是在自然界分布最广、个体数量最多的有机体。

1.1.1　细菌的形态结构

1)形态

细菌的外形比较简单，有球状、杆状和螺旋状 3 种基本形态(图 1.1)。细菌的繁殖方式是简单的二分裂，不同细菌分裂后其菌体排列方式不同，有些细菌分裂后仍彼此相连，形成一定的排列方式。

(1)球菌

球菌菌体呈球形或近似球菌、肾形、豆形等。根据球菌分裂的方向(图 1.2)和其后的排列情况可以分为：

①双球菌：沿一个平面分裂，分裂后两两相连，其接触面扁平或凹入，菌体呈肾状、扁豆状或矛头状，如肺炎双球菌。

②链球菌：沿一个平面分裂，分裂后 3 个以上的菌体呈短链或长链排列，如猪链球菌。

③葡萄球菌:沿多个不同方向的平面分裂,分裂后排列不规则,似一串葡萄,如金黄色葡萄球菌。

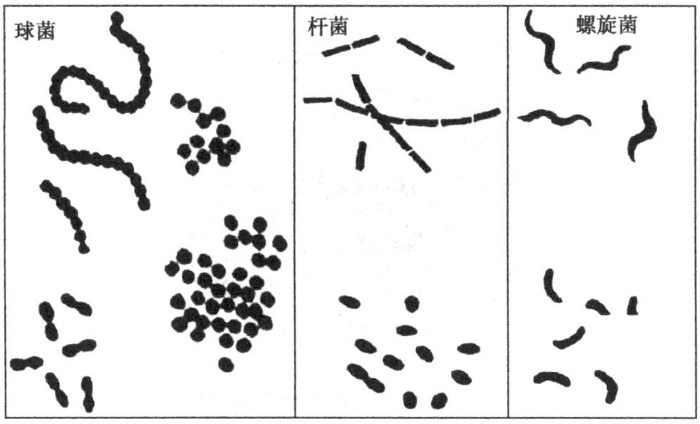

图1.1　细菌的3种基本形态

(2)杆菌

杆菌一般呈正圆柱状或近似卵圆形,其大小、粗细、长短都有显著差异。菌体多数平直,少数微弯曲;多数两端钝圆,少数平截;有的菌体短小,两端钝圆,近似球形,称为球杆菌,如多杀性巴氏杆菌;有的一端较另一端膨大,整个杆菌呈棒状,称为棒状杆菌,如破伤风杆菌;有的菌体有分支,称为分枝杆菌,如结核杆菌;也有的呈长丝状,如坏死梭杆菌。

杆菌的分裂与菌体长轴相垂直,即横分裂。多数杆菌分裂后单独散在,称为单杆菌,如大肠杆菌。有些杆菌分裂后成对存在,称为双杆菌,如乳杆菌;有的杆菌分裂后两个以上连成链状排列,称为链杆菌,如炭疽杆菌。

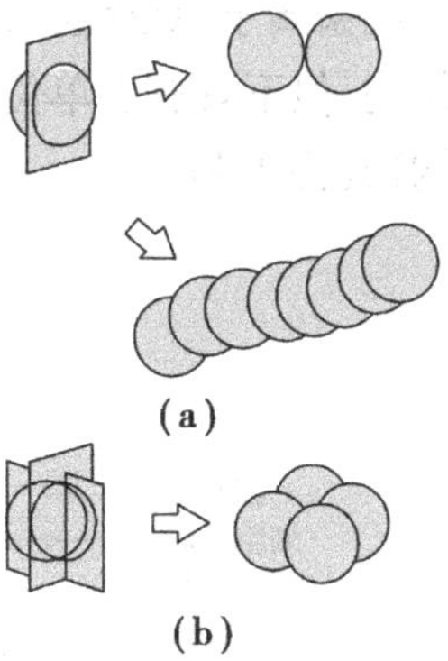

图1.2　细菌分离示意图
(a)双球菌和链球菌;
(b)葡萄球菌

(3)螺旋菌

螺旋菌菌体呈弯曲或者螺旋状的圆柱形,两端圆或者尖突。分为弧菌和螺菌,菌体只有一个弯曲的称为弧菌,呈弧形或逗点状,如霍乱弧菌;菌体较长有两个以上弯曲的称为螺菌,捻转呈螺旋状,如鼠咬热螺菌。

细菌在适宜条件下培养,在对数繁殖期的菌形比较典型和一致。不良环境或老龄期,会出现和正常形状不一样的个体,称为衰老型或退化型。重新处于正常的培养环境时,可恢复正常的形状。但也有些细菌,即使在适宜的环境中生长,其形状也很不一致,这种现象称为多形性,如嗜血杆菌。

2)大小

细菌个体微小,要经染色后在光学显微镜下才能看见。测定细菌大小的单位通常是微米(μm)。各种细菌的大小和表示有一定的差别。球菌以直径表示,一般为0.5~2.0 μm。杆菌和螺旋菌用长和宽表示,螺旋菌以其两端的直线距离做长度。较大的杆菌长3~8 μm,宽1~1.25 μm;中等大的杆菌长2~3 μm,宽0.5~1.0 μm;小杆菌长0.7~1.5 μm,宽0.2~0.4 μm。螺旋菌一般在2~20 μm,宽0.2~1.2 μm。细菌的大小介于动物细胞与病毒之间(图1.3)。

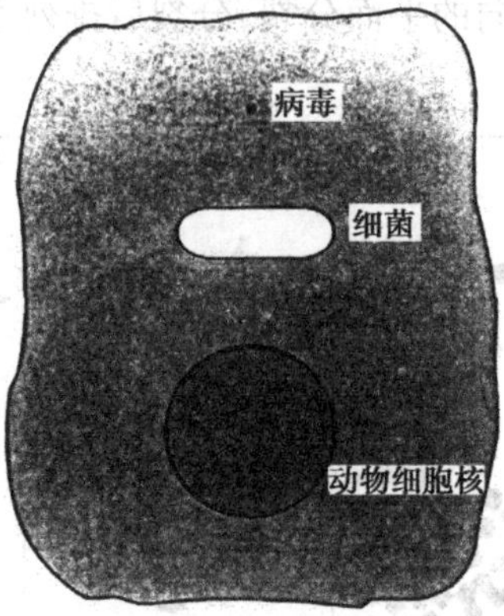

图 1.3　细菌、病毒与动物细胞大小示意图

3)结构

细菌属于原核生物,其细胞虽小,但结构较为复杂,均有细胞壁、细胞膜、细胞质、核质基本结构,但不具有以单位膜所包围的各种细胞器。有的细菌还有荚膜、鞭毛、菌毛、芽胞等特殊构造(图 1.4)。

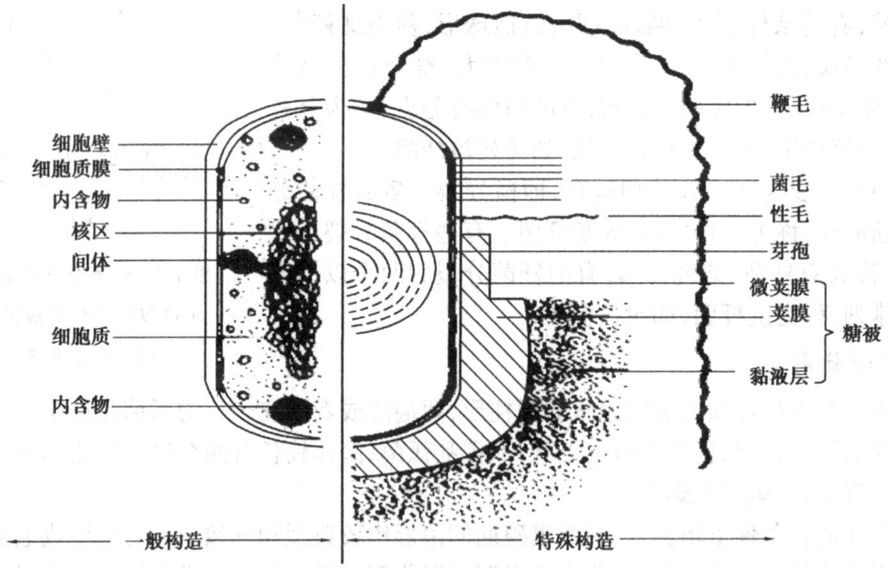

图 1.4　细菌结构示意图

(1)基本结构

所有细菌都具有的结构称为细菌的基本结构,包括细胞壁、细胞膜、细胞质、核质。

①细胞壁:在细菌细胞的外围,是一层坚韧而具有一定弹性的膜。

用革兰氏染色法染色,可以把细菌分为革兰氏阳性菌和革兰氏阴性菌两大类,它们的细胞壁结构和成分有区别(表 1.1 和图 1.5)。革兰氏阳性菌呈蓝紫色,革兰氏阴性菌呈红色。

表 1.1　革兰氏阳性菌和革兰氏阴性菌细胞壁的比较

细胞壁特征	革兰氏阳性菌	革兰氏阴性菌
强度	较坚韧	较疏松
厚度	15~80 nm	10~15 nm
肽聚糖层数	多,15~50 层	少,1~3 层
肽聚糖含量	多,占细胞壁干重的 40%~95%	少,占细胞壁干重 10%~20%
磷壁酸	有	无
外膜蛋白	无	有
脂多糖	无	有

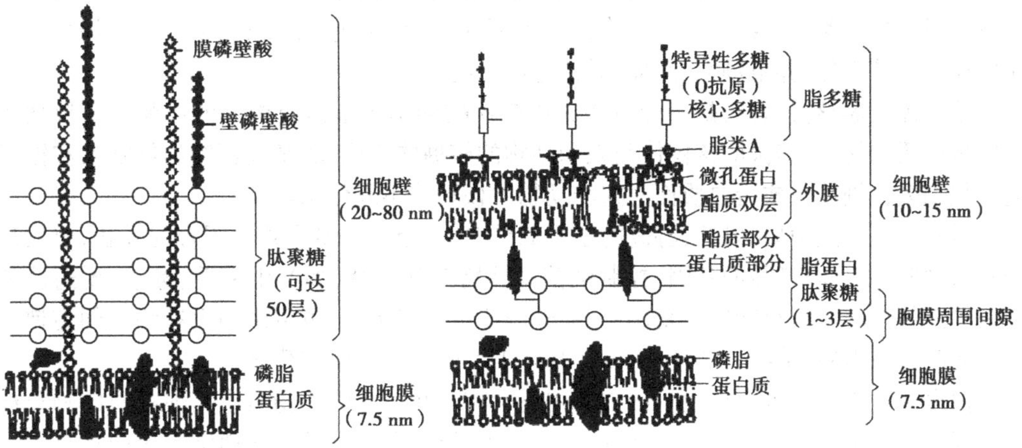

(a)　　　　(b)

图 1.5　细菌细胞壁和细胞膜结构示意图

(a)革兰氏阳性菌;(b)革兰氏阴性菌

革兰氏阳性菌的细胞壁较厚,15~80 nm。其化学成分主要是肽聚糖,占细胞壁物质的 40%~95%,形成 15~50 层的聚合体。此外,还有磷壁酸、多糖、蛋白质等。肽聚糖又称黏肽、糖肽或胞壁质,是细菌细胞壁所特有的物质。磷壁酸又称垣酸,是革兰氏阳性菌特有的成分,是特异的表面抗原;它带负电荷,能与镁离子结合,以维持细胞膜上一些酶的活性;对宿主细胞具有黏附作用,是 A 群链球菌的独立因子或为噬菌体提供特异的吸附受体。

革兰氏阴性菌的细胞壁较薄,10~15 nm,其结构和成分较复杂,由外膜和周质间隙组成。外膜由脂多糖、磷脂、蛋白质和脂蛋白等复合构成。脂多糖为革兰氏阴性细菌所特有,位于外壁层的最表面,厚 8~10 nm,由类脂 A、核心多糖和侧链多糖 3 部分组成。类脂 A 是内毒素的主要毒性成分,发挥多种生物学效应,能致动物体发热,白细胞增多,直至休克死亡。核心多糖具有属特异性。侧链多糖为菌体蛋白,具有种、型特异性。脂多糖由吸附镁离子、钙离子等阳离子的作用,也是噬菌体在细菌表面的特异性吸附受体。脂蛋白的作用是使外膜层与肽聚糖牢固地连接,可作为噬菌体的受体,或参与铁及其他营养物质的转运。周质间隙是一层薄的肽聚糖,仅 2~3 nm,占细胞壁的 10%~20%。

细胞壁坚韧而富有弹性,能维持细菌的固有形态,保护菌体耐受低渗环境。此外,细胞壁上有很多微细小孔,直径 1 nm 大小的可溶性分子能自由通过,具有相对的通透性,与细胞膜共同完成菌体内外物质的交换。同时脂多糖还是内毒素的主要成分。此外,细胞壁与革兰氏染色特性、细菌的分裂、致病性、抗原性以及对噬菌体和抗菌药物的敏感性有关。

②细胞膜:又称胞浆膜,是在细胞壁和胞浆之间的一层柔软、富有弹性的半透性生物薄膜。细胞膜的主要化学成分是磷脂和蛋白质,亦有少量碳水化合物和其他物质。其结构类似于真核细胞膜的液态镶嵌结构,镶嵌在磷脂双分子中的蛋白质是具有特殊功能的酶和载体蛋白,与细胞膜的半透性等作用有关。

细胞膜具有重要的生理功能。细胞膜上分布着许多酶,可选择性地进行细菌的内外物质交换,维持细胞内正常渗透压,细胞膜还与细胞壁、荚膜的合成有关,是鞭毛的着生部位。此外,细菌的细胞膜凹入细胞质形成囊状、管状或层状的简体,革兰氏阳性菌较为多见。间体的功能与真核细胞的线粒体相似,与细菌的呼吸有关,并有促进细胞分裂的作用。

③细胞质:是一种无色透明、均质的黏稠胶体,主要成分是水、蛋白质、脂类、多糖类、核酸及少量无机盐类等。细胞质中含有许多酶系统,是细菌进行新陈代谢的主要场所。细胞质中还含有核糖体、异染颗粒、间体、质粒等内含物。

核糖体又名核蛋白体,是一种由2/3核糖核酸和1/3蛋白质构成的小颗粒。核糖体是合成蛋白质的场所,细菌的核糖体与人和动物的核糖体不同,故某些药物如红霉素和链霉素能干扰细菌核糖体合成蛋白质而对人和动物的核糖体不起作用。

质粒是在核质DNA以外,游离的小型双链DNA分子。多为共价闭合的环状,也发现有线状,含细菌生命非必需的基因,控制细菌某些特定的形状,如产生菌毛、毒素、耐药性和细菌素等遗传性状。质粒能独立复制,可随分裂传给子代菌体,也可由菌毛在细菌间传递。质粒具有与外来DNA重组的功能,所以在基因工程中被广泛用作载体。

内含物是指细菌等原核生物细胞内往往含有一些贮存营养物质或其他物质的颗粒样结构,如脂肪滴、糖原、淀粉粒及异染颗粒等。其中,异染颗粒是某些细菌细胞质中特有的一种酸性小颗粒,对碱性染料的亲和性特别强,特别是用碱性美蓝染色时呈紫红色,而菌体其他部分则呈蓝色。异染颗粒的成分是RNA和无机偏聚磷酸盐,功能是贮存磷酸盐和能量。某些细菌,如棒状杆菌的异染颗粒非常明显,常用于细菌的鉴定。

④核质:细菌是原核型微生物,不具有典型的核结构,没有核膜、核仁,只有核质,不能与细胞质截然分开,分布于细胞质的中心或边缘区,呈球形、哑铃状、带状或网状等形态。核质是共价闭合、环状双链DNA盘绕而成的大型DNA分子,含细菌的遗传基因,控制细菌几乎所有的遗传性状,与细菌的生长繁殖、遗传变异等有密切关系。

(2)特殊结构

细菌细胞除上述的细胞壁等基本结构外,有的还有荚膜、鞭毛、芽胞等具有特殊功能的结构,有些与细菌的致病力有关,也有助于细菌鉴定。

①荚膜:某些细菌在其生活过程中可在细胞壁的外周产生一种黏液样的物质,包围整个菌体,称为荚膜(图1.6)。当多个细菌的荚膜融合形成一个大的胶状物,内含多个细菌细胞时,则称为菌胶团。有些细菌分泌一层很疏松,与周围边界不明显,易与菌体脱离的黏液样物质,则称为黏液层。

荚膜的折光性低,不易用普通染色方法着色,因此普通方法染色后的细菌,在光学显微镜下观察时,可见菌体周围的一层无色透明圈,即为荚膜。如果用荚膜染色法,可以清楚地看见荚膜的存在。荚膜的厚度如在200 nm以下,用光学显微镜不能看见,但可在电子显微镜下看到,称为微荚膜。

荚膜的化学成分主要是水，占90%以上，固形成分随细菌种类不同而异。多数为多糖类，如猪链球菌；少数为多肽类，如炭疽杆菌；也有极少数细菌两者兼有，如巨大芽胞杆菌。荚膜、微荚膜成分具有抗原性，并具有种和型特异性，可用于细菌的鉴定。黏液层的主要成分是纯多糖类。

荚膜的场所是种的特征，但也与环境条件有密切的关系。如炭疽杆菌等致病菌，常需要在动物组织或含有丰富营养（鲜血、蛋黄等）的培养基中才能明显地形成荚膜，在人工培养基中，往往不形成荚膜。

荚膜不是细菌的主要构造，除去荚膜对菌体的生长代谢没有影响，很多有荚膜的菌株可产生无荚膜的变异。荚膜具有保护细菌的功能，可抵抗动物吞噬细胞的吞噬和抗体的作用，从而对宿主具有侵袭力。腐生性细菌的荚膜，有保护细菌免受干燥和其他有害环境因素的影响。此外，荚膜也常是营养物质的贮藏和废物的排出之处。

②鞭毛：多数弧菌、螺菌，许多杆菌、个别球菌的菌体表面长有一至数十根弯曲的丝状物，称为鞭毛（图1.7）。鞭毛的直径为5~20 nm，长度比菌体长几倍，为20~50 μm。电镜能直接观察到细菌的鞭毛。细菌经特殊的鞭毛染色法，使染料沉积在鞭毛表面，增大其直径，在光学显微镜下也可看到。鞭毛具有运动功能，将细菌穿刺接种到含0.3%~0.4%琼脂的半固体营养琼脂柱中，培养后观察，若在穿刺线周围浑浊扩散，表明该菌有鞭毛，具有运动力；若穿刺线周围仍透明，不混浊，则表明该菌无鞭毛。

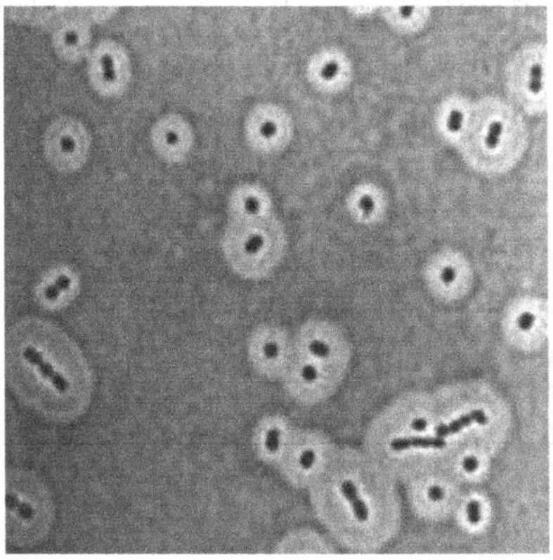

图1.6　细菌细胞荚膜

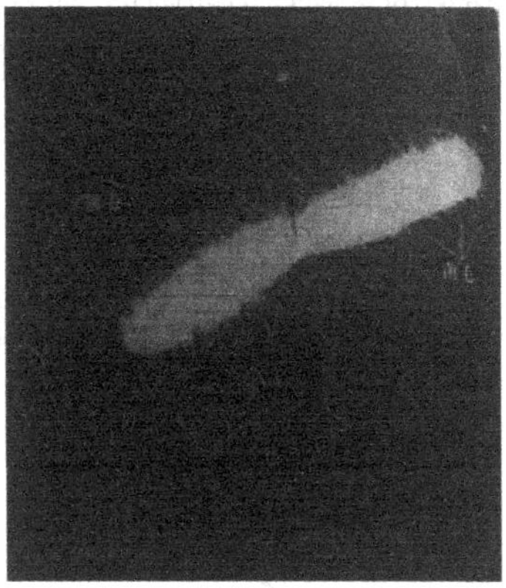

图1.7　细菌的鞭毛与菌毛图

鞭毛的成分是蛋白质，具有收缩性。鞭毛具有抗原性，称为鞭毛抗原或H抗原，不同细菌的H抗原具有型特异性，常作为血清学鉴定的依据之一。

根据鞭毛的数量和在菌体上的排列，可将细菌分为单毛菌、丛毛菌和周毛菌等（图1.8）。不少常见的细菌为周毛菌。细菌是否产生鞭毛，以及鞭毛的数目和排列方式，都具有种的特征，可作为鉴定细菌的依据之一。

鞭毛是细菌的运动器官，鞭毛有规律的收缩，引起细菌运动。细菌细胞膜上有许多接受特异信号的受体，细菌的运动具有趋向性。运动的方式与鞭毛的排列方式有关，单毛菌和丛毛菌一般呈直线迅速运动，周毛菌则无规律地缓慢运动或者滚动。细菌运动的速度也有差别，最快的是一端单毛菌，每秒钟可达80 nm以上。在菌种衰老或处于不适宜的外界环境中（如过高或过低的温度，有害的化学药物等），细菌运动不但缓滞或不能运动，甚至可以抑制细菌形成鞭毛。

鞭毛与细菌的致病性也有关系。霍乱弧菌等通过鞭毛运动可穿过小肠黏膜表面的黏液层,黏附于肠黏膜上皮细胞,进而产生毒素而致病。

③菌毛:大多数革兰氏阴性菌和少数革兰氏阳性菌的菌体上生长有一种较短的毛发状细丝,称为菌毛,又称为纤毛或伞毛、柔毛。比鞭毛数量多。菌毛的直径为 5~10 nm,长度 0.2~1.5 μm,少数达 4 μm,只能在电子显微镜下才能看见。

菌毛是一种空心的蛋白质管,具有良好的抗原性。菌毛具有不同类型,经典分类是将菌毛分为普通菌毛和性菌毛两类。前者较纤细和较短,数量较多,每个细菌有 50~400 条,周身排列;后者较粗、长,每个细菌一般不超过 4 条。性菌毛是由质粒携带的致育因子编码产生的,故又称为 F 菌毛,与细菌的结合有关,也是噬菌体吸附在细菌表面的受体。

菌毛虽然具有重要的生理功能,但是并非细菌生命所必需,在体外培养的细菌,如条件不适宜,未必能产生可检测的菌毛。

④芽胞:某些革兰氏阳性菌在一定的环境条件下,可在菌体内形成一个圆形或卵圆形的休眠体,称为芽胞,又称内芽胞。未形成芽胞的菌体称为繁殖体或营养体,老龄芽胞将脱离原菌体独立存在,称为游离芽胞。

芽胞具有较厚的芽胞壁,多层芽胞膜,结构坚实,含水量少,折光性强。应用普通染色法时,染料不易渗进其内,只有用特别强化的芽胞染色法才能使芽胞着色,一经着色则不易脱色。芽胞的形状、大小、位置随不同细菌而异,具有鉴别的意义(图 1.9)。例如,炭疽杆菌和肉毒梭菌的芽胞均为卵圆形,前者比菌体横径小,位于菌体中央,称为中央芽胞;后者横径比菌体大,位于菌体末端,称偏端芽胞,整个菌体呈梭状;破伤风梭菌的芽胞为圆形,比菌体大,位于菌体末端,称为末端芽胞,呈鼓槌状。

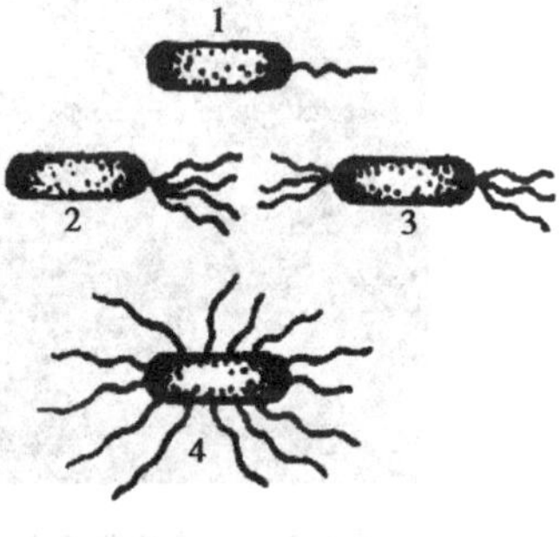

图 1.8 细菌的鞭毛
1—单毛菌;2,3—丛毛菌;4—周毛菌

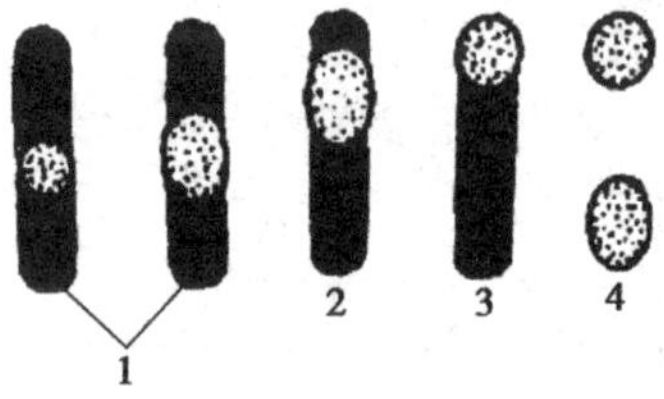

图 1.9 各种芽胞的形态及位置
1—中央芽胞;2—偏端芽胞;
3—末端芽胞;4—游离芽胞

芽胞结构多层而且致密,各种理化因子不易透入,含水量少(繁殖体含水 80%,芽胞仅含水 40%),蛋白质受热不易变性,含有某些特殊物质使其能耐受高温、辐射、氧化、干燥等的破坏。一般细菌繁殖体经 100 ℃,30 min 煮沸可被杀灭,但形成芽胞后,可耐受 100 ℃数小时,如破伤风梭菌的芽胞煮沸 1~3 h 仍然不死,炭疽杆菌芽胞在干燥条件下能存活数十年。杀灭芽胞可靠的方法是干热灭菌和高压蒸汽灭菌。由于芽胞的抵抗力很强,评价消毒和灭菌的效果一般以能否杀灭芽胞为标准。

细菌一般在营养不足时形成芽胞,并受菌体内基因的控制。芽胞不能分裂繁殖,是细菌抵抗外界不良环境、保存生命的一种休眠结构。当恢复适宜的环境条件时,芽胞开始萌发成新的营养体。

1.1.2 细菌的繁殖方式和速度

细菌的繁殖方式是无性二分裂。在适宜条件下,大多数细菌每20~30 min分裂一次,在特定条件下,以此速度繁殖10 h,一个细菌可以繁殖10亿个细菌,但由于营养物质的消耗、有害产物的蓄积,细菌是不可能保持这种速度繁殖的。有些细菌如结核分枝杆菌,在人工培养基上繁殖速度很慢,需18~24 h才分裂一次。

1.2 其他原核微生物

1.2.1 放线菌

放线菌(Actinomycetes)是一类介于细菌和真菌之间,形态极为多样,多数呈菌丝状生长和以孢子繁殖的,陆生性强的革兰氏阳性原核细胞型微生物。一方面,放线菌的细胞结构和细胞壁化学组成与细菌相似,与细菌同属于原核生物;另一方面,放线菌菌体呈纤细菌丝,且分枝,又以外生孢子的形式繁殖,这些特征与霉菌相似。放线菌菌落中的菌丝常从一个中心向四周辐射状生长,因此而得名。

放线菌分布广泛,多数无致病性,少数对动物有致病性,其中以牛放线菌较为常见。

1)分枝杆菌属

分枝杆菌属为平直或稍晚的杆菌,大小为(0.2~0.6)μm×(1.0~10)μm,有时分枝,呈丝状,不产生鞭毛、芽胞或荚膜。革兰氏染色阳性,能抵抗3%盐酸酒精的脱色作用,故称为抗酸菌。菌体细胞壁含大量类脂,占干重的20%~40%;培养时需要特殊营养条件才能生长,根据生长速度分为快生长和慢生长两类。结核分枝杆菌菌体细长,牛分枝杆菌菌体较粗短,禽分枝杆菌短小并具有多形性,副结合分枝杆菌菌体以细长为主,常排列成丛或成堆。

2)放线菌属

放线菌属为革兰氏阳性,着色不均,有分枝,无运动性,无芽胞,厌氧,生长时需二氧化碳,不具有抗酸染色特性,能发酵葡萄糖。菌体细胞大小不一,呈短杆状或棒状,常有分枝而形成菌丝体。

1.2.2 螺旋体

螺旋体(Spirochaeta)是一类介于细菌和原虫之间,菌体细长、柔软、弯曲呈螺旋状、能活泼运动的单细胞原核微生物。螺旋体有5个属,其中与兽医临床关系密切的有密螺旋体属、梳螺旋体属、蛇形螺旋体属和钩端螺旋体属。

1）形态结构

螺旋体细胞呈螺旋状或波浪状圆柱形，其大小极为悬殊，长可为5~250 μm，宽可为0.1~3 μm，菌体柔软易弯曲、无鞭毛，但能做特殊的弯曲扭动或蛇样运动。有的螺旋体可以通过细菌滤器。

螺旋体的细胞主要由3个部分组成：原生质柱、轴丝和外鞘。原生质柱呈螺旋状卷曲，外包细胞膜与细胞壁，为螺旋体细胞的主要成分。轴丝连于细胞和原生质柱，外包有外鞘。每个细胞的轴丝数为2~100条，视螺旋体种类而定。轴丝的超微结构、化学组成以及着生方式均与鞭毛相似。螺旋体正是靠轴丝的旋转或收缩运动的。

2）致病性

螺旋体广泛存在于自然界水域中，也有很多存在于人和动物的体内。大部分螺旋体是非致病性的，只有一小部分是致病性的。如鸡梳螺旋体引起禽类的急性、败血性梳螺旋体病；猪痢疾蛇形螺旋体是猪痢疾的病原体；兔梅毒密螺旋体是兔梅毒的病原体；钩端螺旋体可感染多种家禽、家畜和野生动物，导致钩端螺旋体病。

1.2.3 支原体

支原体（Mycoplasma）又称霉形体，是一类介于细胞和病毒之间、无细胞壁、能独立生活的最小的单细胞原核微生物。

1）病原形态

支原体直径为0.1~0.3 μm，一般约为0.25 μm，无细胞壁，形态高度多形和易变，有球形、扁圆形、玫瑰花形、丝状、分枝状等，菌体柔软，多数能通过细菌滤器。质膜含固醇或脂聚糖等稳定组分，细胞质内无线粒体等膜状细胞器，但有核糖体，无鞭毛。革兰氏阴性，常用姬姆萨染色，呈淡紫色。

2）致病性

大多数支原体为寄生性，寄生于多种动物的呼吸道、泌尿生殖道、消化道黏膜以及乳腺和关节等处，单独感染时常常是症状轻微或无临床表现，当细菌或病毒感染或受外界不利因素的作用时可导致人和畜禽发病。临床上由支原体引起的传染病有：猪肺炎支原体引发的猪地方性流行性肺炎，即猪的气喘病；禽败血支原体引起的鸡的慢性呼吸道病；此外还有牛传染性胸膜肺炎、山羊传染性胸膜肺炎等。

1.2.4 衣原体

衣原体（Mycoplasma）是一类介于立克次氏体与病毒之间、具有滤过性、严格细胞内寄生，并形成包涵体的革兰氏阴性原核细胞微生物。比较重要的衣原体有4种：沙眼衣原体、鹦鹉热亲衣原体（旧称鹦鹉热衣原体）、牛羊亲衣原体（旧称牛羊衣原体）和肺炎亲衣原体（旧称肺炎衣原体）。

1）**病原形态**

衣原体细胞呈圆球形，大小为0.3～1.0 μm，具有由肽聚糖组成的类似于革兰氏阴性菌的细胞壁，呈革兰氏阴性，细胞内含有DNA和RNA两种核酸以及核糖体。

衣原体与立克次氏体主要有两点不同：一是不必经节肢动物而传播；二是在宿主细胞内繁殖时有两个明显的发育阶段：原体（Elementary body）和始体（Initial body）。前者细胞细小、呈球状等，细胞壁坚韧、具传染性、无繁殖能力；后者由原体变成细胞较大、圆形或者椭圆形，无细胞壁、无传染性。始体经过二分裂繁殖，形成子代原体，成熟后自细胞释出，可再感染其他细胞。

2）**致病性**

沙眼衣原体能引起人类沙眼、包涵体性结膜炎以及性病淋巴肉芽肿等病；肺炎亲衣原体可引起人的急性呼吸道疾病，对动物无致病性；鹦鹉热亲衣原体可引起人的肺炎，畜禽肺炎、流产、关节炎等疾病；牛羊亲衣原体可导致牛、绵羊腹泻、关节炎、脑脊髓炎等。

我国已试制成功绵羊衣原体性流产疫苗，其他类型的衣原体病尚无实用或可靠的疫苗，治疗药物可以选用四环素等。

1.2.5　立克次氏体

立克次氏体（Rickettsia）是一类介于细菌和病毒之间、专性细胞内寄生的小型革兰氏阴性原核单细胞微生物。

1）**病原形态**

立克次氏体细胞多形，呈球杆形、球形、杆形等，球状菌直径0.2～0.7 μm，杆状菌大小（0.3～0.6）μm×（0.8～2）μm。具有类似于革兰氏阴性细菌的细胞壁结构和化学组成，胞壁内含有肽聚糖、脂多糖和蛋白质。革兰氏染色阴性，姬姆萨染色呈紫色或蓝色。除贝氏柯克斯体外，均不能通过细菌滤器。

致人畜疾病的立克次氏体，多寄生于网状内皮系统、血管内皮细胞或红细胞内，并常天然寄生在虱、蚤、蜱、螨等节肢动物体内。这些节肢动物或为其寄生宿主，称为贮存宿主，成为许多立克次氏体病的重要的或必要的传播媒介。人畜主要经这些节肢动物的叮咬或其粪便污染伤口而感染立克次氏体。

2）**致病性**

Q热立克次氏体主要是导致人和大型家畜（牛、羊、马等）发生Q热的病原体，通常发病急；东方立克次氏体可导致人、家畜和鸟类发生恙虫病；反刍兽可厥氏体可导致牛、山羊、绵阳及野生反刍动物发生心水病。

1.3 常见病原细菌

1.3.1 葡萄球菌

葡萄球菌(Staphylococcus)广泛分布于自然界,如空气、水、土壤及动物的体表,是最常见的化脓性细菌之一。80%以上的化脓性疾病由本菌引起,主要引起动物的组织、器官和创伤的感染和化脓,严重时可引起败血症或脓毒败血症。

1)生物学特性

(1)形态与结构

葡萄球菌呈球形,排列成堆,如葡萄串状(图 1.10)。在脓汁或液体培养基中,常排列成双球状或者短链状。本菌无鞭毛,一般不形成荚膜,革兰氏染色呈阳性。

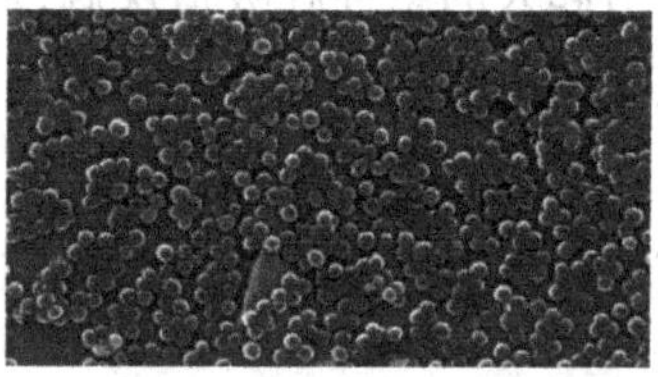

图 1.10 葡萄球菌

(2)培养

本菌营养要求不高,在普通培养基上生长良好,若加入血液或葡萄糖,生长更为繁茂;在肉汤培养基中呈均匀浑浊生长。在普通琼脂平板上形成圆形、隆起、湿润、边缘整齐、表面光滑、有光泽、不透明的菌落,不同菌株能产生不同的脂溶性色素,使菌落呈不同的颜色,据此过去把本菌分为金黄色、白色和柠檬色葡萄球菌。多数致病性葡萄球菌产生溶血素,在血液琼脂平板上形成明显的溶血环,非致病性的葡萄球菌则无溶血现象。

葡萄球菌的生化反应并不恒定,常因菌株及培养条件而异。多数能分解乳糖、葡萄糖、麦芽糖、蔗糖,产酸不产气。致病菌株多能分解甘露醇,还原硝酸盐,不产生靛基质。

(3)抗原构造与分类

葡萄球菌抗原结构复杂,已经发现 30 种以上。较重要的有蛋白质抗原和多糖类抗原两类。

根据产生的色素和生化反应,本菌可分为金黄色葡萄球菌、表皮葡萄球菌和腐生葡萄球菌 3 种。其中金黄色葡萄球菌多为致病菌,表皮葡萄球菌偶尔致病,而腐生葡萄球菌一般不致病。致病的金黄色葡萄球菌能产生金黄色色素、溶血素、甘露醇分解酶及血浆凝固酶。一般来说,凝固酶阴性者无致病性。

(4)抵抗力

葡萄球菌对外界环境的抵抗力强于其他无芽胞细菌,在干燥的脓汁中可存活 15~20 d,80 ℃经 30 min 才被杀死,在 5%的石炭酸 0.1%升汞中 10~15 min 死亡。对碱性染料比较敏感如 1∶(100 000~200 000)稀释的龙胆紫能抑制其生长。对青霉素、庆大霉素高度敏感,由于广泛使用抗生素,其耐药菌株不断增加。

2) **致病性**

葡萄球菌的致病力主要是毒素和酶,致病性菌株能产生溶血毒素、杀白细胞毒素、肠毒素、血浆凝固酶等。所致的疾病为畜禽的化脓性疾病,如创伤感染、脓肿和蜂窝组织炎等;猪的皮炎、鸡的关节炎、牛羊的乳腺炎、羊的皮炎和羔羊的败血症等。

3) **微生物学诊断**

不同的病型应采取不同的病料,如化脓性病灶中取脓汁或渗出物,败血症取血液,乳腺炎取乳汁,食物中毒取可疑食物、呕吐物及粪便等。

(1)直接涂片镜检

将采集的病例直接涂片经美蓝或瑞特氏染色后镜检,根据细菌形态、排列和染色特性可初步诊断。

(2)分离培养与生化试验

将病料接种于血液琼脂平板,培养后观察其菌落特征(图 1.11)、色素形成、有无溶血等,菌落涂片染色进行镜检。确定其致病力可做甘露醇发酵试验、血浆凝固酶试验、耐热核酸酶试验,阳性者多为致病菌,必要时可做动物接种试验。

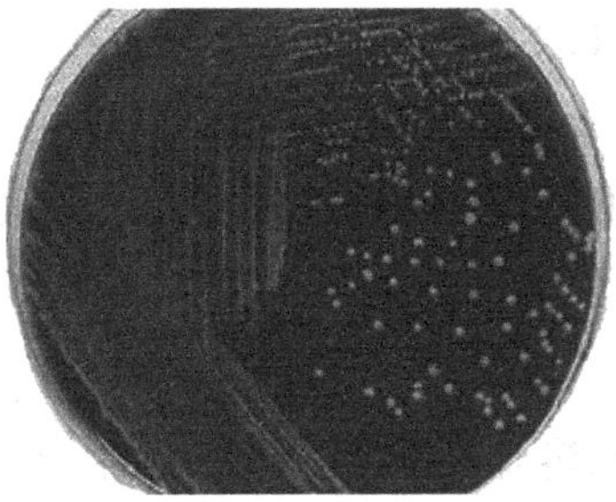

图 1.11　表皮葡萄球菌在血琼脂表面上的形态特征

发生食物中毒时,可将从剩余食物或呕吐物中分离到的葡萄球菌接种到普通肉汤中,置 30% CO_2 培养 40 h,离心沉淀后取上清液,100 ℃ 30 min 加热后,注入幼猫静脉或者腹腔内,15 min~2 h 内出现寒战、呕吐、腹泻等急性症状,表明有肠毒素存在。用 ELISA 或 DNA 探针可快速检出肠毒素。

4) **防治**

对皮肤创伤应及时处理。青霉素是防治葡萄球菌的首选药物。葡萄球菌易形成耐药性,必要时可通过药敏试验来选择药物。

1.3.2　链球菌

链球菌(Streptococcus)是一类常见的化脓性细菌,广泛分布于自然界、人和动物的上呼吸道、胃肠道及泌尿生殖道。

1) **生物学特性**

(1)形态与结构

链球菌多为球形或卵圆形,呈链状排列,链的长短不一,短链有 4~8 个细菌组成,长链细菌数可达 20~30 个,在液体培养基中易形成长链,而在固体培养基中常呈短链(图 1.12)。大多数链球菌在幼龄培养物中可见到荚膜,继续培养则荚膜消失,本菌无芽胞和鞭毛,革兰氏染色阳性。

(2)分类

根据链球菌在血液琼脂平板上的溶血现象分为3类。

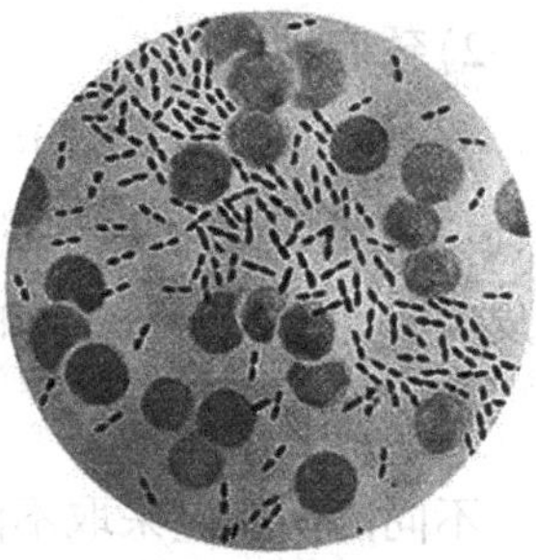

图1.12 链球菌

①甲型(α)溶血性链球菌:菌落周围有1~2 mm宽的草绿色不完全溶血环,此绿色物质可能是细菌产生的过氧化氢使血红蛋白氧化成正铁血红蛋白的氧化产物。本型链球菌致病力不强。

②乙型(β)溶血性链球菌:能产生强烈的链球菌溶血素,在菌落周围形成2~4 mm的透明溶血环,所以称溶血性链球菌,其致病力强,能引起人、畜多种疾病。

③丙型(γ)链球菌:不产生溶血素,菌落周围无溶血环,亦称非溶血性链球菌。一般无致病性,常存在于乳汁和粪便中。

(3)抵抗力

本菌的抵抗力不强,60 ℃ 30 min即被杀死,乙型溶血性链球菌对青霉素、氯霉素、四环素和磺胺类药物等都很敏感。青霉素是治疗链球菌感染的首选药物。

2)致病性

本菌可产生多种酶和外毒素,如透明植酸酶、蛋白酶、链激酶、脱氧核糖核酸酶、核糖核酸酶、溶血素酶、红疹毒素及杀白细胞素等。溶血素有两种,溶血素O和S,在血液琼脂平板上所出现的溶血现象即为溶血素所致。红疹病毒是A群链球菌产生的一种外毒素,该毒素是蛋白质,具有抗原性,对细胞或组织有损害作用,还有内毒素样的致热作用。

不同血清群的链球菌所致动物的疾病也不同。C群的某些链球菌,常引起猪的急性或亚急性败血症、脑膜炎、关节炎及肺炎等;D群的某些链球菌可引起小猪心内膜炎、脑膜炎关节炎及肺炎等;E群主要引起猪淋巴结脓肿;L群可致猪的败血症、脓毒败血症。我国流行的猪链球菌病是一种急性败血型传染病,病原体属C群。现已经证明人也可以感染猪链球菌病。

3)微生物学诊断

根据不同的病型,采集相应的病料,如脓汁、渗出液、乳汁、血液等。

(1)直接涂片镜检

取病料涂片作瑞特氏或美蓝染色后,发现有链状排列的球菌可作初步判断。

(2)分离培养及鉴定

将病料接种于血液琼脂平板上,培养后在菌落周围观察溶血情况,并进一步涂片观察分类菌的形态及染色特点。必要时做生化及血清学试验鉴定。此外,还可以应用荧光PCR检测技术进行快速诊断。

4)防治

对链球菌病的预防原则与葡萄球菌病相似,家畜发生创伤时要及时处理,发生猪链球菌病的地区,可用疫苗进行预防注射。对感染本菌的家畜,及早使用足量的磺胺药或抗生素。

1.3.3　大肠杆菌

大肠杆菌(Escherichia Coli)是动物肠道的正常菌群,一般不致病,并能合成维生素 B 和 K,产生大肠杆菌素,抑制致病性大肠杆菌生长,对机体有利。但致病性大肠杆菌能使畜禽发生大肠杆菌病。

1)生物学特性

(1)形态与培养

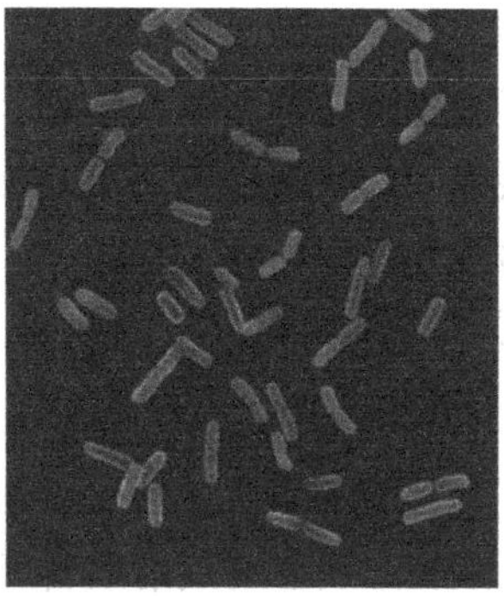

图 1.13　大肠杆菌

大肠杆菌是中等大小,两端钝圆的革兰氏阴性杆菌(图 1.13),无芽胞,大多数菌株有周鞭毛和菌毛。本菌为兼性厌氧菌。对营养要求不高,在肉汤中呈均匀浑浊生长,管底有黏性沉淀物,液面管壁有菌环。在营养琼脂培养基上形成中等大小光滑性菌落;一些致病菌株在绵羊血琼脂平板上呈 β 溶血;在伊红美蓝琼脂平板上形成紫黑色带金属光泽的菌落;在麦康凯琼脂上 18~24 h 后形成红色菌落;在远藤氏培养基上形成红色带金属光泽的菌落。在 SS 琼脂上一般不生长或生长很差,生长者呈红色。

大肠杆菌能分解葡萄糖、乳糖、麦芽糖、甘露醇产酸产气,靛基质试验阳性,MR 试验阳性,V-P 试验阴性,不能利用枸橼酸盐,不产生硫酸氢。

(2)抗原构造与分类

大肠杆菌具有 O 抗原、K 抗原和 H 抗原 3 种主要抗原。目前 O 抗原有 171 种,H 抗原有 60 种,K 抗原有 103 种。K 抗原位于细胞壁外层,根据 K 抗原的物理性质又可分为 L、A 和 B3 种主要性别,表示大肠杆菌血清型的方式是 O_{138}：K_{88}(B)：H_{12}。

(3)抵抗力

大肠杆菌的抵抗力较其他肠道杆菌强,加热 60 ℃ 15 min 仍有部分细菌存活。在自然界生存力较强,土壤、水中存活数周至数月。胆盐和煌绿等对大肠杆菌有抑制作用。

2)致病性

大多数大肠杆菌在正常条件下是不致病的共栖菌,存在于人和动物的肠道内,在特定条件下可致大肠杆菌病。但少数大肠杆菌与人和动物的大肠杆菌病密切相关,它们是病原性大肠杆菌,在正常情况下,极少存在于健康机体内。根据毒力因子与发病机制的不同,可将与动物疾病有关的病原性大肠杆菌分为 5 类:产肠毒素大肠杆菌(ETEC)、产类志贺毒素大肠杆菌(SLTEC)、肠致病性大肠杆菌(EPEC)、败血性大肠杆菌(SEPEC)及尿道致病性大肠杆菌(UPEC)。其中研究得最清楚的是前两种。

产肠毒素大肠杆菌是一类致人和幼畜(初生仔猪、犊牛、羔羊及断奶仔猪)腹泻最常见的病原性大肠杆菌,其致病力主要由黏附素性菌毛和肠毒素两类毒力因子构成,二者密切相关且缺一不可。初生幼畜被 ETEC 感染后常因剧烈水样腹泻和迅速脱水死亡,发病率和死亡率均很高。

产类志贺毒素大肠杆菌是一类在体内或体外生长时产生类志贺毒素(SLT)的病原性大肠杆菌。在动物,SLTEC 可致猪的水肿病,以头部、肠系膜和胃壁浆液性水肿为特征,常伴有共济失调、麻痹或惊厥等神经症状,发病率低但致死率很高。

3)微生物学诊断

对败血症病例可无菌操作采集其病变的内脏组织,直接在血琼脂或麦康凯平板上划线分离培养。对幼畜腹泻及猪水肿病例应取其各段小肠内容物或黏膜刮取物以及相应肠段的肠系膜淋巴结,分别在麦康凯平板和血平板上分离培养。挑取麦康凯平板上的红色菌落或血平板上呈 β 溶血(仔猪黄痢与猪水肿病菌株)的典型菌落几个,分别转种三糖铁(STI)培养基和普通琼脂斜面做初步生化鉴定和纯培养。将 STI 琼脂反应符合大肠杆菌的生长物或其相应的普通斜面纯培养物做 O 抗原鉴定,与此同时进行大肠杆菌常规生化试验的鉴定,以确定分离株是否为大肠杆菌。在此基础上,通过对毒力因子的检测便可确定其属于何类致病性大肠杆菌。

4)防治

预防本病要做到加强饲养管理,搞好卫生消毒工作,避免诱因的存在。抗菌药物虽然可以减轻患病畜禽疫情或暂时控制疫情发展,但停药后常可复发。特别是耐药菌株的大量出现,以往有效的许多药物变得无效或低效。多以最好选用经药物敏感试验确定为高效的抗菌药物进行治疗,方能取得良好效果。

目前国内外已有多种预防幼畜腹泻的实验性或商品化疫苗。大体上包括以抗黏附素免疫为基础的含单价或多价菌毛抗原的灭活全菌苗或亚单位苗;以抗肠毒素免疫为主的类毒素苗或 TL 亚单位苗;表达一种或两种黏附素以及同时表达一种黏附素和 TL 的基因工程菌苗等。用这些菌苗免疫怀孕母畜后,均能使其后代从初乳中获得抗 ETEC 感染的被动保护力。

1.3.4 沙门氏菌

沙门氏菌(Salmonella)种类繁多,目前已发现 2 000 多个血清型,且不断有新的血清型法发现。它们主要寄生于人类及各种温血动物肠道,有些专对人致病,有些专对动物致病,也有些对人和动物都能致病。

1)生物学特性

(1)形态与培养

沙门氏菌的形态与大肠杆菌相似,无芽胞,除鸡白痢和鸡伤寒沙门氏菌外,其余均有周鞭毛,多数有菌毛。革兰氏染色阴性。本菌为兼性厌氧菌。在普通平板上或 SS 琼脂平板上形成无色半透明、中等大小、表面光滑的菌落,可与大肠杆菌等发酵乳糖的肠道菌加以区别。

沙门氏菌不发酵乳糖和蔗糖,能发酵葡萄糖、麦芽糖和甘露醇产酸产气,V-P 试验阴性,不水解尿素,不产生靛基质,有的产生硫化氢。生化反应对鉴定沙门氏菌有重要意义。

(2)抗原构造

沙门氏菌抗原结构复杂,可分为 O 抗原、H 抗原和毒力 Vi 抗原 3 种。

O抗原为细胞壁的脂多糖，能耐热100 ℃达数小时，也不被酒精或0.1%石炭酸所破坏。菌体抗原有许多组成成分，以阿拉伯数字1，2，3，4等代表。每种菌常有数种O抗原，有些抗原是几种菌共有的，将具有共同抗原的沙门氏菌归属一组，这样可以把沙门氏菌分为A、B、C、D、E等34组，对动物致病的大多数在A~E内。

H抗原为蛋白质，对热不稳定，65 ℃ 15 min或纯酒精处理后即被破坏。H抗原有两种：第一相和第二相，前者用a，b，c，d等表示，称为特异相；后者用1，2，3，4等表示，是几种沙门氏菌共有的称非特异相。具有第1相和第2相抗原的细菌称为双相菌，仅有其中一相抗原者称为单相菌。

伤寒与丙型副伤寒沙门氏菌的某些菌株有Vi抗原，存在于O抗原的外层，它能阻碍O抗原与相应抗体的特异性结合。

(3)抵抗力

本菌的抵抗力中等，与大肠杆菌相似，不同的是亚硒酸盐、煌绿等染料对本菌的抑制作用小于大肠杆菌，故常用其制备选择培养基，有利于分离粪便中的沙门氏菌。沙门氏菌在水中能存活2~3周，在粪便中可活1~2月。对热的抵抗力不强，60 ℃ 15 min即可杀死，5%石炭酸、0.1%升汞、3%来苏尔10~20 min内即被杀死。

2)致病性

沙门氏菌属的细菌均有致病性，致病的毒力因子有多种，其中主要的有脂多糖、肠毒素、细胞毒素及毒力基因等，具有极其广泛的动物宿主。感染动物后常导致严重的疾病，并成为人类沙门氏菌病的传染源之一。因此沙门氏菌病是一种重要的人畜共患病。本菌最常侵害幼青年动物，使之发生败血症、胃肠炎及其他组织局部炎症。对成年动物则往往引起散发性或局限性沙门氏菌病。

与畜禽有关的沙门氏菌主要有：鼠伤寒沙门氏菌，引起各种畜禽、犬、猫及实验动物的副伤寒，表现胃肠炎或败血症，也可引起人类的食物中毒。肠炎沙门氏菌，主要引起畜禽的胃肠炎及人类肠炎和食物中毒。猪霍乱沙门氏菌，主要引起幼猪和架子猪的败血症以及肠炎。鸡白痢沙门氏菌，引起雏鸡急性败血症，多侵害20日龄以内的畜禽，日龄较大的雏鸡可表现白痢，发病率和死亡率相当高；对成年鸡主要感染生殖器官，呈慢性局部炎症或隐性感染，该菌可通过种蛋垂直传播。马流产沙门氏菌，使怀孕母马间或继发子宫炎，对公马致髯甲瘘或睾丸炎。

3)微生物学诊断

对未污染的被检组织可直接在普通琼脂、血液琼脂或鉴别培养基平板上划线分离，但已污染的被检材料如饮水、粪便、饲料、肠内容物和已败坏组织等，因含杂菌数远超过沙门氏菌，故需要增菌培养后再进行分离。

增菌培养基常用的有亮绿-胆盐-四硫黄酸钠肉汤、四硫磺酸盐增菌液、亚硒酸盐增菌液以及亮绿-胱氨酸-亚硒酸氢钠增菌液。这些培养基能抑制其他杂菌的生长而有利于沙门氏菌大量繁殖。鉴别培养基常用麦康凯、伊红美蓝、SS和HE等琼脂，绝大多数沙门氏菌因不发酵乳糖，所以在这类平板上形成的菌落颜色与大肠杆菌的不同。

挑取鉴别培养基上的几个可疑菌落分别培养，并同时分别接种三糖铁琼脂和尿素琼脂，37 ℃培养24 h。若此两项反应结果均符合沙门氏菌者，则取其三糖铁琼脂的培养物或与其相应菌落的纯培养物做沙门氏菌常规生化项目和沙门氏菌抗 O 抗原群的进一步鉴定试验。必要时可做血清型分型。

4)防治

目前应用的兽用疫苗多限于预防各种家畜特有的沙门氏菌病,如仔猪副伤寒弱毒冻干苗、马流产沙门氏菌灭火苗,均有一定的预防效果。防治家禽沙门氏菌病主要应严格执行卫生检验和检疫,并采取防止饲料和环境污染等一系列规程性措施,净化鸡群并颁发证书。一些国家自实行规程以来,已消灭或控制了鸡白痢和鸡伤寒。现阶段有效的治疗药物有庆大霉素、卡那霉素、诺氟沙星或环丙沙星。用药之前最好做药敏试验。

1.3.5 布鲁氏菌

布鲁氏菌(Brucella)是多种动物和人布鲁氏菌病的病原,不仅危害畜牧生产而且严重损害人类健康,因此在医学和兽医学领域都极受重视。

1)生物学特性

(1)形态与培养

布鲁氏菌呈球形、球杆形或短杆形,新分离菌趋向球形。大小为(0.5~0.7)μm×(0.6~1.5)μm,多单在,很少成双、短链或小堆状。不形成芽胞和荚膜,无鞭毛不运动。革兰氏染色阴性,姬姆萨染色呈紫色。但常用的染色方法是科兹罗夫斯基染色法,布鲁氏菌呈红色,可与其他细菌相区别。

本菌为专性需氧菌,对营养要求较高,在含有肝浸液、血液、血清及葡萄糖等培养基上生长良好,其中牛型流产布鲁氏菌、马耳他布鲁氏菌初次培养时须在含 5%~10% CO_2 中,才能生长。其他型菌培养时不需 CO_2。在 37 ℃、pH 为 6.6~7.4 发育最佳。但在人工培养基上移种几次后,即能适应大气环境。本菌生长缓慢,初次培养 5~10 d 才能看到菌落。血清肝汤琼脂培养 2~3 d 后,形成湿润、闪光、无色、圆形、隆起、边缘整齐的小菌落。血液琼脂培养 2~3 d后,形成灰白色、不溶血的小菌落。

(2)分类

布鲁氏菌根据生物学特性、抗原构造等,可分为 6 种。分别是羊布鲁氏菌、牛布鲁氏菌、猪布鲁氏菌、犬布鲁氏菌、沙林鼠布鲁氏菌和绵羊布鲁氏菌。

(3)抵抗力

布鲁氏菌在自然界中抵抗力较强。在污染的土壤和水中存活 1~4 个月,皮毛上存活 2~4 个月,鲜乳中 8 d,粪便中 120 d,流产胎儿中至少 75 d,子宫渗出物中 200 d。在直射阳光下可存活 4 h。但对湿热的抵抗力不强 60 ℃加热 30 min 或 75 ℃加热 5 min 即被杀死,煮沸立即死亡。

布鲁氏菌对消毒剂的抵抗力不强,2%石炭酸、来苏尔、火碱溶液或 0.1%升汞,可于 1 h 内杀死本菌;5%新鲜石灰乳 2 h 或 1%~2%福尔马林 3 h 可将其杀死,0.5%洗必泰或 0.01%度米芬、消毒净或新洁尔灭,5 min 内可杀死本菌。

2)致病性

本菌可产生毒素较强的内毒素。羊布鲁氏菌内毒素毒力最强,猪布鲁氏菌次之,牛布鲁氏菌较弱。在自然条件下,除羊、牛、猪对本菌敏感外,还可传染马、骡、水牛、骆驼、鹿、犬和猫等。通过皮肤、消化道、呼吸道、眼结膜等途径传播,引起母畜流产,公畜睾丸炎、关节炎等。本菌感染多为慢性,症状多不明显,致死率低,但较长时间经乳、粪、尿和子宫分泌物排菌,传染人畜,危害较大。实验动物中豚鼠最敏感,家兔、小鼠则有抵抗力。人对布鲁氏菌易感,羊布鲁氏菌对人的致病力最大,表现长期发热(波浪热)、关节炎、睾丸炎等,是兽医的一种职业病。

3)微生物学诊断

本菌所致疾病症状复杂,多不典型,难与其他疾病区别,故微生物检查较为重要。主要采用细菌学诊断、血清学诊断、变态反应诊断。

(1)细菌学诊断

取流产胎儿的胃内容物、肺、肝和脾以及流产胎盘和羊水等作为病料,直接涂片,作革兰氏和科兹罗夫斯基染色镜检。若发生革兰氏阴性、柯氏染色法为红色的球状杆状或短小杆菌,即可作出初步的疑似诊断。必要时选择适宜培养基进行细菌的分离培养和动物接种。

(2)血清学诊断

动物在感染布鲁氏菌 7~15 d 可出现抗体,检测血清中的抗体是布鲁氏菌病诊断和检疫的主要手段。最常用的方法是平板凝集试验和试管凝集试验。也可进行补体结合试验、间接血凝试验和乳汁环状试验。

(3)变态反应诊断

家畜感染布鲁氏菌 20~25 d 后,常可出现变态反应呈阳性,并且持续时间较长,我国通过用注射布鲁氏菌水解素来诊断绵羊和山羊的布鲁氏菌病,但此方法不宜作为早期诊断。

凝集反应、补体结合反应、变态反应出现的时间各有特点,即动物感染布鲁氏菌后,首先出现凝集反应,消失较早;其次出现补体结合反应,消失较晚;最后出现变态反应,保持时间也较长。在感染初期阶段,凝集反应常为阳性,补体结合反应为阳性或阴性,变态反应则为阴性。到后期慢性或恢复阶段,则凝集反应和补体结合反应均转为阴性,仅变态反应呈现阳性。因此有人主张,为了彻底消除各类病畜,应同时使用 3 种方法综合诊断。

4)防治

目前我们国家预防布鲁氏菌病的疫苗有两种:一种是羊型 5 号(M_5)弱毒活菌苗,对牛、山羊、绵羊和鹿布鲁氏菌病的预防效果较好(怀孕动物不能用),免疫方法为皮下注射或气雾免疫,免疫期在羊可达 18 个月,牛、鹿各为 12 个月。另一种是猪型 2 号(S_2)弱毒活菌苗,毒力弱,生物性状稳定,免疫原性好,对猪、绵羊、山羊、牦牛、牛等都有较好的免疫效果,可接种任何年龄的动物,甚至可以接种怀孕动物而不引起流产,免疫方法有口服(饮水)、气雾和皮下注射(羊可以作肌肉注射)等,免疫期在猪为 12 个月,牛和羊均为 24 个月。

菌苗接种虽然有显著效果,但要根除此病,必须严格执行畜群全面检疫及淘汰病畜的综合措施。

1.3.6 多杀性巴氏杆菌

多杀性巴氏杆菌(Pasteurella Multocida)是畜禽巴氏杆菌病的病原,能使多种畜禽发生出血性败血症或传染性肺炎。本菌分布广泛,正常存在于多种健康动物的口腔和咽部黏膜,是一种条件性致病菌。

1)生物学特性

(1)形态与培养

本菌为球杆状或短杆状,两端钝圆,大小为(0.25~0.4)μm×(0.5~2.5)μm,单个存在,有时成双排列。无鞭毛,不形成芽胞,新分离的强毒株具有荚膜,革兰氏染色阴性。病畜的血液涂片或组织触片经美蓝或瑞氏染色时,可见典型的两级着色,即菌体两端染色深,中间浅。

本菌为需氧或兼性厌氧菌,对营养要求较严格,在普通培养基上生长贫瘠,在麦康凯培养基上不生长,在加有血液、血清或微量血红素的培养基上生长良好,最适温度为37 ℃,pH为7.2~7.4。在血清琼脂平板上培养24 h,可形成淡灰白色、闪光的露珠状小菌落。在血琼脂平板上,长成水滴样小菌落,无溶血现象。在血清肉汤中培养,开始轻度浑浊,4~6 d后液体变清朗,管底出现黏稠沉淀,振摇后不分散,表面形成菌环。

本菌可分解葡萄糖、果糖、蔗糖、甘露糖和半乳糖,产酸不产气。大多数菌株可发酵甘露醇,一般不发酵乳糖,可产生吲哚,MR和V-P试验均为阴性,不液化明胶,产生H_2S,触酶和氧化酶均为阳性。

(2)血清型

本菌主要以其荚膜抗原和菌体抗原区分血清型,前者有6个型,后者有16个型。1984年Carter提出本菌血清型的标准定名:以阿拉伯数字表示菌体抗原型,大写英文字母表示荚膜抗原型。我国分离的禽多杀性巴氏杆菌以5:A为多,其次为8:A;猪以5:A和6:B为主,8:A和2:D其次;羊以6:B为多;家兔以7:A为主,其次是5:A。C型菌是犬、猫的正常栖居菌,E型主要引发牛、水牛的流行性出血性败血症(仅见于非洲),F型主要发现于火鸡。

(3)抵抗力

多杀性巴氏杆菌抵抗力不强,在无菌蒸馏水和生理盐水中很快死亡。在阳光曝晒10 min,或在56 ℃或60 ℃ 10 min可被杀死。厩肥中可存活1个月,埋入地下的病死鸡,经4个月仍残存活菌。在干燥的空气中2~3 d可死亡。3%石炭酸、3%福尔马林、10%石灰乳、2%来苏尔、1%氢氧化钠等5 min可杀死本菌。对青霉素、链霉素、四环素、土霉素、磺胺类及许多新的抗菌药物敏感。

2)致病性

本菌对鸡、鸭、鹅、野禽、猪、牛、羊、马、兔等都有致病性,家畜中以猪最敏感,致猪肺疫,禽类中以鸭最易感,其次是鹅、鸡,致禽霍乱。急性型呈出血性败血症迅速死亡;亚急性型于黏膜关节等部位,发生出血性炎症等;慢性型则呈现萎缩性鼻炎(猪、羊)、关节炎及局部化脓性炎症等。实验动物中小鼠最易感。

3)微生物学诊断

(1)镜检

采取新鲜病料(渗出液、心血、肝、脾、淋巴结、骨髓等)涂片或触片,用碱性美蓝或瑞氏染色液染色、镜检,如发现典型的两级浓染的短杆菌,结合流行病学及剖检,即可作初步诊断。但慢性病例或腐败材料不易发现典型菌体,需进行分离培养和动物试验。

(2)分离培养

最好用血琼脂平板和麦康凯琼脂同时进行分离培养,麦康凯培养基上不生长,在血琼脂平板上生长良好,形成水滴样小菌落,不溶血,革兰氏染色为阴性球杆菌。将此菌接种在三糖铁培养基上可生长,使底部变黄。必要时可进一步做生化反应鉴定。

(3)动物试验

用病料研磨制成1:10乳剂或24 h肉汤培养液0.2~0.5 mL,皮下注射小鼠、家兔或鸽,动物多于24~48 h死亡。由于健康动物呼吸道内常可带菌,所以应参照患畜的生前临床症状和剖检变化,结合分离菌株的毒力试验,作出最后诊断。

若要鉴定荚膜抗原和菌体抗原型,则要用抗血清或单克隆抗体进行血清学试验。检测动物血清中的抗体,可用试管凝集、间接凝集、琼脂扩散试验或ELISA。

4)防治

疫苗免疫是控制畜禽巴氏杆菌病的有效方法,猪可选用猪肺疫氢氧化铝甲醛苗,或用猪瘟-猪丹毒-猪肺疫三联苗,禽用禽霍乱弱毒苗,牛用牛出血性败血症氢氧化铝苗。预防和治疗还可用抗生素、磺胺类、喹诺酮类药物等,尤其在养猪、养禽生产中,药物预防也是行之有效的措施。

1.3.7 炭疽杆菌

炭疽杆菌(Bacillus Anthracis)是引起人类、各种家畜和野生动物炭疽的病原,在兽医学和医学领域均有相当重要的地位。

1)生物学特性

(1)形态与结构

炭疽杆菌为革兰氏阳性粗大杆菌,长3~8 μm,宽1~1.5 μm,菌体两端平切,无鞭毛。在动物体内菌体单个存在或3~5个菌体形成短链,在菌体相连处有清晰的间隙,在猪体内形态较为特殊,菌体常为弯曲或部分膨大,多单个存在或二三相连。人工培养基中形成长链。在动物体或含有血清的培养基上形成荚膜,在培养基上或外界形成芽胞(卵圆形,直径比菌体小,位于菌体中央)。

本菌为需氧或兼性厌氧,对营养要求不高,普通琼脂平板24 h形成灰白色、干燥、边缘不整齐的菌落,低倍镜观察边缘卷发状;血液琼脂培养基中生长一般不溶血,个别菌株可轻微溶血;肉汤中24 h培养管底有絮状沉淀,肉汤澄清;明胶培养基穿刺培养,呈倒立松树状生长,其表面渐被液化呈漏斗状。本菌能分解葡萄糖产酸不产气,不分解阿拉伯糖、木糖和甘露醇。能水解淀粉、明胶和酪蛋白。V-P 试验阳性，不产生吲哚和 H_2S，能还原硝酸盐，触酶阳性。

(2) 抗原构造

已知炭疽杆菌有荚膜抗原、菌体抗原、保护性抗原和芽胞抗原 4 种主要抗原成分。

①荚膜抗原：仅见于有毒菌株，与毒力有关。是一种半抗原，可因腐败而被破坏，失去抗原性。此抗原的抗体无保护作用，但其反应较特异，依次建立各种血清学鉴定方法，如免疫荧光抗体法有较强的特异性。

②菌体抗原：是存在于细胞壁及菌体内的一种半抗原，与细菌毒力无关，但性质稳定，即使在腐败的尸体中经过较长时间，或经加热煮沸甚至高压蒸汽处理，抗原性不被破坏。常用的 Ascoli 反应，加热处理抗原依据在此。此方法特异性不高，其他需氧芽胞杆菌能发生交叉反应等。

③保护性抗原：是炭疽杆菌代谢过程中产生的一种胞外蛋白质抗原成分，在人工培养条件下亦可产生，为炭疽毒素的组成成分之一，具有免疫原性，能使机体产生抗本菌感染的保护力。

④芽胞杆菌：是芽胞的外膜层含有的抗原决定簇，具有免疫原性和血清学诊断价值。

(3) 抵抗力

本菌繁殖体的抵抗力不强，60 ℃经 30~60 min 或 75 ℃经 5~15 min 即可被杀死。常用消毒药均能在较短时间内将其杀死。对青霉素、链霉素等多种抗生素及磺胺类药物高度敏感，可用于临床治疗。在未解剖的尸体中，细菌可随腐败而迅速崩解死亡。

芽胞的抵抗力特别强，在干燥状态下可长期存活。需经煮沸 15~25 min，121 ℃高压蒸汽灭菌 5~10 min 或 160 ℃干热 1 h 方被杀死。

实验室干燥保存 40 年以上的炭疽芽胞仍有活力。干燥皮毛上附着的芽胞，也可存活 10 年以上。牧场如被芽胞污染，传染性常可保持 20~30 年。常用的消毒剂是新配的 20%漂白粉作用 48 h，0.1%升汞作用 40 min 即可将其破坏，但有机物的存在对其作用有很大影响。除此之外，过氧乙酸、环氧乙酸、次氯酸钠等都有良好的效果。

2) 致病性

炭疽杆菌可引致各种家畜、野兽和人类的炭疽，牛、绵羊、鹿的易感性最强，马、骆驼、猪、山羊等次之，犬、猫、食肉兽则有相当大的抵抗力，禽类一般不感染。实验动物中，小鼠、豚鼠家兔和仓鼠最敏感大鼠则有抵抗力。

炭疽杆菌的毒力主要与荚膜和毒素有关。在入侵机体生长繁殖后，形成荚膜，从而增强细菌的抗吞噬能力，使之易于扩散，引起感染乃至败血症。炭疽杆菌产生的毒素有水肿毒素、致死毒素两种，其毒性作用主要是直接损伤微血管的内皮细胞，增强微血管的通透性，改变血液循环动力学，损害肾脏功能，干扰糖代谢血液呈高凝状态，易形成感染性休克和弥漫性血管内凝血，最后导致机体死亡。

毒素由水肿因子、保护性抗原、致死因子 3 种亚单位构成，三者单独均无毒性作用，若将前两种成分混合注射家兔或豚鼠皮下，可引起皮肤水肿；后两种成分混合注射，可引起肺部出血水肿，并致豚鼠死亡。3 种成分混合注射可出现炭疽的典型中毒症状。

3)微生物学诊断

疑似炭疽病畜尸体应严禁解剖。只能自耳根部采取血液,取血后应立即用烙铁将创口烙焦,或用浸透0.2%升汞的棉球将其覆盖,严防污染并注意自身防护。必要时可切开肋间采取脾脏。皮肤炭疽可采取病灶水肿液或渗出物,肠炭疽可采取粪便。若已错剖畜尸,则可采取脾、肝等进行检验。

(1)涂片镜检

病料涂片以碱性美蓝、瑞氏染色或姬姆萨染色法染色镜检,如发现有荚膜的竹节状大杆菌,即可作出初步诊断。材料不新鲜时菌体易于消失。

(2)分离培养

取病料接种于普通琼脂或血液琼脂,37 ℃培养18~24 h,观察有无典型的炭疽杆菌菌落。同时涂片作革兰氏染色镜检。

(3)动物感染试验

将被检病料或培养物用生理盐水制成1∶5乳悬液,皮下注射小鼠0.1 mL或豚鼠、家兔0.2~0.3 mL。动物通常于注射后24~36 h(小鼠)或2~3 d(豚鼠、家兔)死于败血症,剖检可见注射部位皮下呈胶样浸润及脾脏肿大等病理变化。取血液、脏器涂片镜检,当发现竹节状有荚膜的大杆菌时,即可诊断。

(4)Ascoli氏沉淀反应

在一支小玻璃管内把疑为炭疽病死亡动物尸体组织浸出液与特异性炭疽沉淀素血清重叠,如在两液接触面产生灰白色沉淀环,即可诊断。本法适用于各种病料、皮张甚至严重腐败污染的尸体材料,方法简便、反应清晰,故应用广泛。但此反应的特异性不高,因而使用价值受到一定影响。

除上述诊断方法外,还可通过间接血凝试验、协同凝集试验、串珠荧光抗体检查、琼脂扩散试验等进行确诊。

4)防治

对易感家畜采取预防接种是防治炭疽病的有效方法,常用疫苗有无毒炭疽芽胞苗和Ⅱ号炭疽芽胞苗两种。抗炭疽血清在疫区可作为紧急预防或治疗。治疗时,可用青霉素、链霉素等多种抗生素及磺胺类药物。炭疽病畜尸体应焚烧处理。

1.3.8　猪丹毒杆菌

猪丹毒杆菌(Erysipelothrix Rhuriopathiae)存在于猪、羊、鸟类和其他动物体表、肠道等处,是猪丹毒的病原体。

1)生物学特性

(1)形态与培养

猪丹毒杆菌为直或微弯的细杆菌,两端钝圆,大小为0.2~0.4 μm,宽为0.8~2.5 μm,病料中菌体单个存在或呈V形、堆状或短链排列,在白细胞内成丛存在,老龄培养或慢性病的心内膜疣状物中，多为弯曲的长丝状。

本菌为微需氧菌，实验室培养时兼性厌氧。最适温度 30~37 ℃，最适 pH 为 7.2~7.4。普通培养基中生长不良，在含有血液或血清的培养基上生长较好。在血琼脂平板上，经 37 ℃，24 h 培养可形成湿润、光滑、透明、灰白色、露珠状的圆形小菌落（光滑型菌落来自急性猪丹毒病例），并形成 α 溶血环；慢性猪丹毒病例形成粗糙型菌落，边缘不整齐，表面呈颗粒状，较灰暗而密集。在麦康凯培养基上不生长。肉汤培养，呈轻度浑浊，试管底部有少量白色黏稠沉淀，不形成菌膜及菌环。

在加有 5%马血清和 1%蛋白胨水的糖培养基中可发酵葡萄糖、果糖和乳糖，产酸不产气；不发酵甘露醇、山梨醇、肌醇、水杨酸、鼠李糖、蔗糖、菊糖等。产生 H_2S，不产生靛基质和接触酶，不分解尿素。甲基红和 V-P 试验阴性。明胶穿刺呈试管刷状生长，但不液化明胶。

（2）抵抗力

本菌是无芽胞杆菌中抵抗力较强的，尤其对腐败和干燥环境有较强的抵抗力。在干燥环境中能存活 3 周，在饮水中可存活 5 d，在污水中可存活 15 d，在深埋的尸体中可存活 9 个月。在熏制腌渍的肉品中可存活 3 个月，肉汤培养物封存于安培瓶中可存活 17 年。但对热和直射光较敏感，70 ℃经 5~15 min 可完全杀死。对消毒剂抵抗力不强，0.5%甲醛数十分钟可杀死，用 10%石灰乳或 0.1%过氧乙酸涂刷墙壁和喷洒猪圈是目前较好的消毒方法。本菌可耐 0.2%的苯酚对青霉素很敏感。

2）致病性

本菌通过消化道感染，进入血液，而后定植在局部或引致全身感染。细菌产生的神经氨酸酶是可能的毒力因子，菌株的毒力与该酶的量有相关性，酶的存在有助于菌体侵袭宿主细胞。

本菌可使 3~12 月龄猪发生猪丹毒，3~4 月龄的羔羊发生慢性多发性关节炎，禽类也可感染，鸡与火鸡感染后呈衰弱和下痢；鸭可出现败血症，并侵害输卵管。小鼠和鸽子最易感染，实验感染时皮下注射 2~5 d 内呈败血症死亡。人多因皮肤创伤感染，发生"类丹毒"。

3）微生物学诊断

（1）镜检

取病料（血液、肝、脾、肾、淋巴结等）涂片染色镜检，如发现革兰氏染色阳性、细长、单个存在、成对或成丛的纤细小杆菌，特别在白细胞内排列成丛，即可初步诊断。

（2）分离培养

取病料制成乳剂给小鼠皮下注射 0.2 mL，鸽子胸肌注射 1 mL，若病料中有猪丹毒杆菌，则接种的动物于 2~5 d 内死亡。死后取病料涂片染色镜检或接种于血液琼脂平板，根据菌落特征及细胞形态进行确诊。

（3）动物试验

取病料（血液、肝、脾、肾、淋巴结等）涂片染色镜检，如发现革兰氏染色阳性、细长、单个存在、成对或成丛的纤细小杆菌，特别在白细胞内排列成丛，即可初步诊断。

（4）血清学诊断

血清学诊断可用凝集试验、协同凝集试验、免疫荧光法进行诊断。

4) 防治

本菌有良好的免疫原性，用猪丹毒氢氧化铝甲醛苗或猪瘟-猪丹毒-猪肺疫三联苗，能有效地预防猪丹毒。马或牛制备的抗猪丹毒血清，可用于紧急预防和治疗，也可用于青霉素治疗猪丹毒，效果良好。

1.4　其他病原微生物

1.4.1　牛放线菌

1) 生物学特性

牛放线菌形态随所处环境不同而异。在培养物中，呈短杆状或棒状，老龄培养物常呈分支丝状或杆状，革兰氏阳性。在病灶脓液中可形成硫黄状颗粒。将硫黄状颗粒在载玻片上压平镜检时呈菊花状，菌丝末端膨大，向周围呈放射状排列，颗粒中央部分菌丝为革兰氏染色阳性、外围菌丝为革兰氏染色阴性。

牛放线菌为厌氧或微需氧，培养比较困难，最适 pH 为 7.2~7.4，最适温度 37 ℃，在 1% 甘油、1% 葡萄糖、1% 血清的培养基中生长良好。在甘油琼脂上培养 3~4 d 后，形成露滴状小菌落，初呈灰白色，很快变为暗灰白色，菌落隆起，表面粗糙干燥，紧贴培养基。

本菌无运动性，无荚膜和芽胞。能发酵麦芽糖、葡萄糖、果糖、半乳糖、木糖、蔗糖、甘露醇和糊精，多数菌株发酵乳糖产酸不产气。美蓝还原试验阳性。产生硫化氢，MR 试验阴性，吲哚试验阳性，尿素酶试验阳性。

2) 致病性

本菌主要侵害牛和猪，奶牛发病率较高。牛感染放线菌后主要侵害颌骨、唇、舌、咽、齿龈、头颈皮肤及肺，尤以颌骨缓慢肿大为多见。猪感染后病变多局限于乳房。

3) 微生物学诊断

放线菌病的临床症状和病变比较特殊，不能诊断。必要时，取病料（如脓汁）少许，用蒸馏水稀释，找到其中的硫黄状颗粒，在水中洗净，置于载玻片上加 1 滴 15% 氢氧化钾溶液，覆以盖玻片用力按压，置显微镜下观察，可见菊花形或玫瑰花形菌块，周围有屈光性较强的放射状棒状体。如果将压片加热固定后革兰氏染色，可发现放射状排列的菌丝，结合临床特征即可作出诊断。必要时可作病原的分离。

4) 防治

(1) 防止皮肤黏膜损伤

将饲草饲料浸软，避免口腔黏膜损伤，及时处理皮肤创伤，以防止放线菌菌丝和孢子的侵入。

(2) 手术治疗

手术切除放线菌硬结及瘘管，碘酊纱布填充新创腔，连续内服碘化钾 2~4 周。结合青霉素、红霉素、林可霉素等抗生素的使用，可提高本病治愈率。

1.4.2 钩端螺旋体

1)生物学特性

对人畜致病的钩端螺旋体长 16~20 μm,宽 0.1~0.2 μm,螺旋细密而有规则,菌体的一端或两端弯曲呈钩状。整个菌体常呈 C、S、问号等形状,故称似问号钩端螺旋体。在暗视野显微镜下,螺旋细密而不易看清,常呈细小的串珠样形态,用姬姆萨染色效果好,镀银法染色呈棕色。

钩端螺旋体为需氧菌,对营养要求不高。在柯氏液培养基(含 10%兔血清、磷酸盐缓冲液、蛋白胨,pH 为 7.4)中生长良好。一般接种 3~4 d 开始生长,1~2 周大量增殖,培养液呈半透明云雾状浑浊,实验动物以幼龄豚鼠和仓鼠最敏感。

钩端螺旋体有两种抗原结构,即表面抗原(P 抗原)和内部抗原(S 抗原)。前者具有型特异性,存在于菌体的表面;后者具有群特异性,位于菌体内部。按内部抗原将钩端螺旋体分为若干血清群,各群又根据其表面抗原分为若干血清型。目前已发现有 19 个血清群,共 172 个血清型。

2)致病性

钩端螺旋体常以水作为传播媒介,主要通过损伤的皮肤、眼和鼻黏膜及消化道侵入机体,最后定位于肾脏,并可从尿中排出,被感染的人畜能长期带菌,是重要的传染源。鼠类是其天然寄主,是危险的传染源。

致病性钩端螺旋体可引起人和动物发生钩端螺旋体病。家畜中猪、牛、犬、羊、马、骆驼、家兔、猫,家禽中鸭、鹅、鸡、鸽及野禽、野兽均可感染。其中,猪、水牛、牛和鸭易感性较高。发病后呈现发热、黄疸、血红蛋白尿等多种症状,是一种重点防治的人畜共患传染病。

3)微生物学诊断

采取高热期动物血液或脏器,或恢复期肾脏组织或尿液,进行暗视野镜检或荧光抗体检查,可发现钩端螺旋体。血清学试验可应用凝集溶解试验和 ELISA 检查钩端螺旋体时特异性高,可以检出早期感染动物,因而具有早期诊断意义。

4)防治

用钩端螺旋体多价苗预防接种,可以预防本病。在本病流行期间紧急接种,一般能在 2 周内控制流行。治疗可选用链霉素、土霉素、金霉素、强力霉素等抗菌药物。

1.4.3 猪肺炎支原体

1)生物学特性

猪肺炎支原体具有多形性,以球形、环形和椭圆形为多见,可通过孔径 300 nm 的滤膜。革兰氏染色阴性,但着色较难;用姬姆萨染色结果较佳,呈淡紫色。

猪肺炎支原体对营养要求较高,培养基除需加猪血清外,尚须添加水解乳蛋白、酵母浸液等,并要有 5%~10% CO_2才能生长。在固体培养基上培养 9 d,可见针尖大露滴状菌落,边缘整齐、表面粗糙。此外,也可用鸡胚卵黄囊或猪的肺、肾、睾丸等单层细胞培养。

本菌对土霉素、四环素、螺旋霉素等敏感。对外界环境抵抗力不强,在动物体外存活一般不超过 36 h。1%氢氧化钠、20%草木灰等均可在数分钟内将其杀死。

2)致病性

猪肺炎支原体能引起猪气喘病,为慢性呼吸系统疾病。本病死亡率不高,但严重影响猪的生长发育,给养猪业带来严重危害。

3)微生物学诊断

猪肺炎支原体主要存在于病猪的肺组织、肺门淋巴结及鼻腔、气管的分泌物中。采集病料时应无菌采取肺脏病变区和正常部交界处组织,并取支气管。将采集给病料研磨成乳剂,通过滤器除去杂菌,选择适宜的培养基进行分离培养,根据该病的菌落特征及菌体特征诊断。进一步地确诊需要经过血清学试验、动物接种试验等。

4)防治

预防本病接种猪气喘病冻干兔化弱毒菌苗,有一定的免疫效果。临床的预防和治疗还可选用广谱抗生素,如土霉素、卡那霉素、泰乐菌素等。

1.4.4　鸡败血支原体

1)生物学特性

鸡败血支原体常呈球状或球杆状,有的呈丝状,直径 0.25~0.5 μm,革兰氏染色弱阴性,姬姆萨或瑞氏染色着色良好。

本菌为需氧或兼性厌氧,对营养要求较高,培养时须加 10%~15%灭能血清才能生长。在固体培养基上 3~10 d,可形成圆形表面光滑透明、边缘整齐、露滴样的小菌落,直径为 0.2~0.3 mm,菌落中央有颜色较深而致密的乳头状突起。在马鲜血琼脂上表现溶血。该菌落能吸附猴、大鼠、豚鼠和鸡的红细胞,这种凝集现象能被相应的抗体所抑制。本菌也可在 7 日龄鸡胚卵黄囊生长,接种 5~7 d 死亡。

鸡败血支原体对外界环境抵抗力不强,在体外则迅速死亡,对大多数消毒药及链球菌、泰乐菌素、红霉素、螺旋霉素等敏感。对热敏感,45 ℃1 h 或 50 ℃20 min 即可被杀死。冻干后于 4 ℃可存活 7 年。

2)致病性

鸡败血支原体引起鸡和火鸡的鼻窦炎、眶下窦炎、肺炎和气囊炎。发病后多呈慢性经过,病程长,生长受阻,可造成很大的经济损失。

3)微生物学诊断

(1)病原分离鉴定

①病料采取:可采取发病初期鼻腔及气管分泌物,或病死禽增厚的气囊壁及其干酪样渗出物。如病料有污染,可制成悬液,接种到 7 日龄雏鸡鼻腔或气管,待雏鸡发病后,取其肺脏或气囊分离病原。

②病原分离：鸡败血支原体在固体培养基上，于 37~38 ℃培养 2~7 d，可形成典型的乳头状小菌落，有时菌落呈煎蛋样或脐状。在液体培养基上，肉汤可发生轻度浑浊。如果将液体培养物离心，取沉淀物以少量蒸馏水重悬，涂片干燥，甲醇固定 3~5 min，放入姬姆萨染液中浸染 0.5 h，水洗、吸干后镜检，可见菌体呈丝状、环状或多形态，着色淡，革兰氏染色阴性。

(2)血清学检验

血清平板凝集试验操作快速、简捷、敏感，在生产中应用较广。采集可凝血清 0.02 mL，加于玻片上，与 0.03 mL 特异性抗原混合，充分搅动 2~3 min，如果出现明显的碎片状凝集即为阳性。也可用全血代替血清进行平板凝集试验。另外，琼脂扩散试验、红细胞凝集抑制试验等血清学方法也可用于检查鸡败血支原体。

4)防治

本病可用鸡败血支原体弱毒苗或灭活油乳剂苗免疫种鸡群，商品鸡生产中多采用药物预防，另外做好消毒等其他综合防治措施。发病鸡的治疗可选用泰乐菌素、红霉素、林可霉素、土霉素、恩诺沙星等抗菌药物。

本章小结

1.细菌有球形、杆形和螺旋形 3 种形态，基本结构包括细胞壁、细胞膜、细胞质和核质，特殊结构包括荚膜、鞭毛、菌毛和芽胞。

2.其他原核微生物有：放线菌、螺旋体、支原体、衣原体、立克次氏体。

3.常见的病原细菌有：葡萄球菌、链球菌、大肠杆菌、沙门氏菌、布鲁氏菌、多杀性巴氏杆菌、炭疽杆菌、猪丹毒杆菌。

4.常见的其他病原微生物有：牛放线菌、钩端螺旋体、猪肺炎支原体、鸡败血支原体。

思考题

1.试述细菌的基本结构、特殊结构及其功能。

2.一般来说，细菌经煮沸 10~20 min 即可被杀死，为什么实验室常用高压蒸气(121.3 ℃)灭菌？

3.比较革兰氏阳性菌和革兰氏阴性菌细胞壁的结构及化学组成的差异。

4.列表说明放线菌、支原体、螺旋体、立克次氏体和衣原体的致病性。

第2章 病　毒

【学习目标】

学生理论知识上需熟悉病毒的基本形态和结构；了解病毒的增殖方式和培养方法；了解病毒的其他特性及其应用。操作上应能够正确进行病毒形态的观察。

2.1 病毒的基本特征与形态结构

2.1.1 病毒的基本特征

病毒(Virus)是一类只能在活细胞内寄生的非细胞型微生物，病毒是目前所知体积最微小、结构最简单的生命形式，主要具有以下基本特征：

1)个体极其微小

病毒颗粒非常微小，绝大多数能通过细菌的滤过器，故曾称病毒为滤过性病毒。病毒在光学显微镜下一般看不见，必须用电子显微镜放大几千倍至几万倍以上才能看得清楚。

2)结构简单

病毒不具有细胞结构，一些简单的病毒主要由核酸和蛋白质外壳构成，每一种病毒只含有一种核酸，DNA 或 RNA，而其他微生物则同时具有两种核酸。

3)专性寄生

病毒是严格的细胞内寄生的微生物，缺乏完整代谢过程的酶和能量系统，不能单独进行物质和能量代谢，不能在无生命的培养基上生长，只能在一定种类的活细胞内才能生长繁殖。

4)以复制方式繁殖

病毒依靠核酸分子进行自我复制，再由转录成的病毒 mRNA 翻译出病毒编码的蛋白质，然后装配成子代病毒。有些病毒的基因能整合到宿主细胞的 DNA 中,并随细胞 DNA 的复制而增殖,从而导致潜伏感染或肿瘤性疾病。

5)抵抗力特殊

病毒与其他微生物相比较,一般耐冷不耐热,能耐受甘油的脱水作用。病毒无细胞壁,不进行代谢活动,对一般抗生素和阻断代谢途径的药物均不敏感,利福平可抑制痘病毒复制等除外。绝大多数病毒在不同程度上对干扰素敏感,即干扰素可抑制多数病毒复制。

病毒与其他类型微生物的主要区别见表 2.1。

表 2.1 病毒与其他微生物的鉴别要点

微生物类别	在无生命的培养基上生长	二分裂繁殖	核 酸	核糖体	对抗生素的敏感性	对干扰素*的敏感性
病毒	-	-	D/R	-	-	+
细菌	+	+	D+R	+	+	-
霉形体	+	+	D+R	+	+	-
立克次氏体	-	+	D+R	+	+	-
衣原体	-	+	D+R	+	+	+

注:+为有;-为无。D 为 DNA;R 为 RNA;D/R 为 DNA 或 RNA。

* 有些细菌和立克次氏体对干扰素也敏感。

近年来在病毒学研究工作中,还发现一类病毒没有蛋白质外壳,只有裸露的侵染性核酸(RNA),称为类病毒(Viroid),很多植物病害是由类病毒所引起的,如马铃薯纺锤形块茎病毒、柑橘裂皮类病毒等。此外,绵羊山羊痒病、猫海绵状脑病、牛海绵状脑病(疯牛病)可能是另一类不含核酸而主要由蛋白质构成的朊病毒(Prion Virus)引起的。另外,还有一类必须依赖宿主细胞内共同感染的辅助性病毒才能复制的核酸分子,有的也有外壳蛋白质包裹,称为拟病毒(Virusoid)或卫星病毒(Satellite Viruses),如腺联病毒,它是一种单链 DNA 病毒,在宿主细胞内复制时必须有腺病毒和疱疹病毒的辅助。类病毒、朊病毒和拟病毒被称为亚病毒,这些亚病毒的发现给一些病原尚不清楚的动物、植物和人类某些疑难病的研究开拓了思路。

2.1.2 病毒的形态结构

1)病毒的大小和形态

(1)病毒的大小

病毒的颗粒很小,其大小以纳米(nm)(1 nm=1/1 000 μm)作为测量单位。绝大多数病毒在光学显微镜下是不能分辨的,只有在电子显微镜下才能看清楚。不同种类的病毒其大小差别很大,较大者如动物的痘病毒,其直径可达 300 nm[(300~450)nm ×(170~260)nm],与其他微生物(如支原体)的大小相似,如用姬姆萨、维多利亚蓝、荧光染料或镀银等方法染色处理后,在光学显微镜下也能看见,但要看清其表面结构,还需借助电子显微镜;中等大小的如流感病毒,直径为 80~120 nm;较小的如圆环病毒,其直径仅为 17 nm。病毒的大小与葡萄球菌相比较如图 2.1 所示。

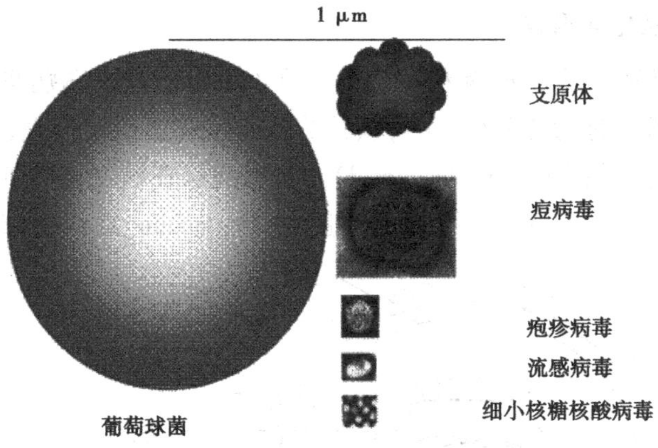

图 2.1 病毒和细菌的相对大小

(2)病毒的形态

尽管已发现的病毒达数千种,但病毒的基本形态主要有 5 种(图 2.2)。

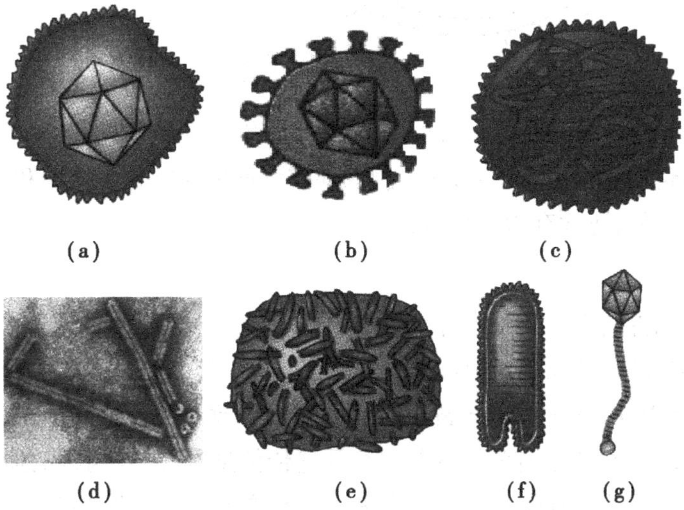

图 2.2 病毒的形态

(a)疱疹病毒;(b)腺病毒;(c)黏病毒;(d)烟草花叶病毒;

(e)痘病毒;(f)弹状病毒;(g)噬菌体

①球形:大多数动物病毒呈球形,如疱疹病毒、腺病毒、黏病毒。

②杆形:多见于植物病毒,如烟草花叶病毒。

③砖形:病毒呈长方形,很像砖块,是病毒中较大的一类,如痘病毒。

④子弹形:其形态像一颗子弹,呈长圆形,一端较圆,一端较平,如狂犬病病毒、动物的水泡性口腔炎病毒。

⑤蝌蚪形:是噬菌体的特征形态,大多数有一个六角形多面体的头部和一条细长的尾部。另外有的病毒呈多形性,如流感病毒新分离的毒株常呈丝状,在细胞内稳定传代后则为直径约 100 nm 的拟球形颗粒。

2)病毒的结构及化学组成

一个结构、功能完整的病毒颗粒称为病毒子(Virion)。成熟病毒子的基本结构(图2.3):中心为一团核酸,称为芯髓(Core);核酸的外周包有蛋白质外壳,称为衣壳(Capsid)。核酸和衣壳一起合称为核衣壳(Nucleocapsid)。有些病毒在核衣壳的外面还包有一层或几层外膜,称为囊膜(Envelop),有的囊膜上还有膜粒(Peplomere)或纤突(Spike)。

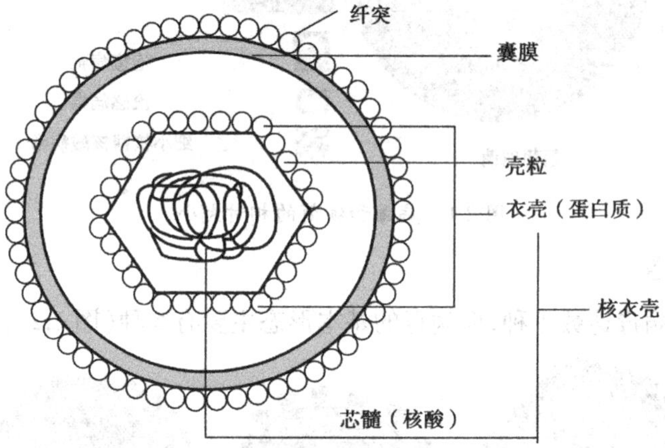

图 2.3　病毒的基本结构

病毒的化学组成和结构有关系,无囊膜的裸露病毒主要成分为核酸和蛋白质,有囊膜病毒除核酸和蛋白质外,还含有脂类和糖类等。

(1)核酸(芯髓)

核酸存在于病毒的中心,一种病毒只含有一种类型的核酸,即 DNA 或 RNA,两者不会同时存在。病毒的核酸与其他生物的核酸构型相似,DNA 大多数为双链,如乳头瘤病毒,少数为单链,如细小病毒;RNA 多数为单链,如正黏病毒,少数为双链,如呼肠孤病毒。病毒的核酸无论是 DNA 或 RNA,均含有病毒的基因组及遗传信息,控制着病毒的遗传、变异、增殖和对宿主的感染性等特性。有些动物病毒失去囊膜和衣壳,裸露的 DNA 或 RNA 还能感染细胞,具有传染性,这样的核酸称为传染性核酸,若核酸被破坏,病毒即丧失感染能力。传染性核酸的感染范围比完整病毒颗粒更广,但感染力较低。

(2)衣壳

衣壳是包裹在病毒核酸外面的一层外壳,其化学成分为蛋白质。衣壳是由一定数量的壳粒(Capsomere)规则排列成单层或双层,壳粒是由单个或多个多肽分子对称排列构成。由于病毒核酸的螺旋构形不同,衣壳的壳粒数量及排列方式也不同。病毒衣壳呈现 3 种对称型(图 2.4),可作为病毒鉴定和分类的依据。

①螺旋对称:病毒核酸呈盘旋状,壳粒沿核酸链走向排列成螺旋对称型,如植物中的烟草花叶病毒和动物病毒中的狂犬病病毒等。

②二十面立体对称:病毒核酸浓集在一起形成球形或近似球形,其衣壳的颗粒呈二十面体对称排列,如腺病毒、脊髓灰质炎病毒、流行性乙型脑炎病毒等。

③复合对称:既有螺旋对称又有立体对称的病毒,如噬菌体等。

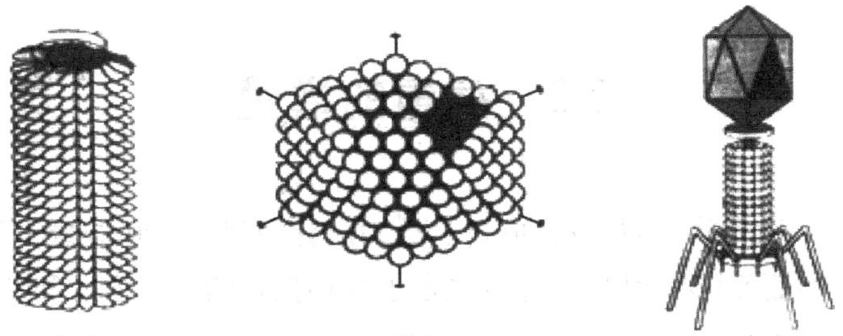

图 2.4 病毒衣壳的几种对称模式图

(a)烟草花叶病毒;(b)腺病毒;(c)大肠杆菌噬菌体

病毒衣壳的主要功能:保护病毒核酸,使之免遭环境中的核酸酶和其他理化因素破坏,参与病毒的感染过程。因病毒引起感染首先需要特异地吸附于易感细胞表面,而无囊膜病毒是依靠衣壳吸附于细胞表面的;具有良好的抗原性,诱发机体的体液免疫与细胞免疫。

(3)囊膜

囊膜也称为包膜,是有些病毒在核衣壳外面包裹的一层由脂类、蛋白质和多糖组成的结构。病毒的囊膜是病毒复制成熟后,通过宿主细胞的核膜、细胞膜时获得,所以具有宿主细胞的类脂成分。有囊膜的病毒对乙醚、氯仿和胆盐等脂溶剂敏感,可被其灭活。囊膜对病毒的核衣壳有保护作用,由于囊膜上的脂质与宿主细胞膜成分是同源的,有助于病毒和宿主细胞融合,便于病毒进入细胞,增强其感染力。

有些病毒囊膜表面具有呈放射排列的突起,称为纤突(又称囊膜粒或刺突)。如流感病毒囊膜上的纤突有血凝素和神经氨酸酶两种(图 2.5)。纤突不仅具有抗原性,而且与病毒的致病力及病毒对细胞的亲和力有关。因此,病毒一旦失去囊膜上的纤突,也就丧失了对易感细胞的感染能力。另外,有些病毒虽没有囊膜,但有其他一些特殊结构,如腺病毒在核衣壳的各个顶角上长出共计 12 根细长的"触须"(图 2.6),其形态好似大头针状,具有凝集和毒害敏感细胞的作用。

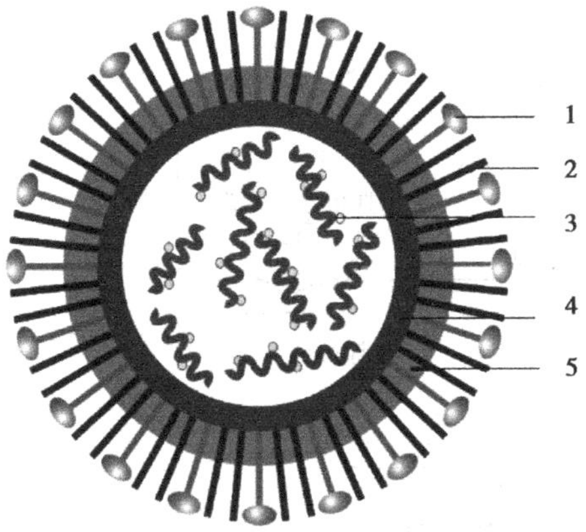

图 2.5 流感病毒的血凝素与神经氨酸酶

1—神经氨酸酶;2—血凝素;3—核酸;

4—衣壳;5—囊膜

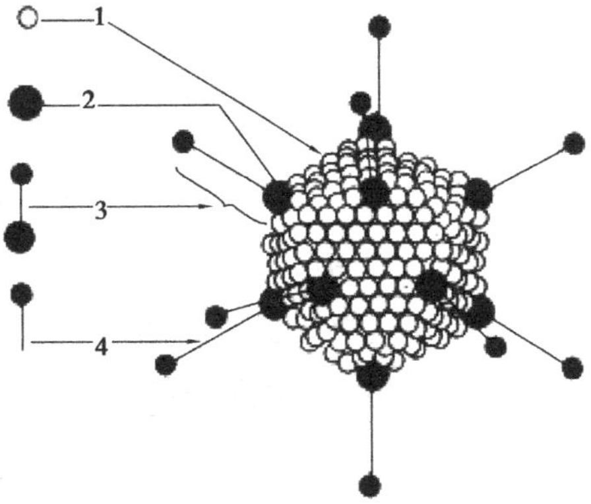

图 2.6 腺病毒结构模式图

1—六聚体;2—五聚体基;3—五聚体;

4—触须(纤突)

2.2 病毒的增殖

病毒是非细胞型微生物，不具备合成自身结构成分的酶系统和能量，不能单独进行物质代谢，必须在适宜活细胞中才能增殖，这就决定了病毒独特的增殖方式和特定的培养方法。

2.2.1 病毒的增殖方式

病毒增殖的方式是复制。病毒的复制就是病毒利用宿主细胞内的原料、能量、酶和生物合成场所，在病毒核酸遗传密码的控制下，在宿主细胞内复制出病毒的核酸和合成病毒的蛋白质，然后装配成大量成熟子代病毒并释放到细胞外的过程。病毒的增殖常表现一步生长曲线。当病毒进入细胞内，在开始一段时间内检测不出感染性病毒，称为隐蔽期。因为这时病毒都已解体，核酸呈游离状态。当隐蔽期过后，开始出现大量新的子代病毒，称为增殖期。

2.2.2 病毒的复制过程

从病毒感染宿主细胞，进入细胞，利用细胞完成自我复制后再释放出来的全过程，称为复制周期(图 2.7)或增殖周期，也叫感染周期。完整的复制周期一般可分为吸附、侵入、脱壳、生物合成、装配和释放 5 个连续阶段。

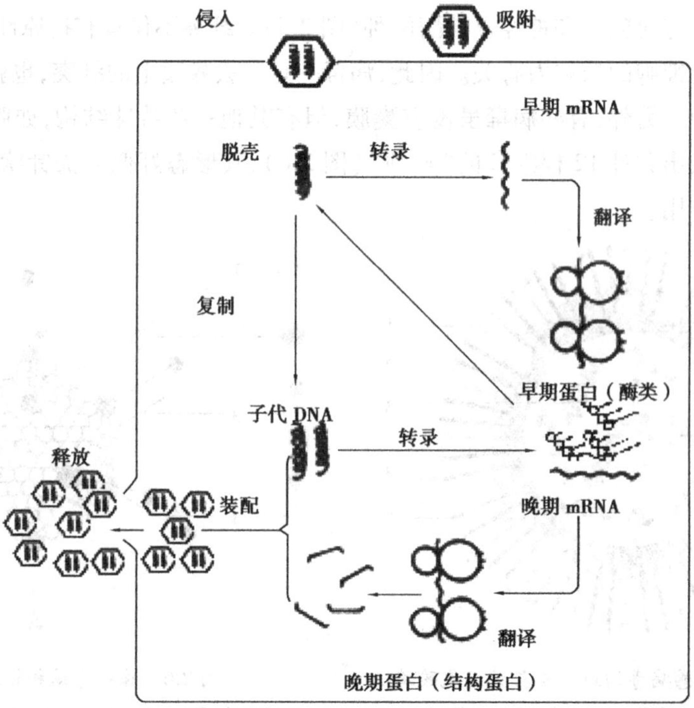

图 2.7 病毒复制过程示意图

1)吸附

病毒附着到宿主细胞的表面称为吸附,这是病毒在宿主细胞进行复制的第一步。这一过程分为两个阶段:首先是病毒由于运动和细胞相互碰撞而与宿主细胞接触,在有阳离子(如 Mg^{2+}、Ca^{2+})存在时发生随机吸附。这是由于病毒粒子与细胞在 pH 为 7.0 的环境中,一般都带有负电荷,阳离子能降低负电荷,促进静电吸附,它是非特异性的、可逆的吸附。所以,通常对病毒进行细胞培养时,需要在培养液中加入一些阳离子的盐类。此后吸附进入第二阶段,为不可逆阶段。病毒颗粒表面具有特殊酶或活性蛋白,与细胞膜上的特异性受体具有亲和作用,发生特异性结合,并发生化学变化。一旦吸附,病毒最终会进入细胞,因此成为吸附的不可逆阶段。有些病毒对细胞受体的要求十分严格,如脊髓灰质炎病毒只能被灵长类动物细胞受体吸附,猪瘟病毒只能在猪的细胞(如猪肾、睾丸和白细胞等)中增殖。有些病毒则相反,如流感病毒、副流感病毒则要求不太严格,能吸附多数鸟类和哺乳动物细胞。

2)侵入

病毒吸附到宿主细胞膜后,可通过多种方式进入细胞内,称为侵入或穿入。不同种类的病毒侵入细胞的方式不同,侵入主要有 4 种方式。

①直接进入:动物病毒直接侵入大致可分为两种类型:某些病毒以完整的病毒颗粒侵入宿主细胞,如弹状病毒;某些病毒颗粒与宿主细胞膜上的表面受体相互作用,使其核衣壳穿入细胞质中,如脊髓灰质炎病毒。

②细胞内吞:细胞内吞是动物病毒的常见侵入方式,病毒颗粒经细胞膜内陷形成吞噬泡,使病毒粒子进入细胞质中(图 2.8),如牛痘病毒。

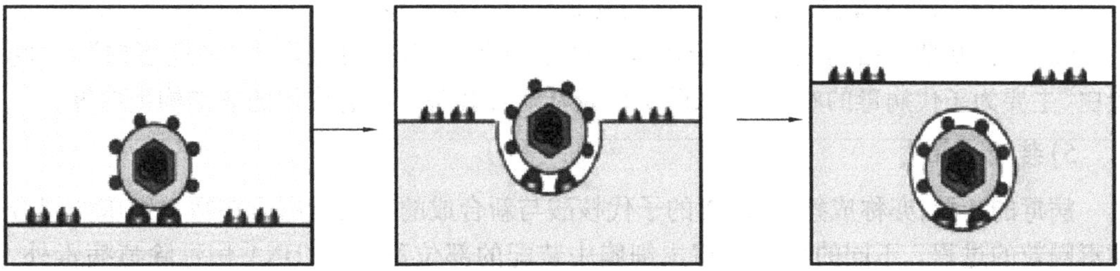

图 2.8 胞饮作用示意图

③膜融合:膜融合是有囊膜病毒侵入过程中,在细胞膜表面病毒囊膜与细胞膜融合,病毒的核衣壳进入细胞质中(图 2.9),如新城疫病毒。

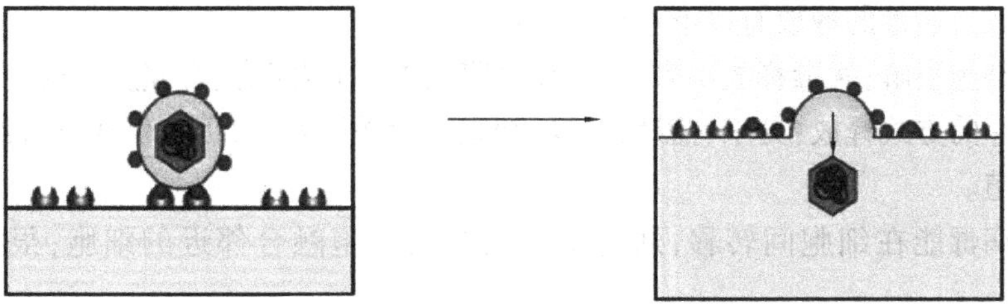

图 2.9 病毒囊膜与细胞膜融合示意图

④注射式侵入:注射式侵入是有尾噬菌体通常的侵入方式,通过尾部收缩将衣壳内的核酸注入宿主细胞内,在侵入的过程中同时脱壳,如大肠杆菌噬菌体 T_4。

3)脱壳

脱壳是病毒穿入后,病毒的囊膜或衣壳脱去而释放出病毒核酸的过程。有囊膜病毒脱壳包括脱囊膜和脱衣壳两个步骤,无囊膜病毒只需脱衣壳,脱壳方式因不同病毒而异。注射式侵入的噬菌体和某些直接侵入的病毒可以直接在细胞膜或细胞壁表面同时进行侵入和脱壳。以内吞方式或某些直接侵入细胞的病毒,经蛋白酶的降解作用,先后脱去囊膜和衣壳。以膜融合方式侵入的病毒,其囊膜在与细胞膜融合时脱掉,核衣壳被移至脱壳部位在酶的作用下完成脱壳。

4)生物合成

病毒核酸脱壳后,利用宿主细胞的生物合成机制来合成自身的物质,包括核酸的复制和蛋白质的合成。病毒的核酸和蛋白质在宿主细胞内的合成部位,因病毒种类不同而异,多数DNA 病毒在细胞核内合成核酸,但痘病毒例外,其所有成分均在细胞质中合成。多数 RNA 病毒在细胞质中合成病毒成分,但正黏病毒和副黏病毒中部分病毒及白血病病毒的核酸在细胞核中合成,蛋白在胞浆中合成。病毒的生物合成基本按下列步骤进行:

①按亲代病毒的样板早期转录 mRNA。

②由早期 mRNA 翻译"早期蛋白"。这些早期蛋白一般为非结构蛋白,主要是功能酶蛋白(如复制酶、转录酶),能选择性地抑制宿主细胞代谢功能的某些毒性蛋白及一些作为填充病毒包涵体基质的非功能性蛋白。

③病毒核酸的复制。在"早期蛋白"(酶)的作用下,亲代病毒核酸复制子代病毒核酸。由于各种病毒核酸类型及股数不同,核酸复制过程各有差异。

④合成"晚期蛋白"。主要由子代核酸转录晚期 mRNA,再翻译为"晚期蛋白"。"晚期蛋白"主要为子代病毒的衣壳蛋白、酶类以及在病毒装备阶段起作用的非结构蛋白等。

5)装配和释放

病毒的装配,亦称成熟,指病毒的子代核酸与新合成的衣壳蛋白质在宿主细胞内组合成病毒颗粒的过程。不同的病毒在宿主细胞中装配的部位不一样,DNA 病毒除痘病毒外,均在核内装配;RNA 病毒与痘病毒类则在胞浆中装配。在此阶段,无囊膜病毒已在细胞内发育成病毒子。有囊膜病毒其囊膜需在穿过宿主细胞核膜或细胞膜出芽释放时获得,如疱疹病毒在穿过核膜时获得囊膜,流感病毒在穿过细胞膜时获得囊膜而成熟(图 2.10)。

病毒的释放指成熟的子代病毒颗粒依一定途径释放到细胞外的过程,此过程标志病毒复制周期结束。病毒的释放有以下 4 种方式:

①宿主细胞裂解:病毒释放出来,见于无囊膜病毒,如腺病毒、脊髓灰质炎病毒等。

②以出芽的方式释放:见于有囊膜病毒,细胞一般并不死亡,仍能供病毒继续增殖,细胞也能分裂增殖。

③有些病毒能在细胞间转移,通过细胞间桥或细胞融合邻近的细胞,很少释放到细胞外。

④有些致癌病毒,病毒复制时核酸与宿主细胞核酸整合在一起,随宿主细胞的分裂而进入到子代细胞中。

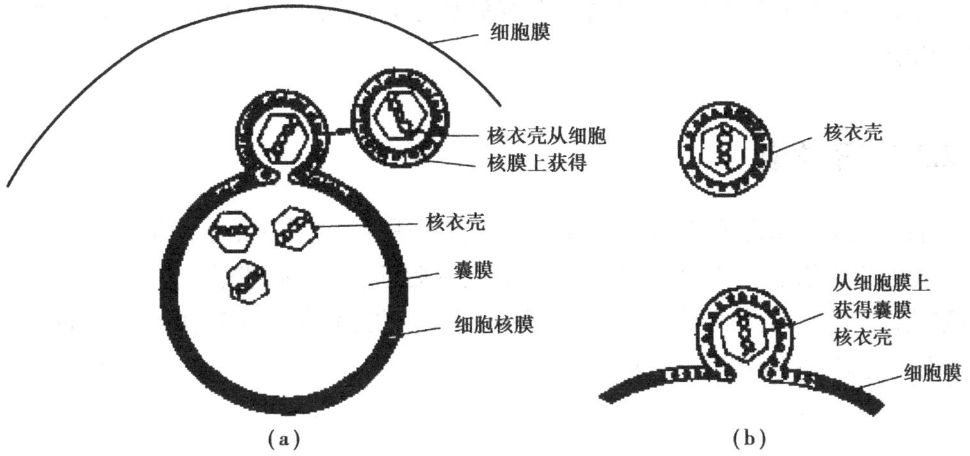

图 2.10 囊膜病毒的装配示意图

(a)从宿主细胞核膜出芽时获得包膜;(b)从宿主细胞膜出芽时获得包膜

2.3 病毒的其他特性

2.3.1 干扰现象

一种病毒感染动物机体(或细胞)后能抑制其他或同种病毒的感染现象,称为病毒的干扰现象。干扰现象可在同种以及同株的病毒间发生,后者如流感病毒鸡胚尿囊液中连续传代,病毒高度复制而发生自身干扰。同属病毒和无亲缘关系的病毒之间也可以干扰,且比较常见,灭活病毒也可干扰活病毒的增殖。

病毒的干扰现象如发生在不同的疫苗之间,则会干扰疫苗的免疫效果,因此在实际防疫工作中,应合理使用疫苗,尤其是活疫苗的使用,应防止干扰现象对免疫效果的影响。此外,干扰现象还可用于病毒细胞培养增殖情况的测定,主要用于不产生细胞病变,没有血凝特性病毒的测定和鉴定。

病毒干扰现象产生的主要原因,可能是:

①两种病毒感染同一细胞时,需要该细胞膜上的同一受体,一种病毒先占据或将受体破坏,从而阻断了另一种病毒的吸附和穿入。这种情况常见于病毒的自身干扰和同种干扰,如黏病毒等。

②两种病毒可能利用不同的受体而侵入到同一细胞内,但它们在细胞内生物合成时所需原料、能量、关键性酶和场所是一致的,而且是有限的,因此,先入为主,强者优先,一种病毒先动用生物合成条件而进行正常增殖,另一种病毒的生物合成则受到抑制。如脊髓灰质炎病毒干扰水泡性口炎病毒的复制。

③还有可能是在复制过程中产生了缺陷性干扰颗粒,能干扰同种的正常病毒在细胞内复制。如流感病毒在鸡胚尿囊液中连续传代,则缺陷性干扰颗粒逐渐增加而发生自身干扰。

④病毒干扰现象最主要的一个原因是受病毒感染的细胞产生干扰素，抑制其他或同种病毒的增殖。

2.3.2 干扰素

干扰素是正常动物活细胞在病毒或其他干扰素诱生剂的作用下所产生的一种低分子糖蛋白。干扰素在细胞中产生后释放到细胞外，可在附近或通过血液循环带至全身，进入具有干扰素受体的细胞内，诱导该细胞产生一种非特异性的抗病毒蛋白质，阻断病毒 mRNA 的翻译，从而抑制病毒的复制（图 2.11）。

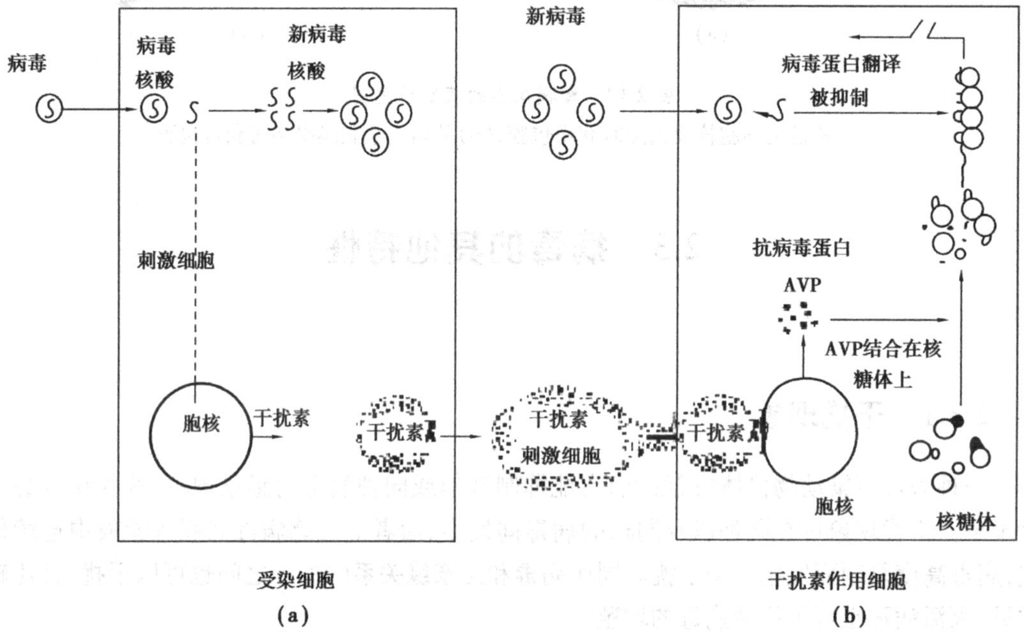

图 2.11 干扰素产生的机理

（a）干扰素的产生；（b）干扰素的作用

病毒是干扰素最好的诱生剂，其他微生物如细菌、立克次氏体和真菌、植物血凝素，以及人工合成的化学诱生剂如多聚肌苷酸、多聚胞苷酸、梯洛龙等，也可刺激机体细胞产生干扰素。细胞合成干扰素不是持续的，而是细胞对强烈刺激如病毒感染时的一过性的分泌物，于病毒感染后 4 h 开始产生，病毒蛋白质合成速率达到最大时，干扰素的产量达高峰，然后逐渐下降。

干扰素按照化学性质可分为 α、β 和 γ3 种类型。α 干扰素主要由白细胞和其他多种细胞在受到病毒感染后产生，β 干扰素由纤维母细胞和上皮细胞受到病毒感染时产生，γ 干扰素（禽类无 γ 干扰素）由 T 淋巴细胞和 NK 细胞在受到抗原或有丝分裂原的刺激产生。不同干扰素的性质不尽相同，但它们的基本特征有以下 3 点：

1）作用广谱性

干扰素能诱导细胞产生非特异性的抗病毒蛋白，不同于抗体，具有广泛的抗病毒谱，能抗多种病毒的复制。干扰素甚至对某些细菌、立克次氏体等也有干扰作用。干扰素还具有免疫调节(主要是γ干扰素可作用于T细胞、B细胞和NK细胞,增强它们的活性)和抗肿瘤作用,在防治病毒性疾病和肿瘤治疗方面均有广泛的前景。

2)种属特异性

干扰素对同种动物的细胞才有活性,如牛产生的干扰素仅对侵入牛体的病毒具有干扰作用。但这种现象是相对的,例如人的干扰素对牛和猪细胞的活性有时反而高于人的细胞。

3)相对稳定性

干扰素是一种糖蛋白,对温度和pH相对稳定,60 ℃ 1 h一般不被灭活,其冻干制品在-20 ℃或4 ℃可保存几个月,在pH为3~10内稳定。但对胰蛋白酶和木瓜蛋白酶敏感,能被乙醚、氯仿等灭活。

2.3.3 血凝现象

某些病毒的表面有糖蛋白血凝素,能与鸡、豚鼠、人等红细胞表面的糖蛋白受体结合,从而出现红细胞的凝集现象,称为病毒的血凝现象,简称病毒的血凝。正黏病毒、许多副黏病毒、呼肠孤病毒、某些痘病毒、弹状病毒等具有血凝特性。依据病毒的血凝原理,可以设计病毒的血凝试验。病毒的血凝现象是非特异性的,当加入特异性的抗病毒血清时,病毒血凝素与抗体结合后,其凝集红细胞的作用被抑制,从而不出现红细胞凝集现象,称为病毒的血凝抑制现象。血清中结合血凝素、阻止病毒凝集红细胞的抗体称为血凝抑制抗体,具有很高的特异性。依据病毒的血凝抑制原理,可以设计病毒的血凝抑制试验。生产中病毒的血凝和血凝抑制试验主要用于鸡新城疫、禽流感、减蛋综合征等病毒性传染病的诊断和免疫监测,尤其是新城疫抗体的检测,对选择免疫时机和检测免疫效果具有重要的指导意义。

2.3.4 包涵体

某些病毒在细胞内感染增殖后,出现在细胞质或细胞核内的一种特殊结构,称为病毒的包涵体。不同种类的病毒,所形成包涵体的形状、大小、数量、染色性(嗜酸性或嗜碱性)及存在哪种感染细胞和在细胞中的位置等均不相同。病毒需用电子显微镜才能观察到,但某些病毒形成的包涵体经特殊染色后在光学显微镜下就能看到(图2.12),有助于病毒病的诊断。包涵体检查是一种快速、简便、价廉的方法,可以作为确诊的依据。利用病变部位的黏膜涂片、组织触片和病料切片都可以进行包涵体检查。但包涵体的形成有个过程,出现率也不是100%,所以,在包涵体检查时应特别注意。能出现包涵体的重要畜禽病毒见表2.2。

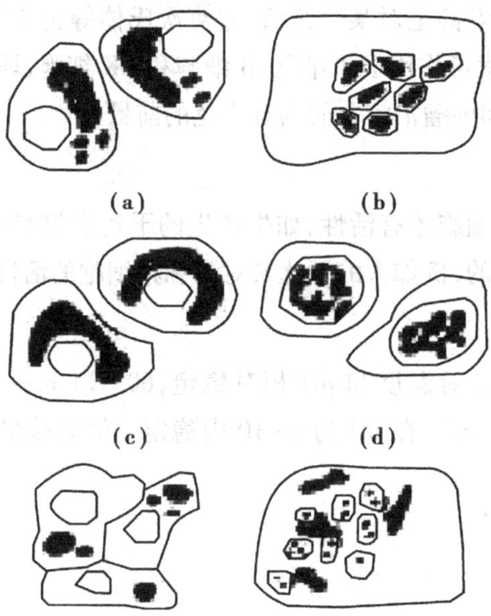

(a) (b)

(c) (d)

(e) (f)

图 2.12 不同病毒的包涵体

(a)痘病毒;(b)单纯疱疹病毒;(c)呼肠孤病毒;
(d)腺病毒;(e)狂犬病病毒;(f)麻疹病毒

表 2.2 能产生包涵体的畜禽常见病毒

病毒名称	感染范围	包涵体类型及部位
痘病毒类	人、马、牛、羊、猪、鸡等	嗜酸性,胞浆内,见于皮肤的棘层细胞中
狂犬病病毒	狼、马、牛、猪、人、猫、羊、禽等	嗜酸性,胞浆内,见于神经元内及视网膜的神经节层的细胞中
伪狂犬病病毒	犬、猫、猪、牛、羊等	嗜酸性,核内,见于脑、脊椎旁神经节的神经元中
副流感病毒Ⅲ型	牛、马、人	嗜酸性,胞浆及胞核内均有,见于支气管炎、肺泡上皮细胞及肺的间隔细胞中
马鼻肺炎病毒	马属动物(野马、野驴、骞驴)	嗜酸性,核内,见于支气管及肺泡上皮细胞、肺间隔细胞、肝细胞、淋巴结的网状细胞等
鸡新城疫病毒	鸡、火鸡、雉鸡及多种野生鸟类	嗜酸性,胞浆内,见于支气管上皮细胞中
传染性喉气管炎病毒	鸡	嗜酸性,核内,见于上呼吸道的上皮细胞中
犬传染性肝炎	犬、狼、狐、山狗、熊等	嗜酸性,胞浆内,见于肝细胞、枯否氏细胞、肝窦状隙、脾、淋巴结、肾、脑血管等处的内皮细胞中

2.3.5 病毒的滤过特性

病毒的个体比细菌微弱，所以能通过孔径细小的细菌滤器，故人们曾称病毒为滤过性病毒。利用这一特性，可将材料中的病毒与细菌分开。但有些支原体、衣原体、螺旋体也能够通过细菌滤器。生产中，人们可根据需要选择不同的滤器，并配以适合的滤膜，常用的滤器有赛氏滤器、玻璃滤器、微孔滤膜滤器等。

2.4 常见动物病毒

2.4.1 口蹄疫病毒

口蹄疫病毒是口蹄疫的病原，能感染牛、羊、猪、骆驼等偶蹄兽，使患畜口腔黏膜、舌及蹄部，间或在乳房发生特征性水泡。本病感染极易，传播迅速，自然感染死亡率虽低，但发病率极高。患畜采食困难，给畜牧业带来巨大的经济损失，是当前国内外最重视的家畜传染病之一。

1）生物学特性

口蹄疫病毒是单链RNA病毒，属于微小核糖核酸病毒科中的鼻病毒属。二十面立体对称，近似球形，大小为21～25 nm，无囊膜，耐乙醚，在细胞质内复制，不能凝集各种动物的红血球。有7个血清学上的主型，即A、O、C、南非（SAT）1型、2型、3型和亚洲1型。各型之间无交互免疫力。

口蹄疫各型病毒，均可引起偶蹄动物发病，也能感染人。人工感染乳兔、乳鼠能使其发病。

该病毒在低温下能长期保存，但易被热灭活，85 ℃ 1 min、70 ℃ 10 min。在冰冻情况下，血中病毒能保持毒力4～5个月，肉中病毒能保毒30～40 d，水泡皮保存于50%甘油生理盐水中，在5 ℃可保毒360～470 d。病毒在皮肤上存活的时间，最短21 d，最长352 d。在pH为3的环境中失去感染性。最常用的消毒方法是以1%烧碱水或沸水消毒车、船等运输工具或饲槽等用具。

2）微生物学检查

采取水泡皮或水泡液以补体结合反应或以乳鼠、豚鼠作中和试验来确定口蹄疫病毒并判定其血清型。这对本病的防治极为重要。因为只知道是口蹄疫病毒还不够，必须知道其血清型才能用同型疫苗进行免疫。

3）免疫防治

本病康复后能获得很强的免疫力，能抵抗同种强毒的攻击，免疫期最少1年，但可被异型病毒感染。

自动免疫可用弱毒疫苗或灭活疫苗。弱毒疫苗有鼠化、兔化苗，鸡胚及细胞苗等。给牛羊注射弱毒苗时应特别注意，这种弱毒苗对猪有致病力，故应严格防止散毒。猪仅能用口蹄疫灭活苗进行免疫接种。

2.4.2 狂犬病病毒

狂犬病病毒是狂犬病的病原，能感染人和各种家畜，病毒侵入神经系统繁殖，出现兴奋继以麻痹的神经症状。病毒存在于神经系统和唾液之中，经咬伤而传染。发病的人畜一般均死亡。

1）生物学特性

狂犬病病毒是单链 RNA 病毒，属于弹状病毒科的狂犬病毒属。病毒一端圆，另一端平截，外形像子弹，故名弹状病毒。衣壳呈螺旋对称，有囊膜，在细胞质内复制。病毒在 pH 为 7~9时比较稳定。56 ℃30 min 可使病毒灭活。对低温和冷冻抵抗力较强。在普通冰箱内于 50%甘油生理盐水中可生存 1 年。真空冷冻干燥后可保存 3~5 年。在自然条件下，未腐败的脑组织中的病毒，于 12 ℃左右可存活数周。0.1%升汞、1%来苏尔等均可迅速使其灭活。在自然条件，能使动物感染的强毒称野毒或街毒。街毒对兔的毒力较弱，如用脑内接种，连续传代后，对兔的毒力增强，而对人及其他动物的毒力降低称为固定毒。街毒可在小鼠、豚鼠、家兔脑内繁殖，但有时需盲目传代 2~3 代。感染街毒的动物在脑组织神经细胞质内可见到包涵体。该毒只有一个血清型，在 0 ℃、pH 为 6.4 的条件下可凝集鹅红血球。

2）微生物学检查

常用的特异性诊断方法有包涵体检查和荧光抗体等。为此，常用动物的脑组织，最好是完整的脑，迅速送往试验室检查，小脑包涵体检出率较高。近年来多用荧光抗体技术诊断狂犬病，此法特异强，简单而迅速，并在包涵体尚未形成时就可检出抗原，是诊断狂犬病较好的方法。

3）免疫防治

主动免疫的生物制品有用兔脑制的灭活苗、鸡胚化疫苗和仓鼠肾细胞培养的减毒苗等 3 种。

2.4.3 痘病毒

痘病毒可引起各种动物的痘病。痘病是一种急性和热性传染病，其特征是皮肤和黏膜发生特异性的丘疹和疱疹，通常取良性经过。各种动物的痘病中以绵羊痘和鸡痘最为严重，病死率较高。由山羊痘病毒引起的绵羊痘和山羊痘是 OIE 规定为 A 类疫病，我国也把绵羊痘和山羊痘定为 17 个一类疫病之一。在我国，禽痘被列入二类动物疫病。

1)生物学特性

(1)形态与结构

引起各种动物痘病的痘病毒分别属于痘病毒科、脊椎动物痘病毒亚科的正痘病毒属、山羊痘病毒属、猪痘病毒属和禽痘病毒属,均为双链DNA病毒,有囊膜,呈砖形或卵圆形。砖形粒子大小为长220~450 nm,宽140~260 nm,厚140~260 nm,卵圆形者长250~300 nm,直径为160~190 nm,是动物病毒中体积最大、结构最复杂的病毒。多数痘病毒在其感染的细胞内形成胞浆包涵体,包涵体内所含病毒粒子又称原生小体。

大多数的痘病毒易在鸡胚绒毛尿囊膜上生长,并于接种后第6 d产生溃烂的病灶、灰白色斑点状的痘斑或结节性病灶。痘斑的形态和大小随病毒种类或毒株而不同。

(2)抵抗力

痘病毒对热的抵抗力不强。55 ℃ 20 min或37 ℃ 24 h均可使病毒丧失感染力。对冷及干燥的抵抗力较强,冻干至少可以保存3年以上;在干燥的痂皮中可存活几个月。将痘病毒置于50%甘油中,-15~-10 ℃环境条件下,可保存3~4年。在pH为3的环境下,病毒可逐渐地丧失感染能力。紫外线或直射阳光可将病毒迅速杀死。0.5%福尔马林、3%石炭酸、0.01%碘溶液、3%硫酸、3%盐酸可于数分钟内使其丧失感染力。常用的1%碱溶液或70%酒精10 min也可以使其灭活。

2)致病性

各种痘病毒感染寄主具有严格的专一性。绵羊痘病毒是山羊痘病毒属的病毒。病毒可通过空气传播,吸入感染,也可通过伤口和厩蝇等吸血昆虫叮咬感染。在自然条件下,只有绵羊发生感染,出现全身性痘疱,多在眼周围、唇、鼻、颊、四肢、尾内面及阴唇、乳房、阴囊和包皮上形成痘疹。肺经常出现特征性干酪样结节,感染细胞的胞浆中出现包涵体。各种绵羊的易感性不同,死亡率为5%~50%不等。有些毒株可感染牛和山羊,产生局部病变。

鸡痘病毒是禽痘病毒属的代表种,在自然情况下,各种年龄的鸡都易感,但多见于5~12月龄的鸡。直接接触传播,脱落和碎散的痘痂是禽痘病毒散播的主要形式之一;蚊虫叮咬是夏秋的主要传播途径。有皮肤型和白喉型两种病型。皮肤型主要是在无毛或少毛部位的皮肤有增生型病变并结痂;白喉型则主要在口腔、咽喉部和气管等消化道和呼吸道黏膜表面形成白色不透明结节甚至奶酪样坏死的伪膜。

康复动物能获得坚强的终生免疫力。痘病毒的寄主亲和性较强,通常不发生交叉传染,但牛痘病毒例外,可以传染给人,症状很轻微,而且能使感染者获得对天花的免疫力。

3)微生物学检测

痘病一般通过典型临床症状和发病情况即可作出初步诊断。应用组织学方法寻找感染上皮细胞内的大型嗜酸性包涵体和原生小体,也有较大的诊断意义。如需确诊,可采取痘疱皮或痘疱液、血清进行病毒的分离培养、琼脂扩散试验、中和试验、荧光抗体检测或电镜观察病毒颗粒进行病原学检测,按照NY/T 576—2002绵羊痘和山羊痘诊断技术及

NY/SY 170—2000鸡痘诊断技术规程、SN/T 1226—2003 禽痘抗体检测方法规程进行。

(1)原生小体检查

对无典型症状的病例,采取痘疹组织涂片,按莫洛佐夫镀银法染色后,在油镜下观察,可见背景为淡黄色,细胞质内有深褐色的球菌样圆形小颗粒,单在、成双、短链或成堆状,即为原生小体。

(2)病毒分离鉴定

必要时可取经研磨和抗菌处理的病料,用生理盐水制成乳剂,接种于鸡胚绒毛尿囊膜或采用划痕法接种于家兔、豚鼠等实验动物。适当培养后,观察鸡胚绒毛尿囊膜上生长的痘斑或动物皮肤上出现的特异性痘疹,进一步检查感染细胞胞浆中的原生小体,以对病毒进行鉴定。

(3)血清学诊断

将可疑病料做成乳剂并以此为抗原,同其阳性血清做琼脂扩散试验,如出现沉淀线,即可确诊。此外,还可用补体结合试验、中和试验等进行诊断。

4)免疫防治

痘病毒的防治主要采用疫苗的免疫接种,效果良好。鸡痘:鸡痘鹌鹑化弱毒疫苗,翅膀内侧无血管处皮下刺种,首次免疫可在25~30日龄,第二次免疫在开产前(120日龄)进行,接种后4~6 d在接种部位出现痘肿或结痂为合格,否则要更换疫苗再接种。绵羊痘:羊痘氢氧化铝疫苗,皮下注射0.5~1 mL或用鸡胚化羊痘弱毒疫苗,尾部或股内侧皮内注射0.5~1 mL,4~6 d后可产生坚强免疫力,免疫期均为1年。山羊痘:氢氧化铝甲醛灭活疫苗,皮下注射0.5~1 mL,疫免期1年。目前有人用羔羊肾细胞培养致弱病毒试制弱毒疫苗。

2.4.4 猪瘟病毒

猪瘟病毒为猪瘟病原,可引起各种年龄的猪只发病。猪瘟是一种急性、热、高度接触性传染病,死亡率高,对养猪业危害极大。其要特征是微血管变性而引起全身性出血、坏死和梗塞。

1)生物学特性

猪瘟病毒是单链RNA病毒,属披盖病毒科的瘟疫病毒属。病毒呈球形,直径为38~44 nm,核衣壳为二十面立体对称,有囊膜,对乙醚和氯仿敏感,在胞浆内繁殖,芽生成熟而释放。猪瘟病毒只有一个血清型,但近年来,已经分离出很多致病力低的毒株,经鉴定为猪瘟病毒的血清学变种,能引起非典型猪瘟。猪瘟病与牛黏膜病毒具有共同抗原,因此可出现交叉反应。

本病毒只在猪的细胞中生长繁殖(如猪肾、脾和白细胞等细胞),但不一定引起细胞病变。猪瘟病毒与鸡新城疫病毒在猪睾丸细胞上均不产生细胞病变,但在接种猪瘟病毒后经3 d再接种鸡新城疫病毒,可产生明显的细胞病变,而且提高鸡新城疫病毒的滴度。根据细胞病变的有无,可间接地测定猪瘟病毒,所以可作诊断猪瘟的方法,称为鸡新城疫毒强化试验。

猪瘟病毒在猪肾细胞中不出现细胞病变,如再接种鸡新城疫病毒也不出现病变,但细胞培养液中血球凝集滴度显著增高。所以测定血凝滴度可间接地检查猪瘟病毒,称为血凝增加病变抑制试验,而用于猪瘟的诊断。

家兔经静脉接种病毒,并交叉通过兔体和猪体数代后,病毒则适应兔体。再经过兔体多次传代后的猪瘟病毒,已失去对猪的致病力,但可引起家兔体温升高,称为兔化毒。它能在家兔、绵羊和牛等动物体内繁殖,亦可用乳猪肾细胞培养,大量产生病毒,制造疫苗。

猪瘟病毒抵抗力较强。72~76 ℃1 h、1%~2%氢氧化钠或10%~20%石灰水15~60 min才能杀死病毒,对紫外线或0.5%石炭酸抵抗力较强。该毒在冰冻猪肉中存活6个月。-70 ℃可生存几年。冷冻干燥状态下可保存6年。

2)微生物学检查

典型猪瘟可根据临床及病理剖检变化加以诊断。但非典型猪瘟,可采取淋巴结、脾、肾、血液等,以荧光抗体、酶标抗体或琼脂扩散试验来确诊病猪体内有无猪瘟病毒。条件较好的实验室,也可用猪肾细胞培养病毒,经1~2 d后,再进行标记抗体检查。这几种方法特异性强,检出率高,是目前诊断猪瘟较好的方法。在实验室条件较差的地区,可用兔体交互免疫试验,此法准确,简单易行,但要通过实验动物,实验时间较长。

3)免疫防治

我国的猪瘟兔化弱毒疫苗是世界上一种很好的疫苗,应用效果很好,国外也采用。

我国培育的猪瘟兔化弱毒苗有许多优点:对强毒有干扰作用,接种后不久,即产生保护力;接种后4~6 d产生很强的免疫力,维持时间可达18个月,乳猪产生免疫力低弱,可维持6个月;接种后无不良反应,妊娠母猪接种后没有发现胎儿异常现象;制法简单,效力可靠。

2.4.5 犬瘟热病毒

犬瘟热病毒(CDV)致犬瘟热。主要侵染狗科、鼬科动物,感染后潜伏期短,死亡率为50%。

1)生物学特性

CDV属单负股RNA病毒,副黏病毒科,麻疹病毒属。病毒粒子呈多形性,多为圆形,有的呈长丝状或不整形,有囊膜。病毒的抵抗力不强,常用消毒剂可将其灭活。病毒可在鸡胚绒毛尿囊膜上繁殖、传代并致弱。

2)微生物学检查

微生物学诊断可采取体温开始上升的病犬的淋巴细胞、淋巴组织进行病毒分离和鉴定。

3)免疫防治

目前广泛使用犬瘟热、犬细小病毒、犬肝炎、犬腺病毒2型、犬副流感3型弱毒苗,以及灭活的犬钩端螺旋体、出血性黄疸钩端螺旋体组成的七联苗,具有良好的免疫效果。

2.4.6 兔出血症病毒

兔出血症病毒致兔出血性败血症,我国俗称"兔瘟",是1984年春在我国新发现的兔的一种急性、烈性、病毒性传染病,之后也发生于欧洲等地。

1)生物学特性

兔出血症病毒属正股RNA病毒,嵌杯病毒科、兔嵌杯病毒属。成熟病毒粒子呈圆形,无囊膜,20面体对称;可凝集人的红细胞,并能被抗RHDV血清所抑制。病毒不能在鸡胚中增殖,也尚未找到能使本病毒稳定培养传代的细胞。

2)微生物学检查

微生物学诊断可取患兔肝脏(含高滴度病毒)做血凝和血凝抑制试验,或用ELISA等方法诊断。

3)免疫防治

用人工攻毒死亡家兔的肝、脾等磨成匀浆,制备的甲醛灭活疫苗,具有良好的免疫效果。高免抗兔瘟血清则有被动免疫和治疗效果。

2.4.7 新城疫病毒

鸡新城疫病毒是鸡新城疫(又称亚洲鸡瘟)的病原。鸡新城疫是一种急性、败血性传染病。特征为呼吸困难、下痢、神经紊乱,传播快,死亡率高,以及全身黏膜、浆膜的广泛出血。对养鸡业危害极大。

1)生物学特性

鸡新城疫病毒是单链RNA病毒,属于副黏病毒科的副黏病毒属。螺旋对称,病毒呈圆形,直径为140~170 nm,有囊膜,对乙醚敏感,在胞浆中增殖。能凝集鸡、鸭、鸽、火鸡、人、豚鼠、小白鼠及蛙的红血球,这种凝集现象能为特异性血清所抑制。多用鸡胚或鸡胚细胞培养来分离病毒。病毒在鸡舍内存活7周,鸡粪内于50 ℃存活5个半月,鸡肉尸内15 ℃可存活98 d,在-70 ℃可保存数年。70%乙醇、3%石炭酸等可在3 min内杀死病毒,100 ℃1 min可灭活病毒。2%NaOH溶液常用于消毒。

2)微生物学检查

当怀疑病鸡为新城疫时,应采取病鸡脑、肺、脾、肝和血液分别盛于无菌容器内,送实验室检查。

①病毒的分离和鉴定:取上述病料接种鸡胚,分离病毒。

②血凝和血凝抑制试验:用病鸡脑病料接种鸡胚,然后用尿囊液测定对鸡红细胞的凝集效价,再用新城疫病毒标准免疫血清做血凝抑制试验,便可迅速获得结果。

③近年来还用荧光抗体或琼脂扩散试验进行鸡新城疫的诊断。

3) 免疫防治

目前我国常用减毒疫苗有印度系、B_1系、F 系及 Lasota 系 4 种，国内分别称为Ⅰ、Ⅱ、Ⅲ、Ⅳ系疫苗。其中，Ⅰ系疫苗为中毒型，毒力较强，接种反应较重，适用于 2 月龄以上的鸡，肌肉刺种，免疫期可达 1~2 年，但不能用于雏鸡。后 3 种疫苗毒力较弱，接种后通常反应不严重，称为缓发型，适用于所有年龄的鸡，可滴鼻、点眼、饮水、气雾免疫。使用鸡新城疫灭活苗安全，无散毒危险，且不受母源抗体的干扰。弱毒苗和灭活苗对预防本病都有效，均不可缺少。为使鸡群的免疫接种更加安全、有效，可用缓发型疫苗作基础免疫后再用工系苗加强免疫。免疫要按免疫程序进行。

2.4.8 禽流感病毒

流行性感冒病毒(Influenza Virus)为正黏病毒科、流感病毒属的成员。根据流感病毒核蛋白(NP)和基质蛋白(MS)抗原性的不同，可将流感病毒分为 A、B、C 3 个血清型。A 型流感病毒能感染多种动物，包括人、禽、猪、马、海豹等；B 型和 C 型则主要感染人。而且 A 型流感病毒的表面糖蛋白比 B 型和 C 型的变异性高。

根据流感病毒的血凝素(HA)和神经氨酸酶(NA)的抗原性差异，可将 A 型流感病毒分为不同的亚型。迄今为止，A 型禽流感病毒的血凝素已发现 14(或 16)种，神经氨酸酶有 9(或 10)种，分别以 H1~ H14、N1~N9 命名，不同的 H 抗原或 N 抗原之间无交叉反应。

所有的禽流感病毒均属 A 型，不同毒株的致病性有差异。根据 A 型流感病毒各亚型毒株对禽类的致病力的不同，将禽流感病毒分为高致病性毒株、低致病性毒株和无致病性毒株。历史上高致病性的禽流感病毒都是由 H5 和 H7 引起的。当然，并非所有的 H5 和 H7 都是强毒，证明为高致病的毒株还是少数。因此，须以国际公认的标准来鉴定分离毒株是否高致病性禽流感病毒株(HPAIV)。

1) 生物学特性

流感病毒具有多型性，典型的 A 型流感病毒粒子呈球形，直径 100 nm 左右。病毒具有囊膜，囊膜上有 12~14 nm 的纤突。有两种不同类型，即 HA 和 NA。病毒的核衣壳呈螺旋对称，核酸为单链 RNA。在病毒增殖过程中很容易发生基因重排，流感病毒的抗原性和致病性发生变异。流感病毒有囊膜，对乙醚、氯仿、丙酮等脂溶剂敏感。20%乙醚 4 ℃处理 2 h，可使病毒裂解，但血凝滴度不受影响。常用消毒药容易将其灭活。

流感病毒对热也比较敏感，56 ℃加热 30 min、60 ℃加热 10 min、65~70 ℃加热数分钟即丧失活性。

禽流感病毒的囊膜表面具有血凝素，能凝集多种动物的红细胞，并能被特异的抗血清所抑制。

病毒的培养：禽流感病毒可在鸡胚中生长，有些毒株在接种鸡胚尿囊腔后可使鸡胚死亡。多数毒株能在鸡胚细胞和鸡胚成纤维细胞培养物中生长，并产生细胞病变或形成蚀斑。也有的毒株可在 Hela 传代细胞内增殖。

2)微生物学检查

禽流感病毒包括病毒分离、血清学和PCR等。比较简便的有琼脂扩散试验和血凝抑制试验。进一步鉴定亚型需送国家级的实验室完成。

3)免疫预防

在免疫接种方面,由于弱毒苗存在着使用后有可能发生变异和返强的危险,所以一般不宜采用。灭活油乳剂苗能有效预防禽流感。也可选用单一禽流感多价苗(即H9、H7、H5抗原混合)。

2.4.9 马立克氏病病毒

马立克氏病病毒是马立克氏病的病原。该病是鸡的一种传染性肿瘤病,以淋巴细胞增生和形成肿瘤为特征。本病隐性传染的带毒鸡是最危险的传染来源,在鸡群中,无论是直接或间接接触,都可传播病毒,传染性强,危害性大,已成为鸡的主要传染病之一。

1)生物学特性

马立克氏病病毒是双链DNA病毒,属于疱疹病毒科,本病毒又称鸡疱疹病毒Ⅰ型。病毒近似球形,直径为150~250 nm,20面立体对称,在细胞核内复制,有囊膜,对乙醚敏感。

病毒在鸡体组织内以两种形式存在:病毒颗粒外无囊膜(裸体病毒)和有囊膜的完全病毒。在肿瘤病变中的病毒全是裸体的与细胞完全结合,脱离细胞后即失去活力,一旦细胞死亡病毒也随之死亡,因此病毒需要超低温保存。存在羽毛囊上皮细胞中的病毒是完全病毒,有较强抵抗力。皮屑和灰尘中的病毒,一年后仍有感染力,在垫草中经44~112 d,在鸡粪中经16周仍具有活力。在4 ℃中两周,22~25 ℃4 d,37 ℃18 h时即被灭活。每立方米用2 mL福尔马林喷雾可作为环境消毒。

马立克氏病病毒可以在雏鸡、组织培养和发育鸡胚中生长繁殖。

2)微生物学检查

可采病鸡的血液析出血清和羽毛囊中心汁液或皮肤浸出液作琼脂扩散试验,也可用荧光抗体等方法进行诊断。

3)免疫防治

目前所使用的疫苗有3种:自然的弱毒疫苗(从感染鸡中分离的弱毒株),鸡胚细胞培养的致弱疫苗,火鸡疱疹病毒苗(从外表健康的火鸡中分离获得)。我国已制出火鸡疱疹病毒冻干苗,是预防本病有效的生物制品。

2.4.10 传染性法氏囊病病毒

传染性法氏囊病病毒又称鸡传染性法氏囊病病毒,是鸡传染性腔上囊病的病原体。本病是一种高度接触性传染病,以腔上囊淋巴组织坏死为主要特征。但其更严重的后果是病毒侵害腔上囊,使B淋巴细胞的发育受到抑制,导致体液免疫应答能力的下降或缺乏,鸡的抵抗力降低,免疫接种效果下降或无效,易诱发其他疾病。据报道,鸡早期感染传染性腔上囊病,降低鸡新城疫疫苗免疫效果40%以上,降低鸡马立克氏病疫苗免疫效果20%以上,故对鸡群危害严重。该病1957年首发于美国甘保罗地区,故又称甘保罗病。

1)生物学特性

该病毒是双链RNA病毒,属于呼肠孤病毒科。呈20面立体对称,无囊膜,对乙醚不敏感,大小为50~60 nm,在胞浆内复制,能形成大的病毒涵体和结晶体,感染细胞崩解,病毒获得释放。不能凝集鸡的红细胞。有两个血清型的报道。病毒在自然界中存活较长时间,经污染的饲料和饮水传播,pH为12受到抑制,而pH为2则不受抑制。病毒置于56 ℃5 h仍存活。0.5%酚、0.125%硫柳汞在30 ℃作用1 h,对病毒无影响。0.5%福尔马林作用6 h后,毒价大为降低。0.5%氯胺作用10 min可杀死病毒。3%来苏尔、0.1%升汞经30 min病毒被灭活。

病毒能在鸡胚上生长繁殖,经绒毛尿囊膜接种,在接种后72 h,鸡胚胎、绒毛尿囊膜和尿囊液、羊水中病毒浓度达到高峰。多数鸡胚在接种病毒后3~7 d死亡,胚胎全身水肿,头部和趾爪部充血和小点出血。肝肿大,肝表面有斑驳状坏死灶。病毒能适应鸡胚成纤维细胞培养,经2~3代后,可观察到细胞致病作用,并能形成空斑。初次分离病毒不能适应于鸡胚肾细胞培养,但在鸡胚法氏囊细胞中传4代后,即可适应于鸡胚肾细胞,连续传2代后,可见到细胞致病作用,并能形成空斑。

2)微生物学检查

可根据病史、临床症状和肉眼病理变化,尤其是法氏囊的变化,可做出初步诊断,最后诊断,可取发病5 d内的病鸡的腔上囊或脾脏、肾脏,接种SPF鸡鸡胚,以分离病毒。也可采取发病1周后的病鸡血清作琼脂扩散试验及荧光抗体试验等进行诊断。

3)免疫防治

国外已有弱毒疫苗或灭能苗。我国已制成鸡法氏囊病冻干苗,可用于免疫接种。

2.4.11 鸭瘟病毒

鸭瘟病毒致鸭的鸭瘟病,也能使鹅患病。鸭瘟是一种流行广泛、死亡率高的急性热性传染病。

1)生物学特性

鸭瘟病毒属双链DNA病毒,疱疹病毒科,疱疹病毒甲亚科,仅有一个血清型。病毒颗粒为20面立体对称,有囊膜,球形。本病毒抵抗力不强。病毒可在鸭胚中增殖,使鸭胚死亡,肝脏出现特征性的灰白色或灰黄色针头大的坏死点。

2)微生物学检查

微生物学诊断可取病鸭肝、脾、肾或血清为病料接种鸭胚分离病毒,以中和试验进行病毒鉴定,是常规方法。

3)免疫防治

鸭胚化或鸡胚化鸭瘟弱毒疫苗,具有安全及很好的免疫效果。

本章小结

本章的主要内容包括病毒的基本特征、病毒的形态结构、病毒的增殖、病毒的人工培养、病毒的其他特性、常见动物病毒。病毒(Virus)是一类只能在活细胞内寄生的非细胞型微生物,病毒的形态有球形、杆形、砖形、子弹形和蝌蚪形。一个结构、功能完整的病毒颗粒称为病毒子(Virion),成熟病毒子的中心为一团核酸,称为芯髓(Core);核酸的外周包有蛋白质外壳,称为衣壳(Capsid)。核酸和衣壳一起合称为核衣壳(Nucleocapsid)。有些病毒在核衣壳的外面还包有一层或几层外膜,称为囊膜(Envelop),有的囊膜上还有膜粒(Peplomere)或纤突(Spike)。病毒增殖的方式是复制。完整的复制周期一般可分为吸附、侵入、脱壳、生物合成、装配和释放5个连续阶段。某些病毒在细胞内感染增殖后,可在细胞质或细胞核内形成包涵体,有助于病毒病的诊断。常见动物病毒有口蹄疫病毒、狂犬病病毒、痘病毒、猪瘟病毒、犬瘟热病毒、兔出血症病毒、新城疫病毒、禽流感病毒、马立克氏病病毒、传染性法氏囊病病毒和鸭瘟病毒。

思考题

1.名词解释:病毒、复制、包涵体、病毒的血凝现象、病毒的血凝抑制现象。
2.简述病毒的复制过程。

第3章 真核微生物

【学习目标】

真核微生物主要包括真菌、显微藻类和原生动物。本章以真菌作为真核微生物的代表,通过酵母菌、霉菌以及担子菌的教授,使学生了解并掌握真核生物的结构及其繁殖方式,并以代表性的病原真菌作为本章的学习重点。

真核生物是一大类细胞核具有核膜,能进行有丝分裂、细胞质中存在线粒体或同时存在叶绿体等多种细胞器的生物。真菌、显微藻类和原生动物等都属于真核生物类的微生物,故称为真核微生物。真菌是最重要的真核微生物,故是本章的重点。

真菌(Fungus)是一类不含叶绿素,无根、茎、叶,营腐生或寄生生活的真核微生物。真菌种类多,数量大,分布极其广泛,与人类有着极为密切的关系。它能分解或合成一些复杂的有机物质,在发酵工业中广为应用,如有机酸、抗生素、酶制剂以及微生物等都是利用某些真菌发酵制成的产品;还可以利用真菌酿酒、制酱和发酵食品及饲料等;水稻恶苗菌生产的赤霉素是重要的植物生长刺激剂。总之,绝大多数真菌对人类是有益的,另外,还有数百种真菌对人类动植物有病原性,根据真菌的致病作用不同,可将病原菌分为两类:一类是引起动物真菌病的病原,如念珠菌、犬小孢子菌等;另一类是引起动物真菌中毒的病原,如黄曲霉、葡萄穗霉和麦角菌等。此外,还有少数真菌兼具感染性和产毒性,如烟曲霉等。

3.1 真 菌

3.1.1 真菌的分类

真菌从形态学上可分为酵母菌、霉菌和担子菌。根据真菌产生的菌落类型、有无菌丝体、菌丝体的形状、孢子的形成方式和特点等,可将其分为以下4个纲,其主要特性如下。

1)子囊菌纲(Ascomycetes)

真菌中较大的一个纲。除酵母外,其菌丝都很发达,都形成菌丝体。菌丝有横隔,将菌丝分隔成多细胞，如曲霉。其无性繁殖分裂殖、芽殖，或形成分生孢子、节孢子、厚垣孢子等。有性繁殖由两个已分化的形态无区别的雌雄个体融合而成子囊，或融合后形成子囊丝，由子囊丝形成子囊，内生子囊孢子，子囊孢子的数目一般是 2^n 个，典型时为 8 个。常见种类为酵母、青霉、曲霉等。

2）担子菌纲（Basidiomycetes）

担子菌的特点是有菌丝分隔，属多细胞真菌。有性孢子为担子孢子。本纲中一部分真菌行无性繁殖，产生节孢子、分生孢子和芽生孢子。常见种类为灵芝、蘑菇等。

3）藻状菌纲（Phycomycetes）

藻状菌纲包含 1 400 多种真菌，其中不少都是重要的植物病原菌。从形态和生态习性看，此纲被认为进化程度低于以后诸纲，故又名低等真菌。常见种类为根霉、毛霉等。

4）半知菌纲（Deuteromycetes）

本纲的菌类，在其生活史中，还只知道无性繁殖阶段，有性阶段还不明了。大多为子囊菌的无性阶段，少数为担子菌的无性阶段。能使人和动物致病的真菌多属此纲，如皮霉、念珠菌等。

3.1.2 酵母菌

酵母菌（Yeast）一般泛指能发酵糖类的各种单细胞真菌。酵母菌有 500 余种，与人类关系密切。可认为它是人类的"第 1 种家养微生物"。千百年来，人类几乎离不开酵母菌，例如酒类的生产，面包的制作，乙醇和甘油发酵，石油的脱蜡，医药用的干酵母片即菌体蛋白，另外，它也是复合 B 族维生素的天然来源。只有少数的酵母菌才能引起人或一些动物的疾病，例如：白假丝酵母（旧称"白色念珠菌"）和新型隐球菌等一些条件致病菌可引起鹅口疮、阴道炎或肺炎等疾病。

1）酵母菌的形态结构

大多数酵母菌为球形、卵形、椭圆形、腊肠形、圆筒形，少数为瓶形、柠檬形和假丝状等。酵母菌是单细胞微生物，其细胞比细菌大很多，大小具有典型的真核微生物细胞结构有细胞壁、细胞膜、细胞质、细胞核及内含物等（图 3.1）。

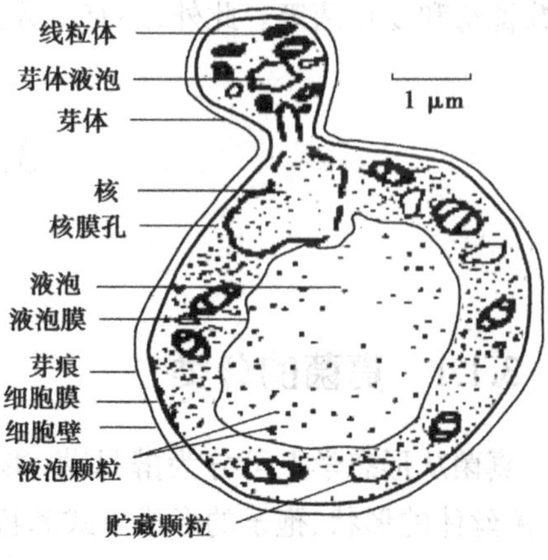

图 3.1 酵母菌细胞结构示意图

酵母菌细胞膜与所有生物膜一样，具有典型的 3 层结构，成液态镶嵌模型，碳水化合物含量高于其他细胞膜。细胞膜内包裹着细胞质，内含细胞核、线粒体、核蛋白体、内质网、高尔基体和纺锤体；幼年细胞核呈圆形，成年细胞核呈肾形。核外包有核膜，核中有核仁和染色体，酵母菌的细胞核、细胞质和细胞器的详细结构与一般的真核细胞相似。

2)酵母菌的菌落特征

酵母菌大多数是乳白色,少数是黄色或红色。菌落表面光滑、湿润和黏稠,与某些细菌相似,但比细菌的菌落大而厚。有些酵母菌表面干燥呈粉状,有些培养时间长了,菌落呈皱缩状。酵母菌细胞生长在培养基表面,很容易将菌体挑起。

3)酵母菌的繁殖方式

酵母菌大多数为单细胞微生物,可进行无性繁殖和有性繁殖,一般以无性繁殖为主,在无性繁殖中又以出芽生殖(简称芽殖)为主要方式,个别繁殖方式为裂殖和产生掷孢子。

(1)无性繁殖

①芽殖:又称出芽生殖。首先在成熟的细胞(称母细胞)上长出一个称为芽体的突起,随后细胞核分裂成两个核,一个留在母细胞,一个与其他细胞物质一起进入芽体,当芽体逐渐长大,基部收缩,到一定时间自母细胞脱落,形成新个体(图3.2)。

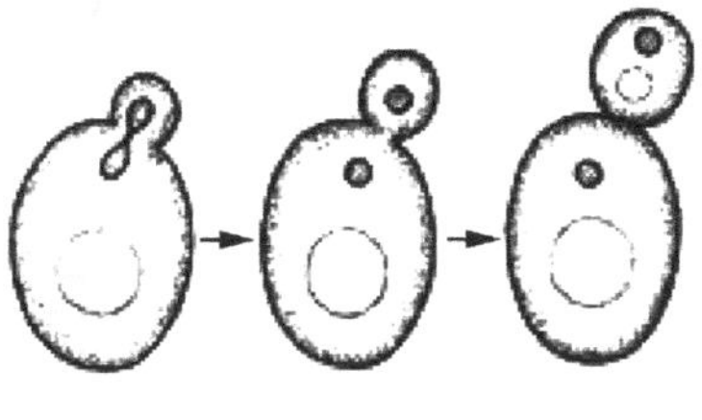

图3.2 酵母菌的出芽生殖(芽殖)

②裂殖:又称横分裂。以横分裂法进行,方式与细菌分裂相似,母细胞伸长,核分裂,细胞生一横隔而断裂。

③产生掷孢子:少数酵母菌可在营养细胞上生出小梗,其上产生无性孢子,成熟后通过一种特有的喷射机制将孢子射出。

(2)有性繁殖

酵母菌是以形成子囊和子囊孢子的方式进行有性繁殖的。它们一般通过临近的两个形态相同而性别不同的细胞各自伸出一根管状的原生质突起相互接触、局部融合并形成一条通道,再通过质配、核配和减数分裂形成4或8个子核,然后它们各自与周围的原生质结合在一起,再在其表面形成一层孢子壁,这样一个个子囊孢子就成熟,而原有的营养细胞则成了子囊。

3.1.3 霉菌

霉菌(Mould,Mold)是丝状真菌的一个俗称,即"会引起物品霉变的真菌",在潮湿的气候下,它们往往在有机物上大量生长繁殖,从而引起食物、工农业产品的霉变或动植物的真菌病害,还有的霉菌能产生毒素,致使人和动物发生急性或慢性中毒,称为中毒性霉菌。生产生活中,常见的霉菌有根霉(*Rhizopus*)、毛霉(*Mucor*)、青霉(*Penicillium*)、曲霉(*Aspergillus*)和白地霉(*Geotrichum Candidum*)等。

1)霉菌菌丝的形态结构

霉菌由菌丝和孢子构成。菌丝由孢子萌发而产生的,菌丝顶端延长,旁侧分支,互相交错成团,形成菌丝体。霉菌菌丝平均宽度为3~10 μm,菌丝的细胞结构类似于酵母菌细胞,都具有细胞壁、细胞膜、细胞核、细胞质及其他内含物。

霉菌的菌丝分为两种：一种无隔膜，为长管状的分支，细胞内含有许多核，称为无隔菌丝，如毛霉和根霉。另一种有隔膜，菌丝体由分支的成串多细胞组成，每个细胞内含有一个或多个核，菌丝中有隔，隔中央图有小孔，细胞核及原生质可流动，称为有隔菌丝(图3.3)。

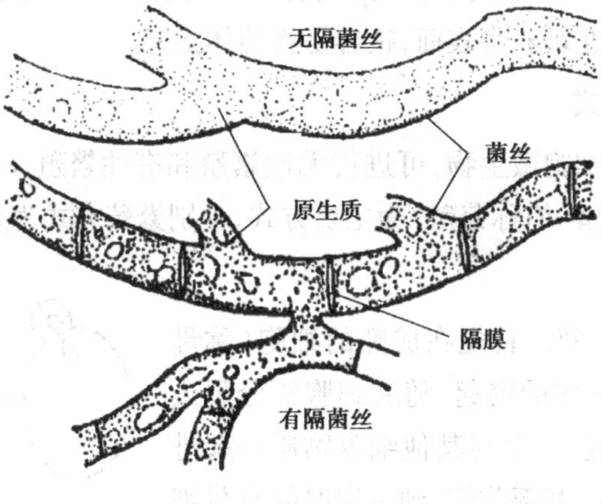

图3.3 霉菌菌丝示意图

霉菌菌丝在功能上也有分工，伸向固体培养基内部具有摄取营养物质功能的菌丝称为营养菌丝或者基内菌丝，伸向空气中的菌、丝称为气生菌丝，有的气生菌丝发育到一定阶段，分化成能产生孢子的菌丝，称为繁殖菌丝(图3.4)。

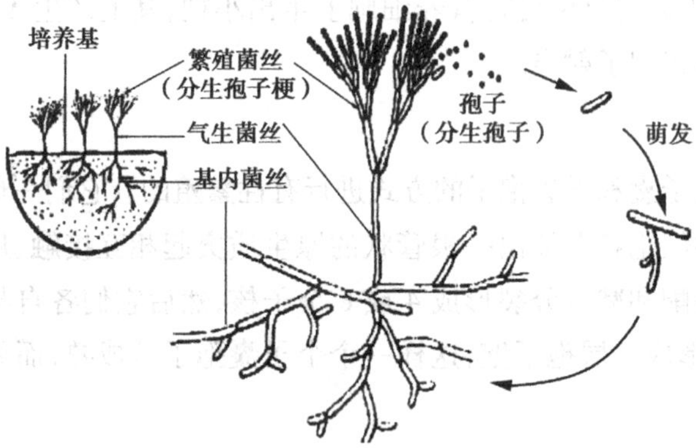

图3.4 霉菌的基内菌丝、气生菌丝、繁殖菌丝

2)霉菌的菌落特征

霉菌的菌落比细菌、酵母菌的都要大，常呈绒毛状、絮状或蜘蛛网状，有的在固体培养基上能呈扩散性生长，有的有局限性。菌落最初是浅色或白色，当长出各种颜色的孢子后，菌落便相应地呈黄、绿、青、黑、橙等孢子的颜色。菌落的特征是鉴定霉菌等各类微生物的重要形态学指标，在实验室和生产实践中有重要的意义。

3)霉菌的繁殖方式

在自然界中，霉菌以产生各种无性和有性孢子进行繁殖，而以无性孢子繁殖为主。霉菌孢子的形态特征也是分类的重要依据。

(1)无性繁殖

霉菌的无性繁殖是指不经过两性细胞的结合而形成新个体的过程。无性繁殖所产生的孢子叫无性孢子。大多数霉菌是通过无性孢子来进行繁殖的，如芽孢子、节孢子、厚垣孢子、孢子囊孢子、分生孢子等(图3.5)，这些孢子萌发后形成新的个体。

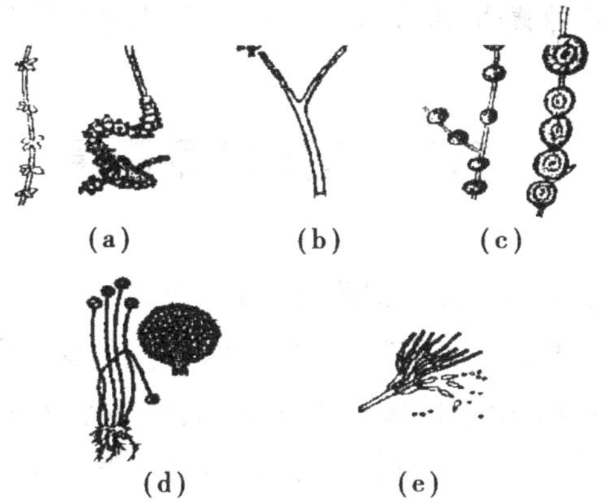

图3.5 霉菌的无性孢子

(a)芽孢子；(b)节孢子；(c)厚垣孢子；(d)孢子囊孢子；(e)分生孢子

(2)有性繁殖

霉菌的有性繁殖是经两性细胞的质配与核配后，产生有性孢子来实现的。其可分为3个阶段：第一阶段是质配，即两个性细胞质融合在同一细胞中，此时细胞核并不结合；第二阶段是核配，即两个细胞核融合为一个细胞核，此时核的染色体数目是双倍的；第三阶段是减数分裂，双倍体的细胞核进行减数分裂，子核的细胞成为单倍体核。

多数霉菌是由菌丝体分化出称为配子囊的性器官进行交配，性器官里如产生性细胞则称为配子。由两性细胞结合产生的孢子称有性孢子，有合子、接合孢子、卵孢子、子囊孢子(图3.6)。

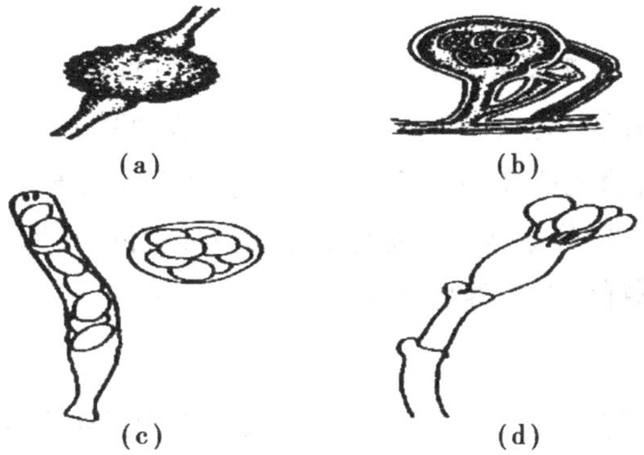

图3.6 霉菌的有性孢子

(a)接合孢子；(b)卵孢子；(c)子囊孢子；(d)担孢子

3.1.4 担子菌

担子菌，真菌中最高等的类型，是由多细胞的菌丝体组成的有机体，菌丝均具横隔膜。担子菌共同的特征是有性生殖产生担孢子，担孢子产生于担子上，每个担子一般形成4个担孢子[图3.6(d)]。

高等担子菌的担子着生在具有高度组织化的结构上形成子实体,这种担子称为担子果(Basidiocarp)。常见的各种蘑菇、木耳、银耳、灵芝等,都是担子菌的担子果。

3.2 常见病原真菌

引起动物发生传染病的病原除了细菌和病毒以外,还有许多其他的病原微生物,在这里主要介绍几种常见的病原真菌。可引起人类及动物疾病的这一类真菌称为"病原真菌"。根据致病作用,病原真菌可分为感染性病原真菌和中毒性病原真菌两大类,还有少数真菌既能感染动物组织,同时也能产生毒素,如黄曲霉、烟曲霉菌等可致禽类霉菌性肺炎并产生毒素而引起中毒。

3.2.1 曲霉菌属

曲霉菌属(*Aspergillus*)是丝孢目(Hyphomycetales)从梗科(Moniliaceae)的真菌,主要存在于稻草、秸秆、谷壳、木屑及发霉的饲料中,菌丝及孢子以空气为媒介污染笼舍、墙壁、地面及用具。常见致动物疾病的曲霉有烟曲霉菌(*A. fumigatus*)、黄曲霉菌(*A. flavus*)等。

1)烟曲霉菌

烟曲霉是曲霉菌属致病性最强的霉菌,既可引起动物感染,如导致禽的曲霉性肺炎及呼吸器官组织炎症,并形成肉芽肿结节,也可产生毒素,导致动物发生痉挛、麻痹,直至死亡。

(1)生物学特性

烟曲霉在沙保劳氏葡萄糖琼脂培养基上生长良好,发育很快。菌落开始呈白色绒毛样或棉花丝样,3~4 d内,菌落中心变为烟绿色或深绿色,表面微细粉末状或绒毛样(形成大量分生孢子之故)。菌落背面无色或略带黄褐色。在察贝克氏培养基上,生长旺盛,菌落呈绒毛状,气生菌丝直立而丰富,分生孢子头初呈白色或微带蓝色,有呈绿色者,继而转变为黑褐色。菌落背面无色或呈黄色,老菌落则可呈暗红色。

(2)致病性

烟曲霉的孢子广泛存在于空气、水和土壤中,极易在潮湿垫草和饲料中繁殖,同时产生毒素。其可致鸡、鸭、鹅等曲霉菌病或霉菌性肺炎,在幼禽多呈急性经过,死亡率可达50%以上;哺乳动物及人也可感染。本菌在感染组织的过程中,还会产生一种蛋白毒素,可导致动物组织痉挛、麻痹,直至死亡。兔和犬对毒素提取物尤为敏感;鸽有抵抗力,但鸽对本菌的感染十分敏感。

(3)微生物学诊断

刮取少数肺脏病变等材料,置于玻片上,加1滴盐水,盖上盖玻片,置于高倍镜下观察形态特征,分生孢子柄不分枝,菌丝分枝分隔,顶端膨大,以及小梗、分生孢子形态、排列和色泽等(图3.7)。对于禽类,最好将浑浊的气囊片铺于玻片上,观察其中的曲霉菌,或采取其肺、肝或脾脏进行切片、染色、镜检。可见分生孢子呈花冠状,即可作出诊断。再以病料做分离培养,进一步鉴定。

(4)防治

烟曲霉菌防治的主要措施是严格把好饲料这一关,禁喂发霉饲料,在雨季因潮湿更宜于烟曲霉菌的增殖,故加强饲养环境的消毒、通风、干燥、勤换垫料。保持环境及用具的清洁。本菌对一般的抗生素均不敏感,制霉菌素、两性霉素B、灰黄霉素及碘化钾对本菌有抑制作用。

2)黄曲霉菌

黄曲霉菌通常寄生在各类粮食、花生、棉籽、土壤及灰尘中,条件适宜时可大量繁殖,部分菌株在繁殖时能产生毒素,引起各种畜禽发生黄曲霉毒素症,是目前所知致癌性最强的化学物质之一,除致发肝癌外,还能诱发胃癌、肾癌、直肠癌等,严重危害人类的健康。

(1)生物学特性

黄曲霉的生物学特性和培养特征与烟曲霉相似,菌性形态和孢子排列特征也与烟熏菌相似,但分生孢子梗壁厚而粗糙,孢子有椭圆形及球状(图3.8)。黄曲霉菌在察贝克氏培养基上,经10~14 d,28~30 ℃培养,菌落直径可达3~7 cm,最初带黄色,然后变成黄绿色,老龄菌落呈暗红色,表面平坦或有放射状皱纹,菌落反面无色或略带褐色。

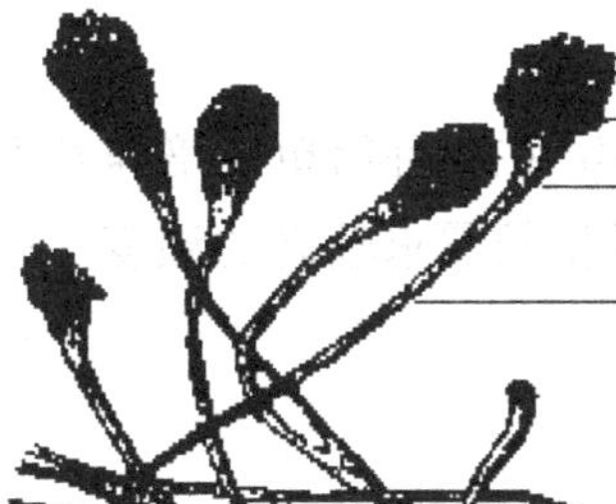

图3.7　烟曲霉形态图

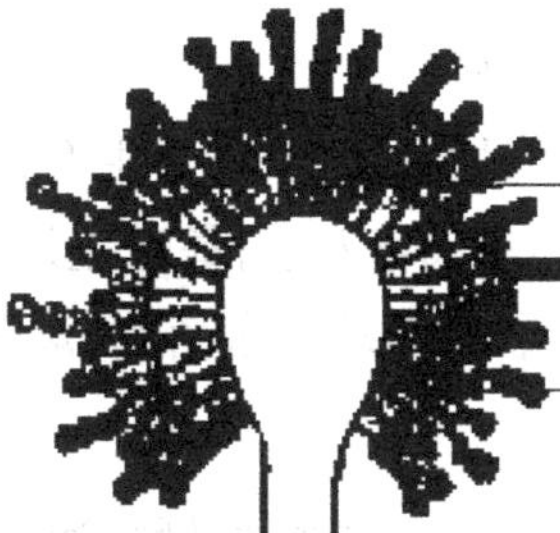

图3.8　黄曲霉形态图

(2)致病性

黄曲霉素可由多种黄曲霉产生,在适当条件下任何饲料都有可能发生黄曲霉毒素污染,黄曲霉素毒产生的最适合水分为10%~13%,最佳相对湿度为70%~89%,最适温度为19~27 ℃。黄曲霉的毒素有很多种,主要包括黄曲霉菌毒素B_1、B_2、G_1、G_2、M_1、M_2、P_1、GM_2等,其中黄曲霉毒素B_1的毒性和致癌作用最强。各种畜禽对黄曲霉的敏感性不同,家禽最敏感,其次是仔猪和母猪,牛和绵羊则有一定的抵抗力。黄曲霉毒素的毒性作用主要表现在3个方面:急性或亚急性中毒、慢性中毒、致癌性。雏鸭急性中毒时,主要病变在肝脏,表现为肝细胞变性、坏死、出血。人或动物持续地摄取一定量的黄曲霉素,可引起肝脏的慢性损伤,引起慢性中毒。若长时间摄入较低水平的黄曲霉毒素,或在短时间内摄取一定数量的黄曲霉毒素,经过较长时间后可引起肝癌。

(3)微生物学诊断

本病的微生物学诊断主要是毒素的检测。从可疑饲料中提取毒素,饲喂1日龄雏鸭,可见肝脏坏死、出血以及胆管上皮细胞增生等,或以薄层层析法检测毒素。也可从可疑饲料中分得真菌后,根据形态学及培养特点进行鉴定,并进行产毒实验。

(4)防治

由于至今没有有效的解毒剂,因此该病主要在于预防。控制黄曲霉毒素的最好方法就是在饲料的贮藏中防止黄曲霉菌的生长。一般粮食含水量在13%以下,玉米在12.5%以下,花生在8%以下,真菌不易生长繁殖。勿用发霉饲料饲喂动物,发现中毒畜禽后,关键措施是立即停喂可疑霉变饲料,改喂可靠饲料,同时增加青绿多汁饲料。病情较重者,皮下注射强心剂,静脉注射适当浓度的糖盐水,内加适量维生素C注射液。另外,采用口服补液盐溶于清洁饮水中,供畜禽任意饮用,直至恢复为止。

3.2.2 皮肤真菌

皮肤真菌寄生在人类及各种动物的皮肤、爪、毛、须等处,但不侵入身体深部的真菌之总称。感染后临床表现为皮肤发生丘疹、水疱、皮屑、脱毛、毛囊炎或毛囊周围炎、有黏性分泌物或上皮细胞形成痂壳。在兽医上有重要意义者为毛癣菌属及小孢子菌属,而表皮癣菌则一般仅限于侵害人类。

(1)生物学特性

皮肤真菌均能形成菌丝,不产生有性孢子,对营养要求不高,在各种简单的培养基上均可生长,通常采用沙氏培养基,最适温度为25~28 ℃,需氧,且生长需求较高的湿度。一般需1~2周才能生长出绒球状菌落,菌落颜色多种多样。

(2)致病性

皮肤真菌可感染人和多种动物,通过接触发病者而被传染,亦可通过接触被污染的用具杂物而发生感染。一般无年龄、性别差异,但幼龄动物和儿童较为易感。主要侵害浅表皮肤、毛发、指甲、蹄爪等,一般不侵害皮下深部组织或内脏。在表皮角质层、毛囊、毛根鞘及其细胞内繁殖,有的穿入毛根内生长繁殖,其代谢产物可引起真皮充血、水肿和发炎,使皮肤发生丘癣、水泡和产生皮屑;有的毛发区发生脱毛、毛发折断、毛囊炎或毛囊周围炎;有黏液性分泌物或上皮细胞形成痂皮等。不同属皮肤真菌的致病特性有一定差别:毛癣菌一般侵害皮肤、毛发和爪甲;小孢子菌属一般侵害皮肤和毛发,不侵害爪甲;表皮癣菌一般仅限于侵害人类皮肤和指(趾)甲。

(3)微生物学诊断

将患部以75%乙醇擦洗消毒后,把感染部被毛、羽毛用镊子拔下,皮肤、皮屑及爪甲部病料用小刀刮取。采取的病料用以下方法进行检查:

①制片镜检:将病料放在玻片上,加入10%~20%的氢氧化钾液1~2滴,用盖玻片覆盖后,在火焰上稍微加热,使材料透明,然后用低倍镜或高倍镜检查。也可以在被检材料上滴

加1~2滴乳酸酚棉蓝,加盖玻片,10 min后镜检。感染毛癣菌的毛,可见孢子在毛上呈平行的链状排列,有的孢子在毛内,有的孢子在毛内、外均可见。感染小孢子菌时,可见孢子紧密而无规则地排列在毛干周围。

②培养检查:将被检病料用乙醇或石炭酸水浸泡2~3 min杀死杂菌,以无菌生理盐水洗涤后,接种于加有抗生素的葡萄糖蛋白胨琼脂培养基上,22~28 ℃培养2周,根据菌落特性、菌丝和孢子的特征进行鉴定。

(4)防治

皮肤真菌感染无特异性预防方法,主要是保持皮肤的清洁卫生,发现病患需要进行隔离治疗。当畜禽发生真菌感染时,治疗常用5%碘酊或10%水杨酸酒精,反复涂擦患处及相连的周围健康组织,也可用灰黄霉素治疗。

3.2.3 白色念珠菌

白色念珠菌,又称白假丝酵母菌,俗称鹅口疮,是条件性致病菌,可致人和动物念珠菌病。患病动物消化道黏膜形成乳白色伪膜斑坏死物,它是一种内源性的条件性疾病,当菌群失调或宿主抵抗力较弱时,以及饲养管理不善和饲养环境差就容易感染该真菌。主要侵害家禽,特别是雏鸡,牛、猪、犬和啮齿动物也可能感染。

(1)生物学特性

白色念珠菌为假丝酵母菌,在病变组织渗出物和普通培养基上产生芽生孢子和假菌丝,不形成有性孢子。革兰氏染色阳性,着色不均。本菌在普通琼脂与沙保葡萄糖琼脂培养基上均可良好生长。需氧,室温或37 ℃培养1~3 d可长出菌落。菌落呈灰白色或乳白色,偶呈淡黄色,表面光滑,有浓郁的酵母气味,培养时间延长,则菌落增大,菌落表面形成隆起的花纹或呈火山口状。

(2)致病性

根据发病部位及症状的不同,可分为黏膜念珠菌病、皮肤念珠菌病及内脏念珠菌病。鸡、鸽发病较多,无论白假丝酵母或类星形假丝酵母,最常见于病原侵入口腔黏膜、咽喉、食道和嗉囊,在口腔、舌面和咽喉出现乳白色或黄白色的假膜,状似鹅口,故称为“鹅口疮”,这是念珠菌病的常见症状。此外,呼吸困难与下痢也属常见症状。主要病变是口腔和咽喉形成黄白色干酪样结节。病变延伸到食道、嗉囊、腺胃、肌胃和肠道,形成假膜和隆起的小结节。

(3)微生物学诊断

去坏死伪膜病料,经氢氧化钾处理后,革兰氏染色镜检有大量椭圆形酵母样细胞或假菌丝,可作出初步诊断。初代分离培养用血液琼脂,有大量菌落生长对确认有重要意义。用免疫扩散试验、乳胶凝集试验及间接荧光抗体试验对全身性假丝酵母感染的诊断有一定的价值。也可用家兔做动物试验,其结果可确诊。

(4)防治

该菌对外界环境及消毒药有很强的抵抗力,因此念珠菌病没有特异性的防治办法。禽场应认真贯彻兽医综合防治措施,加强饲养管理,减少应激因素对禽群的干扰,做好防病工作,提高禽群抗病能力。特别应注意的是防止饲料霉变,不用发霉变质饲料;搞好禽舍和饮水的卫生消毒工作,不同日龄禽只不要混养等项工作是防治本病的重要措施;对发病禽类进行及时、及早地隔离。

3.2.4 假皮疽组织胞浆菌

假皮疽组织胞浆菌旧名假皮疽隐球菌(*Cryptococcus Farciminosus*),是马属动物流行性淋巴管炎的病原,特征为皮下淋巴管和淋巴结发炎、肿胀和皮肤溃疡。在自然情况下,马、骡最易感,驴次之;人、犬、骆驼、牛、猪很少感染;家兔、豚鼠人工感染可引起局部脓肿。

(1)生物学特性

在病患脓汁中该菌呈卵圆形或瓜子形,是具有双层膜的酵母样细胞。大小为(2~3)μm×(3~5)μm,一端或两端较尖,多单个存在或2~3个排列,菌体胞浆均匀,可见2~4个圆形、呈回旋运动的小颗粒。在培养物中呈菌丝状,分枝分隔、粗细不匀,菌丝末端形成瓶状假分生孢子。本菌为需氧菌,最适生长温度25~30 ℃,最适生长pH为5~9,常用培养基有1%葡萄糖甘露醇甘油琼脂、2%葡萄糖甘油琼脂等。不发酵多种糖类,不产生靛基质和H_2S,VP试验阴性,能凝固石蕊牛乳、液化明胶。

对各种理化因素抵抗力较强。在脓汁中,日光直射5~6 d仍存活;在厩舍内可存活6个月,在干燥培养基中存活1年;80 ℃加热20 min才能杀死,5%苯酚、3%来苏尔、1%福尔马林、5%石灰乳均需1~5 h才能杀死本菌。

(2)致病性

本菌主要侵害马属动物,引起流行性淋巴管炎,表现为淋巴管炎,表现为淋巴管(结)发炎、肿胀、溃疡。人和猪、牛也偶有感染报道,家兔和豚鼠可人工感染发病,引起局部脓肿。

(3)微生物学诊断

在临床上应注意与马鼻疽、马溃疡性淋巴管炎相区别。取脓汁或分泌物,适当稀释、镜检,或取痂皮,加10%氢氧化钾处理透明后,制片镜检。必要时可进行分离培养,病料应先用青、链霉素处理12 h后再接种。长出典型菌落时,用生理盐水制成悬浮液,接种家兔或豚鼠,观察有否脓肿,作为诊断参考。

可根据是否产生变态反应做出诊断。方法是用该菌的培养物颈部皮内注射,48~72 h后测定皮肤增厚及肿胀性质,如注射局部发生硬固的热痛肿胀,皮肤增厚超过5 mm即为阳性。此法特异性强,检出率高达80%以上。应用经高压后酒精或乙醚提取的抗原进行沉淀反应、补体结合反应检查马血清中的抗体,也是有效的诊断方法。

(4)防治

目前尚无特异的免疫制剂。早期诊断、及时隔离治疗或扑杀是防控本病的有效办法。对发病动物的局部溃疡采用外科处理,注射抗生素有一定效果,患病痊愈后可获得长期或终生免疫。

3.2.5　中毒性病原真菌

凡能产生毒素、导致人和动物发生急性或慢性中毒的真菌，称为中毒性病原真菌。中毒性病原真菌主要有黑葡萄穗霉菌、镰刀菌属、青霉菌属和甘薯黑斑病霉菌等。真菌毒素是一类次生代谢产物，种类很多。人们根据各种真菌毒素毒性作用的靶器官分为肝脏毒、肾脏毒、神经毒、造血组织毒等几类。

真菌毒素的产生，首先取决于菌株，其次依赖于外界环境，如基质、温度、湿度。基质含水量在 17%～18%是真菌产毒的最适条件真菌的生长繁殖与温度及空气的湿度关系密切，大多数最适温度为 25～30 ℃，低于 10 ℃或高于 40 ℃生长都会受到影响，产生毒素的能力也会受到影响。

本章小结

1.真核微生物主要包括真菌、显微藻类和原生动物，真菌按其外观特征可分为酵母菌、霉菌和担子菌 3 类。根据真菌产生的菌落类型、有无菌丝体、菌丝体的形状、孢子的形成方式和特点等可将其分为 4 个纲：子囊菌纲、担子菌纲、藻状菌纲、半知菌纲。

2.酵母菌是一类与人类有密切关系的简单真菌，其无性繁殖方式通常为芽殖，少数为裂殖和产生掷孢子。

3.霉菌由菌丝和孢子构成。霉菌的菌丝分为两种：一种为无隔菌丝；另一种为有隔菌丝。按其功能又可分为 3 种菌丝：营养菌丝、气生菌丝、繁殖菌丝。

4.霉菌的无性孢子包括芽孢子、节孢子、厚垣孢子、孢子囊孢子、分生孢子；有性孢子有合子、接合孢子、卵孢子、子囊孢子。

思考题

1.名词解释：真菌、酵母菌、霉菌、菌丝体、无性繁殖、有性繁殖。

2.简述烟曲霉的主要生物学特性和微生物学诊断方法。

3.简述黄曲霉的主要生物学特性和微生物学诊断方法。

4.简述皮肤真菌的主要生物学特性和微生物学诊断方法。

5.简述白色念珠菌的主要生物学特性和微生物学诊断方法。

6.简述假皮疽组织胞浆菌的主要生物学特性和微生物学诊断方法。

第4章　微生物的人工培养

【学习目标】

本章主要介绍了细菌的营养、细菌生长繁殖的条件、培养基的制备、细菌在培养基上的生长情况,病毒的动物接种培养、禽胚培养以及组织细胞培养,酵母菌及真菌的生长繁殖条件及培养特征等。学生通过本章的学习,能进行细菌、真菌等常见微生物的人工培养。

4.1　细菌的营养与培养

4.1.1　细菌的营养

细菌与其他生物细胞一样,需要从外界环境中不断摄取营养物质,合成自身细胞成分并获得能量,不断排出废物,完成新陈代谢,从而进行生长繁殖。

1) 细菌的化学组成

细菌的化学组成及其特点如图 4.1 所示:

- 细菌的化学组成
  - 水分(70%~90%)
    - 结合水:与菌体其他成分结合
    - 游离水:呈游离状态,是菌体内的重要溶剂,参加一系列生化反应
  - 固形物(10%~30%)
    - 有机物
      - 蛋白质:菌体主要成分,占固形物的50%~80%
      - 核　酸:有RNA和DNA两种,前者主要存在于胞浆中、胞膜上,后者存在于核质、质粒中
      - 糖　类:主要以多糖、脂多糖、黏多糖的形式存在
      - 脂　类:主要包括中性脂肪、磷脂和蜡质等,存在于细胞壁、胞浆膜及胞浆内
      - 其他有机物:指各种生长因子和色素等
    - 无机物:占固形物的2%~3%,有磷、硫、钾、钙、镁、铁、钠、钴、锰等,其中磷和钾含量最多

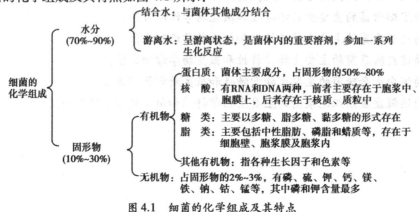

图 4.1　细菌的化学组成及其特点

2)细菌的营养物质

细菌的营养需要主要包括水、碳源、氮源、无机盐和生长因子五大类。

(1)水

水是细菌生长所必需的。水能起到溶剂和运输介质的作用,营养物质的吸收与代谢产物的分泌都必须以水为介质才能完成;参与细胞内的一系列化学反应;维持蛋白质核酸等生物大分子稳定的天然构象;细胞中大量的水有利于对细菌代谢过程中产生的热量及时吸收并散发到环境中,有效地调节细菌及其周围环境的温度。此外,水还是细菌细胞内某些结构的成分。高渗环境中细菌脱水时,其代谢受到抑制,生长速度变慢。

(2)碳源

碳源是在细菌生长过程中为细菌提供碳素来源的物质。细菌能利用的碳源包括各种糖、有机酸、脂、醇、烃、二氧化碳和碳酸盐等。细菌利用碳源具有选择性,糖类是细菌较容易利用的碳源,但细菌对不同糖类的利用也有差别。例如,在以葡萄糖和半乳糖为碳源的培养基中,大肠杆菌首先利用葡萄糖,然后利用半乳糖,前者称为大肠杆菌的速效碳源,后者称为迟效碳源。碳源物质在细胞内经过一系列复杂的化学变化后成为细菌自身的细胞物质(如糖类、脂、蛋白质等)和代谢产物。绝大部分碳源物质也是细菌主要的能量来源。不同种类细菌利用碳源的能力有差别,有的细菌能广泛利用各种类型的碳源,而有些细菌可利用的碳源比较少,可利用这些特性来进行生化反应鉴定细菌的种属。

(3)氮源

氮源是在细菌生长过程中为细菌提供氮素来源的物质。氮源主要用来合成细胞中的含氮物质,一般不作为能源,只有少数自养细菌能利用铵盐、硝酸盐同时作为氮源和能源。细菌能够利用的氮源包括蛋白质和其降解产物(胨、肽、氨基酸等)、铵盐、硝酸盐、分子氮、嘌呤、嘧啶、脲、胺、酰胺、氰化物等。细菌培养基中常用的氮源有蛋白胨、牛肉膏、酵母膏、牛肉汁等。细菌对碳源有选择性,腐生型细菌、肠道菌、动植物致病菌等可利用铵盐或硝酸盐作为氮源。例如,大肠杆菌、产气肠杆菌、枯草芽胞杆菌等均可利用硫酸铵和硝酸铵作为氮源,放线菌可以利用硝酸钾作为氮源,绝大多数的病原菌,只能利用氨基酸来合成蛋白质。一般细菌不能直接利用蛋白质和蛋白胨,只有少数腐败菌能分泌大量的蛋白分解酶,能直接利用蛋白质。

(4)无机盐

无机盐在机体中的生理功能主要是作为酶活性中心的组成部分,维持生物大分子和细胞结构的稳定性,调节并维持细胞的渗透压平衡,控制细胞的氧化还原电位和作为某些细菌生长的能源物质等。细菌对无机盐的需要量很少,需要浓度为 $10^{-4}\sim10^{-3}$mol/L 的元素为常量元素,包括 P,S,K,Mg,Ca,Na,Fe 等;需要浓度为 $10^{-8}\sim10^{-6}$mol/L 的元素为微量元素,包括 Co,Zn,Mo,Cu 等。

(5)生长因子

生长因子指那些细菌生长所必需且需要量很小,但细菌自身不能合成或合成量不足以满足机体生长需要的有机化合物。生长因子既不是碳源和氮源,也不能作为能源使用。在细菌的代谢过程中,主要起辅酶或辅基作用。广义的生长因子包括维生素、氨基酸、嘌呤或嘧啶碱基、卟啉及其衍生物、胺类或脂肪酸等；狭义的生长因子一般指维生素。通常在培养基中加入酵母膏、牛肉膏等已含有一般细菌所需的生长因子，有些细菌、支原体等则需在培养基中特别加入血清、维生素、嘌呤、嘧啶等生长因子。

3）细菌的营养类型

微生物种类繁多，根据所需碳源、能源的不同，可将细菌分为自养菌和异养菌。

（1）自养菌

自养菌具有完善的酶系统，能利用简单的无机物作为营养，如利用二氧化碳、碳酸盐作为唯一碳源，利用氨、氨盐、硝酸盐或亚硝酸盐等作为氮源。自养菌能氧化某些无机物（如 NH_3、H_2S 等）以获得能量的称为化能自养菌，如硝化菌、硫杆菌；利用太阳能作为能量来源的称为光能自养菌，如光合细菌。

（2）异养菌

异养菌合成能力较差，必须以有机物如糖类、醇类和有机酸等作为碳源才能生长，不能利用无机碳。异养菌绝大多数是从氧化有机物获得能量，称为化能异养菌。少数细菌体内含有细菌叶绿素，能利用光合作用获得能量，称为光能异养菌，如红假单胞菌。根据化能异养型微生物利用的有机物性质的不同，又可将它们分为腐生型和寄生型两类，前者可利用无生命的有机物（如动植物尸体和残体）作为碳源，后者则寄生在活的寄主机体内吸取营养物质，离开寄主就不能生存。所有的病原菌都是异养菌，大部分属寄生菌。

4）细菌摄取营养物质的方式

细菌没有特殊的摄食和排泄器官，营养物质的吸收是通过细菌半透性的细胞壁和细胞膜进行的。细胞壁只对大颗粒的物质起到阻挡作用，在物质进入细胞中的作用不大，而细胞膜具有高度选择通透性，在营养物质进入与代谢产物的排出过程中起着重要的作用。一般认为营养物质进入细胞主要有 4 种方式：单纯扩散、促进扩散、主动运输、基团移位。

（1）单纯扩散

单纯扩散是指在无载体蛋白参与下，物质顺浓度梯度以扩散方式进入细胞的一种物质运送方式。单纯扩散是非特异性的，物质在扩散过程中，既不与膜上的各类分子发生反应，自身分子结构也不发生变化，是一种最简单的物质跨膜运输方式。扩散过程中动力来自于细胞膜内外的浓度差，因此不需要消耗能量。单纯扩散并不是微生物细胞吸收营养物质的主要方式，水是唯一可以通过扩散自由通过原生质膜的分子，脂肪酸、乙醇、甘油、苯、一些气体分子及某些氨基酸在一定程度上也可通过扩散进出细胞。

（2）促进扩散

促进扩散是指物质借助存在于细胞膜上的特异性载体蛋白，顺浓度梯度进入细胞的一种物质运送方式。促进扩散也是一种被动的物质跨膜运输方式，在这个过程中不消耗能量，参与运输的物质本身的分子结构不发生变化，不能进行逆浓度运输，运输速率与膜内外物质的浓度差成正比。

促进扩散与简单扩散的主要区别在于通过促进扩散进行跨膜运输的物质需要借助于载体的作用才能进入细胞，而且每种载体只运输相应的物质，具有较高的专一性。参与促进扩散的载体主要是一些蛋白质。通过促进扩散进入细胞的营养物质主要有氨基酸、单糖、维生素及无机盐等。一般细菌通过专一的载体蛋白运输相应的物质,但也有细菌对同一物质的运输由一种以上的载体蛋白来完成。

(3)主动运输

主动运输是指通过细胞膜上特异性载体蛋白构型变化,同时消耗能量,使膜外低浓度物质进入膜内,且被运输的物质不发生化学变化的一种物质运送方式,是细菌吸收营养物质的主要方式。在主动运输过程中,运输物质所需能量来源因微生物不同而不同,好氧型与兼性厌氧细菌直接利用呼吸能,厌氧型细菌利用化学能,光合微生物利用光能,载体蛋白通过构象变化而改变与被运输物质之间的亲和力大小,使两者之间发生可逆性结合与分离,从而完成相应物质的跨膜运输。通过这种方式运输的物质主要有丙氨酸、丝氨酸、甘氨酸、谷氨酸、半乳糖、岩藻糖、蜜二糖、阿拉伯糖、乳酸、葡萄糖醛酸及某些阴离子。

(4)基团转位

基团转位是指被运输的物质在膜内受到化学修饰,并将营养物的转运与代谢相结合,更为有效地利用能力。除了营养物质在运输过程中发生了化学变化之外,该过程与主动运输方式相同。基团转位主要存在于厌氧型和兼性厌氧型细菌中,主要用于糖的运输,脂肪酸、核苷、碱基等也可通过这种方式运输。

4.1.2 细菌的培养

1)细菌生长繁殖的条件

(1)营养物质

充足的营养物质可以为细菌的生长繁殖提供必要的原料和充足的能量。细菌生长所需的营养物质包括水、碳源、氮源、无机盐及生长因子等。不同的细菌对营养物质的需求不同,在人工培养时必须按照要求满足其营养。

(2)温度

细菌生长的温度为-10~95 ℃。各类细菌对温度的要求不一,根据细菌对温度的适应范围,可将细菌分为3类:嗜冷菌,生长范围5~30 ℃,最适生长10~20 ℃;嗜温菌,生长范围10~45 ℃,最适生长20~40 ℃;嗜热菌,生长范围25~95 ℃,最适生长50~60 ℃。病原菌已适应动物的体温,均为嗜温菌,最适温度为人体的温度,故实验室一般采用37 ℃培养细菌。某些嗜温菌低温下也可繁殖,如5 ℃冰箱内金黄色葡萄球菌缓慢生长释放毒素,故食用冰箱过夜冷存食物可致食物中毒。

(3)酸碱度

在细菌的新陈代谢过程中,酶的活性在一定的pH范围内才能发挥作用。大多数细菌在pH为6~8可以生长,但多数病原菌的最适pH为7.2~7.6。人类和动物的血液、组织液pH为7.4,细菌极易生存。胃液偏酸,绝大多数细菌可被杀死。个别细菌最适pH偏酸,如鼻疽假单胞菌pH为6.4~6.6、结核杆菌pH为6.5~6.8;个别细菌最适pH偏碱,如霍乱弧菌pH为8.4~9.2、肠球菌pH为9.6。细菌代谢过程中分解糖产酸,pH下降,影响细菌生长,所以培养基中应加入缓冲剂,保持pH稳定。

(4)气体环境

氧气的存在与否与细菌生长有关,有些细菌仅能在有氧条件下生长,称为需氧菌;有的只能在无氧环境中生长,称为厌氧菌;而大多数病原菌在有氧和无氧环境下均能生长,称为兼性厌氧菌。一般细菌代谢中都需要 CO_2,但大多数细菌自身代谢产生的 CO_2 即可满足要求。有些细菌,如脑膜炎双球菌在初次分离时需要较高浓度的 CO_2(5%~10%),否则生长很差甚至不能生长。

(5)渗透压

细菌细胞需要在适宜的渗透压下才能生长繁殖。盐腌、糖渍防腐的原理就是细菌和霉菌在高渗条件下不能生长繁殖。一般培养基的盐浓度和渗透压对大多数细菌是安全的,少数细菌如嗜盐菌需要在高浓度(3%)的 NaCl 环境中生长。

2)培养基的制备

培养基是由人工方法配制而成,专供微生物生长繁殖使用的混合营养基质。培养基制成后必须经过灭菌处理。

(1)常用培养基的类型

培养基种类繁多,根据培养基的物理状态、用途,可将培养基分为多种类型。

①按物理状态分类。

a.液体培养基:含有各种营养成分的水溶液,不加凝固剂的培养基,营养物质分布均匀,微生物能与营养物质充分接触,主要用于扩增纯培养物,确定细菌生长曲线,并可用于生理研究和发酵工业生产中。

b.固体培养基:在液体培养若加入凝固剂使培养基成为固体状态,称为固体培养基。包括琼脂固体培养基(1.5%~2.5%的琼脂粉)和明胶培养基。固体培养基在科学研究和生产实践中具有很多用途,如用于菌种分离、纯化、鉴定、菌落计数、检测杂菌、育种、菌种保藏、病原菌药敏试验等方面。

c.半固体培养基:液体培养基中加入少量琼脂(0.3%~0.6%)制成半固体状态的培养基,主要用于穿刺接种法观察细菌的动力及短期保存菌种等。

②按用途分类。

a.基础培养基:含有大多数细菌生长共同需要的营养成分,包括牛肉浸膏,蛋白胨和 NaCl 等,pH 为 7.2~7.6,如肉汤培养基、普通琼脂培养基。

b.营养培养基:是在基础培养基中加入血液、血清、葡萄糖、生长因子等,用来培养要求较苛刻的某些细菌。如链球菌、肺炎球菌需要在血液琼脂平板上才能生长良好。

c.增菌培养基:在基础培养基或营养培养基中加入某些细菌所需的特殊营养成分,配制出适合这种细菌生长而不适合其他微生物生长的培养基。如亚硝酸盐增菌培养基用于沙门氏菌的增菌培养。

d.鉴别培养基:利用细菌对糖、蛋白质的利用能力与代谢产物的不同,在培养基中加入特定的指示剂,用于鉴别细菌。如糖发酵管、硫化氢培养基、麦康凯培养基、伊红美蓝培养基等。

e.选择培养基:在培养基中加入某些化学物质,以抑制某些细菌生长而促进另一些致病菌的生长,达到选择分离的目的。如SS琼脂培养基用于分离肠道细菌。

f.厌氧培养基:专供厌氧菌的分离、培养、鉴别用的培养基称为厌氧培养基。这类培养基常采用在培养基中加入还原剂以降低局部的氧化还原电势,并用石蜡或凡士林封口,隔绝空气。如肝片肉汤培养基、疱肉培养基等。

(2)制备培养基的基本要求

在制作培养基时,培养基必须含有各种营养物质,含有适当的水分,具有适宜的pH和渗透压,均质透明,彻底灭菌,不含有抑制细菌生长的物质。

(3)制备培养基的基本程序

常用培养基的制备见第9章9.9。

3)细菌在培养基上的生长情况

(1)在液体培养基中的生长情况

将细菌接种于液体培养基中,培养1~3 d,观察细菌生长情况(如膜和环等)、混浊程度、沉淀情况、有无气体产生和颜色变化等(图4.2)。多数细菌表现为混浊,如葡萄球菌;部分表现为沉淀生长,培养液较清,如链球菌;一些好氧性细菌则在液面大量形成菌膜或菌环等现象,如结核分枝杆菌。

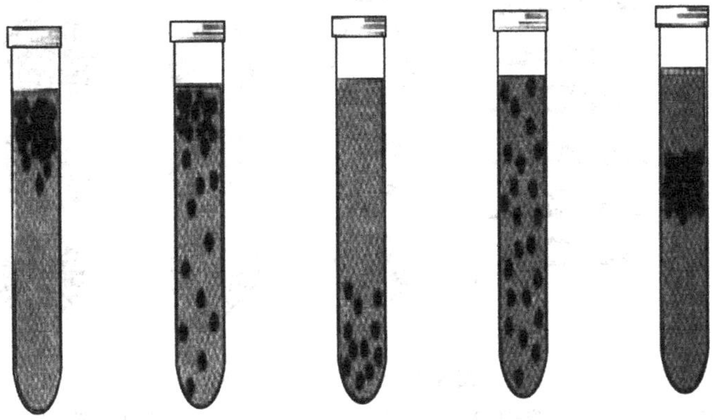

(a)　(b)　(c)　(d)　(e)

图4.2　细菌在液体培养基中的生长特征

(a)表面;(b)浮膜状;(c)沉淀;(d)均匀混浊;(e)中间

(2)在固体培养基上的生长情况

将标本或培养物划线接种在固体培养基的表面,因划线的分散作用,使许多原混杂的细菌在固体培养基表面分散开,成为分离培养。一般经18~24 h培养后,单个细菌分裂繁殖成一堆肉眼可见的细菌集团,称为菌落(图4.3)。如果菌落相互连接成一片,称为菌苔(图4.3)。挑取一个菌落,接种到另一培养基中,生长出来的细菌均为纯种,称为纯培养。各种细菌在固体培养基上形成的菌落大小、形状、颜色、气味、透明度、隆起形状、湿润或干燥、边缘情况、表面光滑或粗糙,以及在血平板上的溶血情况等具有不同表现(图4.4)。所以,菌落的形态特征对菌种的分类鉴定具有重要的意义。

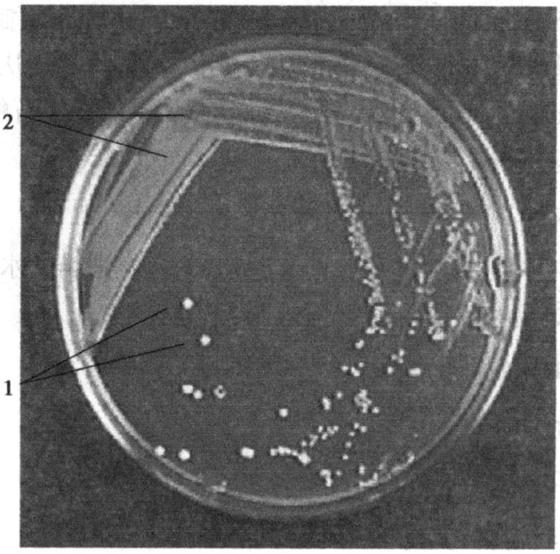

图 4.3 菌落、菌苔
1—示意菌落;2—示意菌苔

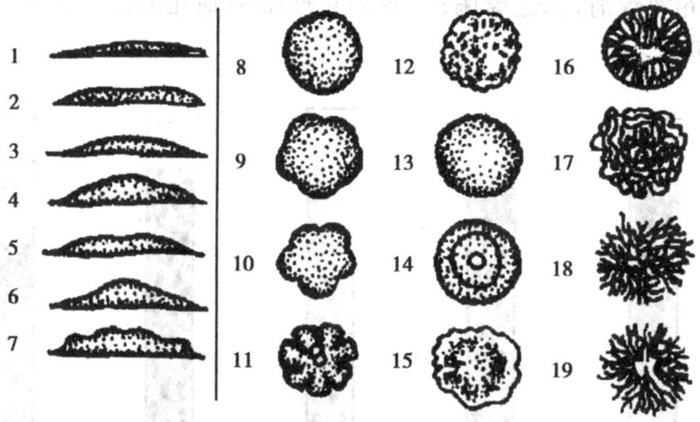

图 4.4 细菌的菌落特征
侧面观察:1—扁平;2—隆起;3—低凸起;4—高凸起;5—脐状;6—草帽状;7—乳头状
正面观察:8—圆形、边缘完整;9—不规则、边缘波浪状;10—不规则、颗粒状、边缘叶状;
11—规则、放射状、边缘叶状;12—规则、边缘扇边形;13—规则、边缘齿状;
14—规则、有同心圆、边缘完整;15—不规则、毛毯状;16—规则、菌丝状;
17—不规则、卷发状、边缘波状;18—不规则、丝状;19—不规则、根状

(3)在半固体培养基上的生长情况

半固体培养基黏度低,细菌接种后,有鞭毛的细菌在其中可自由游动,沿穿刺线呈羽毛状或云雾状混浊生长;无鞭毛细菌只能沿穿刺线呈明显的线装生长(图 4.5)。

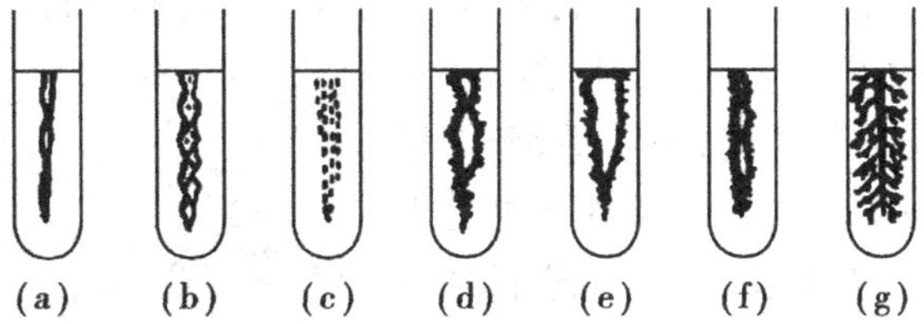

图 4.5　细菌在半固体培养基中穿刺培养特征
(a)丝状;(b)有小刺;(c)念珠状;(d)绒毛状;
(e)假根状;(f)根须状;(g)树状

4.2　其他原核微生物的培养

4.2.1　放线菌的培养

1)放线菌的营养

除少数自养型菌种,如自养链霉菌外,绝大多数放线菌为异养型。异养菌的营养要求差别很大,有的能利用简单化合物,有的却需要复杂的有机化合物。它们能利用不同的碳水化合物,包括糖、淀粉、有机酸、纤维素、半纤维素等作为能源。最好的碳源是葡萄糖、麦芽糖、糊精、淀粉和甘油,而蔗糖、木糖、棉籽糖、醇和有机酸次之。有机酸中以醋酸、乳酸、柠檬酸、琥珀酸和苹果酸易于利用,而草酸、酒石酸和马尿酸较难利用。某些放线菌还可利用几丁质,碳氢化合物、丹宁以及橡胶。氮素营养方面,以蛋白质、蛋白胨以及某些氨基酸最适,硝酸盐、铵盐和尿素次之。除诺卡氏菌外,绝大多数放线菌都能利用酪蛋白,并能液化明胶。

和其他生物一样,放线菌的生长一般都需要 K,Mg,Fe,Cu 和 Ca 等无机盐,其中 Mg 和 K 对于菌丝生长和抗生素的产生有显著作用。各种抗生素的产生所需的矿物质营养并不完全相同,如弗氏链霉菌产生新霉素时必需 Zn 元素,而 Mg,Fe,Cu,Al 和 Mn 等不起作用。

2)放线菌的培养条件

放线菌培养较困难,大多数异养,厌氧或微需氧,加 5%的 CO_2 可促进其生长。在营养丰富的培养基上,如血平板上 37 ℃培养 3~7 d 可长出灰白色或淡黄色微小菌落。多数放线菌的最适生长温度为 30~32 ℃,致病性放线菌为 37 ℃,最适 pH 为 6.8~7.5。对放线菌的培养主要采用液体培养和固体培养两种方式。固体培养可以积累大量的孢子;液体培养则可获得大量的菌丝体及代谢产物。在抗生素生产中,一般采用液体培养,并在发酵罐中通入无菌空气,以增加发酵液的溶氧度。

4.2.2　支原体的培养

支原体可在人工培养基上培养,但营养要求苛刻,除基础营养外,需加入动物血清、外源胆固醇等物质，以提供给它们所不能自行合成的胆固醇和长链脂肪酸。大多数支原体兼性厌氧，适宜生长温度为 37 ℃，适宜 pH 为 7.6~8.0，有些菌株在初次分离培养时，还需要 5%二氧化碳或 5%CO_2 与 95%氮混合气体条件下更易于生长。支原体的人工培养生长缓慢，在琼脂含量较少的固体培养基上呈现典型的“荷包蛋样”菌落（图 4.6）。在液体培养基中生长后，培养液多呈极轻微的均匀混浊，也有呈颗粒状混浊。

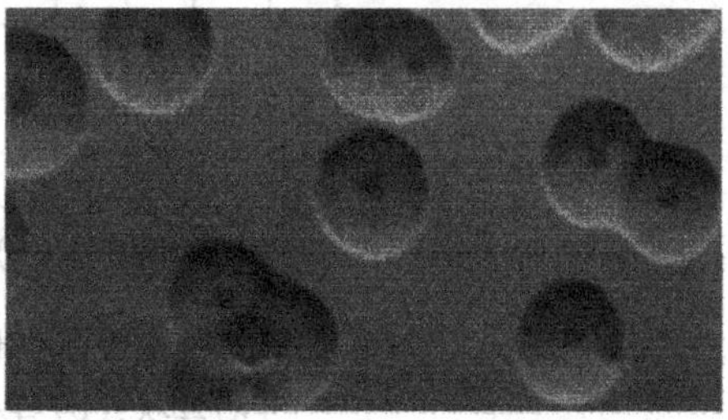

图 4.6 支原体的菌落

4.2.3 螺旋体的培养

螺旋体的人工培养较困难，多数厌氧。在各属螺旋体中，只有一些属或种的螺旋体，如钩端螺旋体属、密螺旋体属中的猪痢疾密螺旋体等能够在含血清或血液的液体培养基或半固体培养基中生长，兔密螺旋体不能在人工培养基上生长。

4.2.4 立克次体的培养

立克次体是一类严格细胞内寄生的微生物，常用的培养方法有动物接种、鸡胚接种及细胞培养。多种病原性立克次体能在豚鼠、小鼠等动物体内有不同程度的繁殖。在豚鼠睾丸内保存的立克次体能保持致病力和抗原性不变。立克次体还能在鸡胚卵黄囊中繁殖，常用作制备抗原或疫苗的材料。常用的细胞培养系统有敏感动物的骨髓细胞、血液单核细胞和中性粒细胞等。

4.2.5 衣原体的培养

衣原体专性寄生，培养方法包括鸡胚或鸭胚培养、动物接种和细胞培养。绝大多数衣原体能在 6~9 日龄的鸡胚或鸭胚卵黄囊中生长，并可在卵黄膜上找到包涵体或原始的颗粒。动物接种多用于严重污染病料中衣原体的分离培养，常用动物为 3~4 周小鼠，进行腹腔接种或脑内接种。衣原体还能在多种常用的原代或传代细胞系中增殖。

4.3 病毒的培养

病毒与细菌不同，病毒是严格的活细胞内寄生微生物，缺乏完整的酶系统，又无核糖体等细胞器，不能在无生命的培养基上生长，必须在活细胞内增殖，因此培养病毒必须选用适合病毒生长的敏感活细胞及使用无其他微生物污染的营养物质。

4.3.1　动物接种

将病毒以注射、口服等途径接种到动物体内,病毒大量增殖,使动物出现反应,观察动物表现及剖检病理变化,必要时做病理组织学检查或必要的血清学试验,以判断病毒增殖情况。动物接种可用于病毒病原性的测定、疫苗效力试验、疫苗生产、抗血清制造及病毒性传染病的诊断。

动物接种分实验动物接种和本动物接种两种方法。实验用动物,应该是健康的,血清中无相应病毒的抗体,并符合其他要求。当然,理想的实验动物是无菌动物或 SPF(无特定病原体)动物。动物病毒材料可接种于敏感动物的特定部位,如嗜神经病毒接种于动物脑内,嗜呼吸道病毒接种于动物鼻腔,嗜皮肤性病毒选择皮内、皮下接种,嗜内脏病毒选择腹腔、肌肉接种,嗜胃肠道病毒选用口服滴注等。常用的实验动物有小白鼠、家兔、豚鼠、鸡等。在兽医病毒学实践中,还常用本动物进行感染试验。例如,应用健康马驹作马传染性贫血病毒接种试验;应用健康猪、鸡分别作猪瘟病毒、鸡新城疫病毒接种试验等等。接种病毒后,隔离饲养,每日观察动物发病情况,根据动物出现的症状,初步确定是否有病毒增殖。

动物接种是培养病毒的一种古老的方法。优点是操作简单易行、经济;缺点是受机体免疫力的影响,病毒不能很好地生长,实验动物难于管理,成本高,个体差异大。所以,许多病毒的培养已由组织细胞培养或禽胚培养法代替。

4.3.2　禽胚培养

禽胚是正在发育中的机体,组织分化程度低,细胞幼嫩,代谢旺盛,有利于病毒的感染与繁殖,适用于许多人类和动物病毒的生长繁殖,是常用的病毒培养方法之一(衣原体、立克次氏体的分离培养也用鸡胚),可用于病毒的分离、鉴定,抗原和疫苗的制备,以及病毒性质的研究等。

不同种类的病毒选用不同的禽胚及不同日龄和接种不同的部位。常用的鸡胚接种途径及日龄为:

①绒毛尿囊膜接种:用 10~13 日龄鸡胚,主要用于痘病毒和疱疹病毒的分离和增殖。

②尿囊腔接种:用 9~11 日龄鸡胚,主要用于正黏病毒和副黏病毒的分离和增殖。

③卵黄囊接种:用 5~8 日龄鸡胚,主要用于虫媒披膜病毒及鹦鹉热衣原体和立克次氏体等的增殖。

④羊膜腔接种:用 10~12 日龄鸡胚,主要用于正黏病毒和副黏病毒的分离和增殖,此途径比尿囊腔接种更敏感,但操作较困难,且鸡胚易受伤致死。

此外还有静脉接种(如蓝舌病毒)、脑内接种(如狂犬病毒)及眼球接种等。

病毒接种后,在禽胚中增殖,经一定时间培养,可根据禽胚病变和病毒抗原的检测等方法判断病毒增殖情况。病毒导致禽胚病变常见的有(图 4.7):

①禽胚死亡,胚胎不活动,照蛋时血管消失。

②禽胚充血、出血或坏死灶,常见在胚体的头、颈、躯干、腿等处或整个胚体出血。

③鸡胚畸形。

④鸡胚绒毛尿囊膜上出现痘斑。然而许多病毒缺乏特异性的病毒感染指征,必须应用血清学或病毒学相应的检测方法来确定病毒的存在和增殖情况。

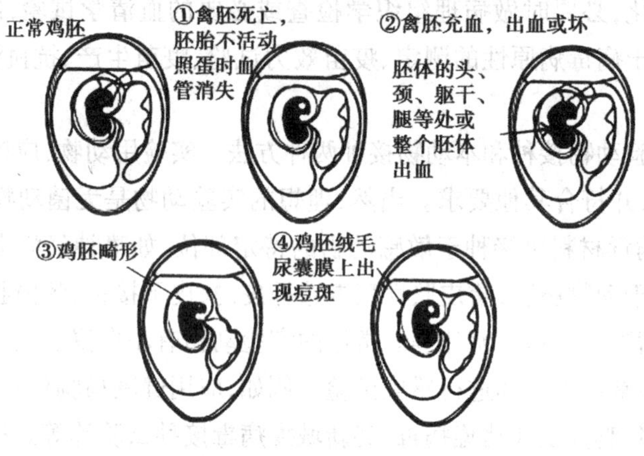

图 4.7　禽胚病变示意图

接种后的鸡胚一般 37.5 ℃孵育,相对湿度 60%,根据不同接种途径,收获相应的材料:绒毛尿囊膜接种时收获接种部位的绒毛尿囊膜;尿囊腔接种收获尿囊液;卵黄囊接种收获卵黄囊及胚体;羊膜腔接种收获羊水。

禽胚接种的优点:

①禽胚是正在发育的动物机体,组织分化程度低,病毒易于在其中增殖,来自禽类的病毒均可在相应的禽胚中繁殖,其他动物病毒有的也可在禽胚内增殖。

②感染的胚胎组织中病毒含量高,培养后易于采集和处理。

③禽胚来源充足,操作简单,易感病毒谱较广,对接种的病毒不产生抗体等。

禽胚接种是目前较常用的病毒培养方法,但需要注意禽胚中可能带有垂直传播的病毒,也有卵黄抗体干扰的问题,因此最好选择 SPF 胚。

4.3.3　组织细胞培养

组织细胞培养是利用体外培养的组织块或单层细胞分离增殖病毒。组织培养即将器官或组织小块于体外细胞培养液中培养存活后,接种病毒,观察组织功能的变化,如气管黏膜纤毛上皮的摆动等。细胞培养是用细胞分散剂将动物组织细胞消化成单个细胞的悬液,适当洗涤后加入营养液,使细胞贴壁生长成单层细胞。病毒接种于细胞后,病毒吸附感染细胞,增殖后,可见细胞出现病变(图 4.8),如蚀斑、坏死、变形,或培养物出现红细胞吸附及血凝现象(如流感病毒等),有时还可用免疫荧光技术检查细胞中的病毒。动物病毒常用的细胞有 CEF(鸡胚成纤维细胞)、PK-15 株(猪肾上皮细胞)、K-L 株(中国仓鼠肺)、D-K 株(中国仓鼠肾)等。此法多用于病毒的分离、增殖、病毒抗原制备、中和试验、病毒空斑(数量)测定及克隆纯化等。

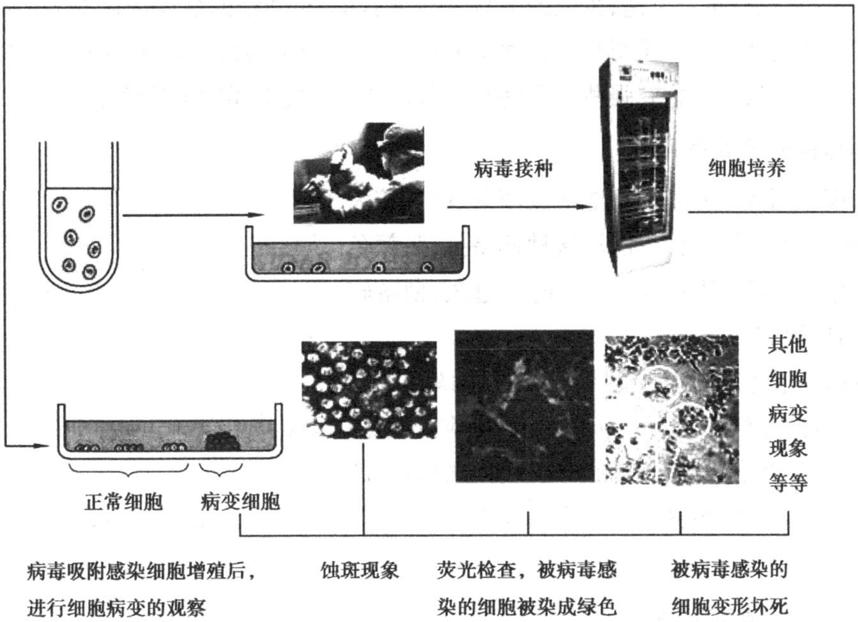

图4.8　病毒的细胞培养

组织细胞培养病毒有许多优点：

①离体活组织细胞不受机体免疫力影响，很多病毒易于生长。

②便于人工选择多种敏感细胞供病毒生长。

③易于观察病毒的生长特征。

④便于收集病毒作进一步检查。

因此，细胞培养是病毒研究、疫苗生产和病毒病诊断的良好方法。但此法由于成本和技术水平要求较高，操作复杂，所以在基层单位尚未广泛应用。

4.4　真菌的培养

4.4.1　酵母菌的培养

1）酵母菌的培养条件

酵母菌的营养类型属于化能异养型，可将很多有机物作为碳源和氮源。实验室常用马铃薯、麦芽汁、玉米粉、豆芽汁、葡萄糖、蔗糖、酵母膏等制成的培养基培养酵母菌。其中最好的碳源是单糖和双糖，含量应该在10%以下，超过30%则不能生长；不能直接利用淀粉。最好的氮源是蛋白胨、酵母膏、尿素，氮盐和硝酸盐等无机氮也可利用，但含量超过0.2%时生长受到抑制。

酵母菌大多数为嗜中温型生物，培养温度常采用25~28 ℃。酵母菌的呼吸类型大多为兼性厌氧型，有氧时生长迅速，少氧或无氧时产生酒精，对酒精的耐受浓度为3%~6%，酿酒酵母的耐受浓度达24%。酵母菌的最适pH为3~6，生长范围为2.5~8。酵母菌对湿度和渗透压的耐受比一般微生物要强些。有些酵母菌在高渗环境下还能生长繁殖。

2）酵母菌的培养特征

酵母菌在固体培养基表面能形成菌落，菌落较大且厚，表面光滑、湿润，有黏性，用接种环易挑起，颜色常为乳白色或红色（图4.9）。培养时间过久，菌落转为干燥，出现褶皱。

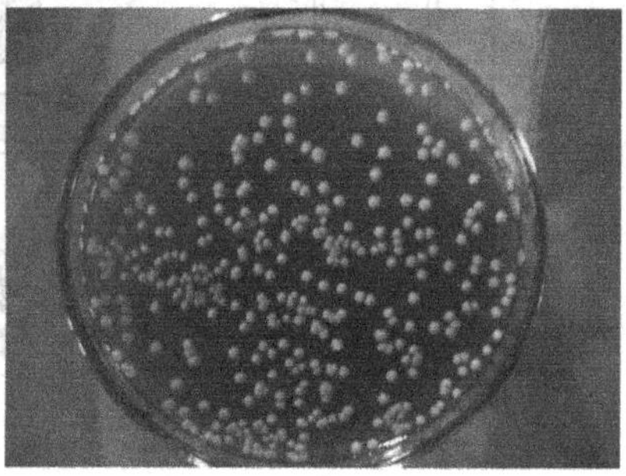

图4.9　酵母菌的菌落

酵母菌在液体培养基中的培养特性因菌种不同而有差别，有的在液面上形成菌膜，有的在培养基中均匀生长，有的在底部形成沉淀，发酵型的酵母菌产生二氧化碳气体可使培养基表面充满泡沫。

4.4.2　霉菌的培养

1）霉菌生长繁殖条件

霉菌绝大多数为化能异养型，对营养物质要求不高，单糖、双糖、糊精、淀粉均可作为碳源。许多霉菌都有分解蛋白质的能力，它们比细菌更能利用天然蛋白质，如青霉属、曲霉属、根霉、毛霉等分解蛋白质的能力很强。氨基酸、蛋白胨、铵盐、硝酸盐、亚硝酸盐、尿素等均可作为霉菌培养的氮源。因此，培养霉菌时，一般只需要提供碳水化合物、无机或有机氮就可以很好地生长繁殖。但有少数的霉菌在生长繁殖中需要少量的生长因子或微量元素。

霉菌生长的pH为1.5~8.5，最适pH为4.5~5.5。霉菌生长繁殖的温度一般比细菌低，最适生长为20~30 ℃，不同种类的霉菌对温度要求不同，青霉菌的最适温度为20~25 ℃，曲霉菌为28~30 ℃，哺乳动物体内的真菌为37 ℃，少数嗜热菌如烟曲霉生长适宜温度为40~42 ℃。多数霉菌是需氧菌，培养时需要充足的氧气。霉菌可在含水量广泛的范围内生长，比其他微生物更能耐受干燥，但空气湿度越大，更有利于霉菌生长繁殖。

2）霉菌的培养特征

霉菌在固体培养基上能形成菌落，第一天生长缓慢，此后生长很快。霉菌菌落比其他微生物的大，呈圆形，绒毛状、絮状或蜘蛛网状，很快可蔓延整个平板。营养菌丝伸入培养基内，使菌落不易挑起，有的霉菌菌落有局限性。菌落最初是浅色或白色，当长出各种颜色的孢子后，菌落便随种类不同呈现黄、绿、青、黑、橙等各种颜色。由于菌龄不同菌落中心比周边的色彩深。各种霉菌在一定培养基上形成的菌落形状、大小、颜色等特征是一定的，因此菌落特征是鉴定霉菌的重要依据之一。霉菌在液体培养基中，往往生长在液面，培养基不呈现混浊。

本章小结

1.培养基是由人工方法配制而成,专供微生物生长繁殖使用的混合营养基质。培养基按物理性状不同可分为固体、半固体和液体培养基;按性质和用途不同又可细分为基础培养基、营养培养基、鉴别培养基、选择培养基和厌氧培养基等。细菌在液体培养基中多呈现混浊现象,有的形成菌膜或沉淀。细菌在固体培养基上经18~24 h培养后,单个细菌分裂繁殖成一堆肉眼可见的细菌集团,称为菌落,菌落相互连接成一片,称为菌苔。

2.病毒是严格地在活细胞内寄生的微生物,因此分离培养病毒常采用动物接种法、鸡胚培养法或组织细胞培养法。动物接种是培养病毒的一种古老方法,但也是生产中常用的方法,主要用于病原学检查、传染病诊断、疫苗生产及疫苗效力检验等。鸡胚培养法在基层生产中应用广泛,可进行病毒分离、鉴定、增殖、制备抗原或疫苗等。组织细胞培养是病毒研究、疫苗生产和病毒病诊断的良好方法,但成本和技术水平要求较高,操作复杂,因此在基层单位尚未广泛应用。

3.酵母菌的营养类型属于化能异养型,可将很多有机物作为碳源和氮源。酵母菌在固体培养基表面能形成菌落,菌落较大且厚,表面光滑、湿润,有黏性,用接种环易挑起,颜色常为乳白色或红色。霉菌绝大多数为化能异养型,对营养物质要求不高,单糖、双糖、糊精、淀粉均可作为碳源。氨基酸、蛋白胨、铵盐、硝酸盐、亚硝酸盐、尿素等均可作为霉菌培养的氮源。霉菌菌落比其他微生物的大,呈圆形,绒毛状、絮状或蜘蛛网状,很快可蔓延整个平板。营养菌丝伸入培养基内,使菌落不易挑起。

思考题

1.名词解释:培养基、菌落、菌苔。

2.细菌吸收营养物质的方式有哪些?

3.简述培养基的种类及用途。

4.简述细菌生长繁殖的条件。

5.病毒的培养方法有哪些?

6.对比酵母菌和霉菌的菌落特征。

第5章 微生物的新陈代谢

【学习目标】

了解微生物代谢类型具体过程,进一步掌握硝化细菌的代谢的具体过程。掌握自氧微生物的 CO_2 固定过程及 Calvin 循环,固氮微生物的固氮作用。

微生物从外界环境中摄取营养物质,在体内经过一系列的化学反应,转变为自身细胞物质,以维持其正常生长和繁殖,这一过程即新陈代谢,简称代谢,包括合成代谢和分解代谢。无论是合成代谢还是分解代谢都包括物质代谢和能量代谢两个方面的内容。

合成代谢是在合成代谢酶系的催化下,由简单小分子物质、ATP 形式的能量、[H]形式的还原力合成自己新的有机物,并贮存能量的过程。

分解代谢是生物体内的有机物(原有的有机物)通过分解代谢酶系的催化,分解成水、二氧化碳等简单小分子物质,同时释放能量 ATP 和还原力[H]。

5.1 微生物的代谢类型

一切生命活动都是一个耗能的反应,因此能量代谢就成了新陈代谢的核心问题。对于微生物来说,它们可利用的能源不外乎是有机物、日光辐射能和还原态无机物三大类,因此研究能量代谢,实质上是追踪这三类能源是如何转化并释放 ATP 的过程(图 5.1)。

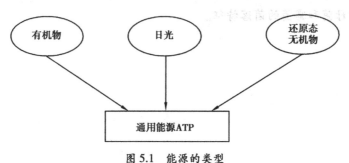

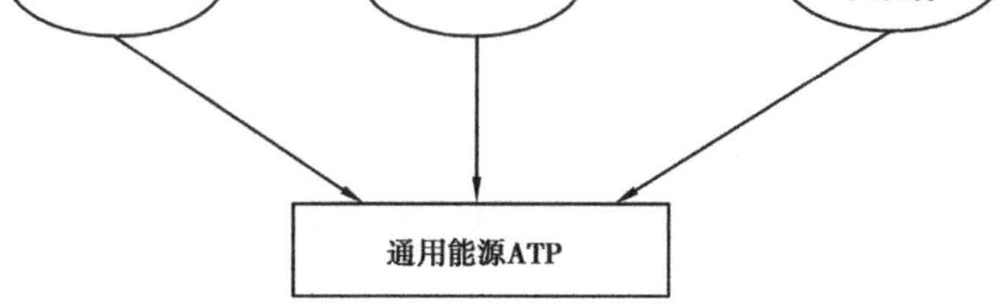

图 5.1 能源的类型

5.1.1　化能异养微生物的生物氧化和产能

生物氧化是发生在生物活细胞内的氧化还原反应总称。生物氧化的形式包括某物质与氧结合、脱氢和失去电子 3 种;生物氧化的过程可分为脱氢(电子)、递氢(电子)和受氢(电子)3 个阶段;生物氧化功能有产能(ATP)、产还原力[H]和产小分子中间代谢物 3 种;而生物氧化类型包括了呼吸、无氧呼吸和发酵 3 种。

5.1.2　自养微生物的生物氧化、产 ATP 和产还原力

自养微生物按其最初能源的不同,可分为两大类:一类是能氧化无机物而获得能量的微生物,称化能自养型微生物;另一类是能利用日光辐射的微生物,称光能自养型微生物。

1)化能自养微生物

化能自养微生物的种类较多,以硝化细菌为例加以说明。硝化细菌广泛分布于各种土壤和水体中的化能自养菌。从生理类型来看,硝化细菌分为两类:一类是亚硝化细菌或氨氧化细菌,可把 NH_3氧化成 NO^{-2},包括亚硝化单胞菌属等;另一类是硝化细菌或亚硝酸氧化细菌,可把 NO^{-2}氧化为 NO^{-3},包括硝化杆菌属。由亚硝化细菌引起的反应为:

$$NH_3 + O_2 + 2H^+ + 2e^- \xrightarrow[\text{(在细胞膜上)}]{\text{氨单加氧酶}} NH_2OH + H_2O$$

$$NH_2OH + H_2O \xrightarrow[\text{(在周质上)}]{\text{羟氧环酶}} HNO_2 + 4H^+ + 4e^-$$

由硝化细菌引起的反应为:

$$NO_2^- + HO_2 \xrightarrow[\text{(在细胞膜上)}]{\text{亚硝酸氧化酶}} NO_3^- + 2H^+ + 2e^-$$

2)光能自养微生物

光能自养微生物在自然界中,能进行光能营养的生物及其光合作用特点如图 5.2 所示。

光能营养型生物
- 产氧
  - 真核生物:藻类及其他绿色植物
  - 原核生物:蓝细菌
- 不产氧
  - 真细菌:光合细菌(厌氧菌)
  - 古生菌:嗜盐菌

图 5.2　光能营养型生物及其特点

在光能自养微生物中,通过循环光合磷酸化、非循环光合磷酸化或紫膜光合磷酸化产生 ATP,直接或间接利用这些途径产生还原力[H]。

(1)循环光合磷酸化

一种存在于厌氧性光合细菌中的原始光合作用机制,在光能驱动下能通过电子的循环式传递完成磷酸化产能反应。其特点:

①电子传递途径属循环方式：在光能驱动下，电子从菌绿素分子上逐出，通过类似呼吸链的循环，又回到菌绿素，其间建立了质子动势并产生了1个ATP。

②产能（ATP）与产还原力[H]分别进行。

③还原力来自H_2S等无机氢供体。

④不产生氧，即不能利用H_2O作为还原CO_2时的氢供体。

⑤光合磷酸化与固定CO_2的Calvin循环相连接。

具有循环光合磷酸化的生物，分别属于原核生物细菌不同门中的光合细菌。

（2）非循环光合磷酸化

非循环光合磷酸化是各种绿色植物、藻类和蓝细菌共有的利用光能产生ATP的磷酸化反应。

5.2 微生物独特的合成代谢途径

对一切生物所共有的那些重要物质的合成代谢知识，这里不做重复介绍。只简单介绍微生物所特有的、重要的和有代表性的合成代谢途径，包括自养微生物的CO_2固定以及生物固氮等。

5.2.1 自养微生物的CO_2固定

各种自养微生物在其生物氧化包括氧化磷酸化、发酵和光合磷酸化中获取的能量主要用于CO_2的固定。在微生物中，CO_2固定的途径有4条，即Calvin循环、厌氧乙酰-CoA途径、逆向TCA循环途径、羟基丙酸途径。这里只介绍Calvin循环一种。

利用Calvin循环进行CO_2固定的生物，除了绿色植物、蓝细菌、多数光合细菌外（在一切光能自养生物中，此反应不需光，可在黑暗条件下进行）、硫细菌、铁细菌和硝化细菌等许多化能自养菌。

Calvin循环分为3个阶段：

1）羧化反应

3个核酮糖-1,5-二磷酸通过核酮糖二磷酸羧化酶将3个CO_2固定，并转变成6个3-磷酸甘油酸分子。

2）还原反应

在羧化反应后，立即发生3-磷酸甘油酸还原成3-磷酸甘油醛反应逆向，这两步反应需消耗ATP和[H]。

3）CO_2受体的再生

核酮糖-5-磷酸在磷酸核酮糖激酶的催化下转变成核酮糖-1,5-二磷酸的生化反应。

如果以产生1个葡萄糖分子来计算，则Calvin循环的总式为：

$$6CO_2 + 12NAD(P)H_2 + 18ATP \longrightarrow C_6H_{12}O_6 + 12NAD(P) + 18ADP + 18Pi$$

5.2.2　生物固氮

生物固氮是将大气中分子态氮通过微生物固氮酶的催化而还原成氨的过程，生物界中只有原核生物才具有固氮能力。生物固氮反应是一种极其温和以及零污染排放的生化反应，比化学固氮有更大的优越性，大气中 90%以上的分子态氮，都是由微生物固定成氮化物的，生物固氮是地球上仅次于光合作用的生物化学反应。

1）固氮微生物

目前知道固氮微生物有 200 余属，全部为原核生物（包括古生菌），主要包括细菌、放线菌和蓝细菌，其中尤以根瘤菌与豆科植物所形成共生体的固氮效率最高。根据固氮微生物与高等植物及其他生物的关系，可将它们分为以下 3 类：

（1）自生固氮微生物

自生固氮微生物指独立生活状况下能够固氮的微生物。生活在土壤或水域中，能独立地进行固氮，但并不将氨释放到环境中，而是合成氨基酸，组成自身蛋白质。自生固氮微生物的固氮效率较低，每消耗 1 g 葡萄糖只能固定 10~20 mg 氮。

（2）共生固氮微生物

共生固氮微生物指与其他生物形成共生体，在共生体内进行固氮的微生物。只有在与其他生物紧密地生活在一起的情况下，才能固氮或才能有效地固氮；并将固氮产物氨，通过根瘤细胞酶系统的作用，即时运送给植物体各部，直接为共生体提供氮源。同时，共生体系的固氮效率比自生固氮体系高得多，每消耗 1 g 葡萄糖大约能固定 280 mg 氮。

（3）联合固氮微生物

联合固氮微生物指生活在高等植物根际、与高等植物之间有较强的专一性，但不形成根瘤的固氮微生物的固氮作用。联合固氮作用是固氮微生物与植物之间存在的一种简单共生现象。它既不同于典型的共生固氮作用，也不同于自生固氮作用。这些固氮微生物仅存在于相应植物的根际，不形成根瘤，但有较强的专一性，固氮效率比在自生条件下高。通常在水域环境中，共生性固氮系统不常见。大量的氮主要靠自由生活的微生物固定，在有氧区主要是蓝细菌的作用，在无氧区主要是梭菌的作用。

2）固氮的生化机制

（1）生物固氮的六要素

$$N_2 + 6[H] \xrightarrow[Mg^{2+} + ATP]{\text{固氮生物}} 2NH_3$$

①ATP 的供应：N≡N 分子中存在 3 个共价键，要把这种极端稳固的分子打开需费巨大能量。固氮过程中把 N_2还原 $2NH_3$时消耗大量 ATP[N_2 : ATP = 1 : (16~24)]，由呼吸、厌氧呼吸、发酵或光合磷酸化作用提供。

②还原力[H]及其传递载体：固氮反应中需大量还原力（N_2 : [H] = 1 : 8），以 NAD(P)H+H^+的形式提供。

③固氮酶：固氮酶是一种复合蛋白，由固二氮酶和固二氮酶还原酶两种相互分离的蛋白构成。

④还原底物：N_2。

⑤Mg^{2+}。

⑥严格的厌氧微环境。

(2)固氮的生化途径

目前所知道的生物固氮总反应：

$$N_2 + 8[H] + (16 \sim 24)ATP \longrightarrow 2NH_3 + H_2 + (16 \sim 24)ADP + 16 \sim 24Pi$$

必须强调指出的是，上述一切生化反应都必须受活细胞中各种"氧碍"的严密保护，以保证固氮酶免遭失活。

本章小结

1.新陈代谢是发生在生物体内一切有序化学反应的总称，它为全部生命活动提供了一切必需的能量和物质基础。新陈代谢包括合成代谢和分解代谢两大类。

2.微生物有许多重要的合成代谢途径是其他任何动、植物所没有的，如独特的 CO_2 固定作用、生物固氮作用等。生物固氮作用仅次于光合作用的重要生物化学反应，至今仅在原核生物中发现。

思考题

1.什么是新陈代谢？

2.简述 Calvin 循环的过程。

3.什么是生物固氮作用？简述固氮的生化机制。

第 6 章　微生物生态

【学习目标】

自然界中微生物分布广泛。深入了解微生物的生长规律，以及外界环境与微生物关系，认识了生产中的一些灭菌方法。了解生物环境与微生物的关系，对寄生、共生、互生、拮抗作进一步的认识。了解常见的微生物的变异现象。

生态学是研究生态系统的结构及其环境系统间相互作用规律的科学。微生物生态学是生态学的一个分支，它的研究对象是微生物生态系统的结构及其与周围生物和非生物环境系统间相互作用的规律。

6.1　微生物分布

6.1.1　土壤中的微生物

土壤中具备微生物生长所需的营养和各种条件，如：水分、空气、酸碱度、渗透压和温度等条件，这样构成了微生物生活的良好环境。微生物集中分布于土壤层和土壤颗粒表面，主要以附着方式存在。

6.1.2　水体中的微生物

水中微生物的数量和分布受营养物、温度、光照、溶解氧、盐分等因素的影响。受生活污水、工业有机污水污染的水体有相应多量的微生物，在营养浓度低的水体中，微生物大多生长在固体的表面和颗粒物上，这样能吸收利用更多的营养物。

6.1.3 大气中的微生物

大气中没有微生物可利用的营养物质和足够水分,不适合微生物的生长繁殖。没有固定的微生物种类,微生物以休眠体的形式在空气中能存在相当长时间。所以,在空气中仍能找到多种微生物。空气中的微生物来源于土壤水体和其他微生物源。

6.1.4 动物体中的微生物

生长在动物体上的微生物数量庞大,生理功能多样的群体。根据其生理功能分为有益、有害两方面。对动物有害的微生物称为病原微生物,包含真菌、细菌、病毒、原生动物的一些种类。病原微生物可通过不同的作用方式造成对动物的损害和致病。对动物有益的微生物受到广泛的注意和研究,如微生物和昆虫的共生等。

6.2 微生物的生长规律

虽然微生物细胞是非常微小的,但是它和动植物细胞一样也有从小到大的生长过程,极小的细胞发生着极其复杂的生物化学变化和细胞学变化。

6.2.1 细菌典型的生长曲线

将一定数量的细菌接种在适宜的液体培养基中,定时取样计算细菌数,可发现细菌生长过程的规律性。以时间为横坐标,菌数的对数为纵坐标,可形成一条生长曲线,曲线显示了细菌生长繁殖的4个时期(图6.1)。

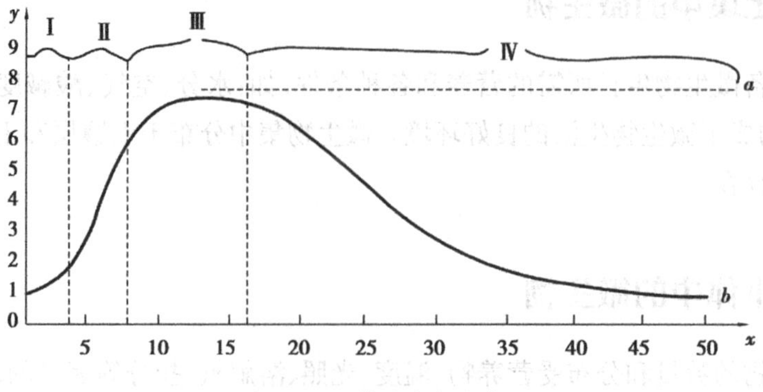

图 6.1 细菌的生长曲线

Ⅰ—迟缓期;Ⅱ—对数期;Ⅲ—稳定期;Ⅳ—衰老期

x—时间;y—菌数的对数

1) **迟缓期**

迟缓期是细菌在新的培养基中的一段适应过程。在这个时期,细菌数目基本不增加,但体积增大,代谢活跃,菌体产生足够量的酶、辅酶以及一些必要的中间产物。当这些物质达到一定程度时,少数细菌开始分裂,此时期细菌的数量几乎不增加。以大肠杆菌为例,这一时期为 2~6 h。

2) **对数期**

经过迟缓期后,细菌以最快的速度进行增殖,细菌数的对数和时间呈直线关系,这个时期称为对数期。一般地,此时期的病原菌致病力最强,菌体的形态、大小以及生理活性均较典型,对抗菌药物也最敏感。以大肠杆菌为例,这一时期为 6~10 h。

3) **稳定期**

随着细菌的快速增殖,培养基中营养物质也迅速被消耗,有害产物大量积累,细菌生长速度减慢,死亡细菌数开始增加,新增殖的细菌数量与死亡细菌数量大致平衡,进入稳定期。稳定期后期可能出现菌体形态与生理特性的改变,一些芽胞菌,可能形成芽胞。以大肠杆菌为例,这一时期为 8 h。

4) **衰老期**

细菌死亡的速度超过分裂速度,培养基中活菌数急剧下降,这个时期称为衰老期。此时期的细菌若不移植到新的培养基,最后可能全部死亡。此时期菌体出现变形或自溶,染色特性不典型,难以鉴定。

衰退期细菌的形态、染色特征都可能不典型,所以细菌的形态和革兰氏染色反应,应对对数期中期的细菌为标准。

6.2.2　影响微生物生长的主要因素

微生物的生长是微生物与外界环境相互作用的结果。环境条件的改变,在一定限度内,可使微生物的形态、生理、生长、繁殖等特征发生变化;当环境条件的变化超过一定限度,则会导致微生物的死亡。了解环境因素对微生物生长的影响,有助于说明微生物在自然界的分布,还可帮助我们采用相应的方法控制微生物的活动。影响微生物生长的主要因素有营养物质、温度、氧气、pH 等。

1) **营养物质**

营养物质包括水分、含碳化合物、含氮化合物、无机盐类和生长因子等。不同细菌对营养的需求不尽相同,有的细菌只需要基本的营养物质,而有的细菌则需要加入特殊的营养物质才能生长繁殖,因此,制备培养基时应根据细菌的类型进行营养物质的合理搭配。

2) **温度**

温度是影响微生物生长的最重要因素之一。细菌只能在一定温度范围内进行生命活动,温度过高或过低,细菌生命活动受阻乃至停止。根据细菌对温度的需求不同,可将细菌分为嗜冷菌、嗜温菌和嗜热菌3类(表6.1)。病原菌属于嗜温菌,在15~45 ℃都能生长,最适生长温度是37 ℃作用,所以实验室培养细菌常把温度调节至37 ℃。

表6.1　细菌的生长温度

细菌类型	生长温度/℃			分　布
	最低	最适	最高	
嗜冷菌	-5~0	10~20	25~30	水和冷藏环境中的细菌
嗜温菌	10~20	18~28	40~45	腐生菌
	10~20	37	40~45	病原菌
嗜热菌	25~45	50~60	70~85	温泉及堆积肥中的细菌

表6.1中列出不同微生物生长温度的一些典型例子。温度的变化会对每种类型微生物的代谢过程产生影响,微生物的生长速率会发生改变,以适应温度的变化。

温度对微生物的影响具体表现在:

①影响酶活性:温度变化影响酶促反应速率,最终影响细胞合成。

②影响细胞膜的流动性:温度变化影响营养物质的吸收与代谢产物的分泌。

③影响物质的溶解度:除气体物质外,物质的溶解度随温度上升而增加,随温度降低而下降,最终对微生物的生长有影响。

3)氧气

根据氧对微生物生长的影响,可将微生物分为几种类群(图6.2)。

- 微生物与氧的关系
  - 好氧菌
    - 专性好氧菌
    - 兼性厌氧菌
    - 微好氧菌
  - 厌氧菌
    - 耐氧菌
    - 专性厌氧菌

图6.2　微生物与氧的关系

在培养不同类型的微生物时,要采用相应的措施:

①培养好氧微生物:需振荡或通气,保证充足的氧气。

②培养专性厌氧微生物:需排除环境中的氧气,同时在培养基中添加还原剂,降低培养基中的氧化还原电位势。

③培养兼性厌氧或耐氧微生物:可深层静止培养。

4)酸碱度

培养基的pH对细菌生长影响很大,大多数病原菌生长的最适pH为7.2~7.6,但个别偏酸,如鼻疽假单胞菌需pH为6.4~6.6,也有的偏碱,如霍乱弧菌需pH为8.0~9.0。许多细菌在生长过程中,能使培养变酸或变碱而影响其生长,所以往往需要在培养基内加入一定的缓冲剂。

表 6.2　微生物生长的温度范围

微生物	最低 pH	最适 pH	最高 pH
细菌	3~5	7.2~7.5	8~10
酵母菌	2~3	4.5~5.5	7~8
霉菌	1~3	4.5~5.5	7~8

6.3　外界环境与微生物的关系

外界环境因素与微生物的关系密切，在适宜的环境条件下能够正常生长发育，当环境条件不适宜时，就会导致微生物生长抑制，甚至死亡。下面介绍 4 个重要的概念：

①消毒（Disinfection）：是指杀死所有病原微生物的措施，可达到防止传染病的目的。例如将物体在 100 ℃煮沸 10 min 或 60~70 ℃加热 30 min，就可达到杀死病原菌的营养体，但芽孢杀不死。

②灭菌（Sterilization）：是指用物理或化学因子，使存在于物体中的所有生活微生物，永久性地丧失其生活力，包括耐热的细菌芽孢。这是一种彻底的杀菌方法。

③无菌（Asepsis）：即没有活的微生物存在。

④防腐（Antisepsis）：是一种抑菌措施。利用一些理化因素使物体内外的微生物暂时处于不生长繁殖但又未死亡的状态。

由于不同微生物的生物学特性不同，因此，对各种理化因子的敏感性不同；同一因素不同剂量对微生物的效应也不同，或者起灭菌作用，或者起防腐作用。在了解和应用任何一种理化因素对微生物的抑制或致死作用时，还应考虑多种因素的综合效应。

6.3.1　物理环境与微生物的关系

影响微生物的物理因素有干燥、温度、渗透压、射线和紫外线、超声波等。

1）温度

温度是影响微生物生长繁殖最重要的因素之一。在一定温度范围内，机体的代谢活动与生长繁殖随着温度的上升而增加，当温度上升到一定程度，开始对机体产生不利的影响，如再继续升高，则细胞功能急剧下降以至死亡。

（1）高温对微生物的影响

高温是比最适温度还要高的温度。高温对微生物有致死作用，原理是高温能够使菌体蛋白变性或凝固,酶失去活性,导致微生物死亡。高温消毒和灭菌的方法较多,大的分类为干热灭菌法和湿热灭菌法。

①干热灭菌法

a.火焰灭菌法:以火焰直接灼烧杀死物体中的全部微生物的方法。其特点是灭菌快速、彻底。常用于接种工具和污染物品,如微生物接种时使用的接种环,就是用火焰灭菌法。使用范围受限。

b.干热灭菌法:主要在干燥箱中利用热空气进行灭菌。通常 160 ℃处理 1~2 h 可达到灭菌的目的。适用于玻璃器皿、金属用具等耐热物品的灭菌。

②湿热灭菌

a.煮沸消毒法:物品在水中 100 ℃煮沸 15 min 以上,可杀死细菌的营养细胞和部分芽胞,如在水中加入 1%碳酸钠或 2%~5%石炭酸,则效果更好。这种方法适用于注射器、解剖用具等的消毒。

b.巴氏灭菌:灭菌的温度一般在 60~65 ℃处理 15~30 min,可以杀死微生物的营养细胞,但不能达到完全灭菌的目的,用于不适于高温灭菌的食品,如牛乳、酱腌菜类、果汁、啤酒、果酒和蜂蜜等,其主要目的是杀死其中无芽胞的病原菌(如牛奶中的结核杆菌或沙门氏杆菌),而又不影响它们的风味。

c.超高温瞬时灭菌法:灭菌的温度在 135~137 ℃ 3~5 s,可杀死微生物的营养细胞和耐热性强的芽胞细菌,但污染严重的鲜乳在 142 ℃以上杀菌效果才好。超高温瞬时灭菌法现广泛用于各种果汁、牛乳、花生乳、酱油等液态食品的杀菌。

d.高压蒸汽灭菌法:高压蒸汽灭菌法是实验室中常用的灭菌方法。高压蒸汽灭菌是在高压蒸汽锅内进行的,锅有立式和卧式两种,原理相同,锅内蒸汽压力升高时,温度升高。一般采用 9.8×10^4Pa 的压力,121.1 ℃处理 15~30 min,也有采用较低温度(115 ℃)下维持30 min左右,可达杀菌目的。实验室常用于培养基、各种缓冲液、玻璃器皿及工作服等灭菌。

e.间歇灭菌法:用流通蒸汽反复灭菌的方法,常常温度不超过 100 ℃,每日 1 次,加热时间为 30 min,连续 3 次灭菌,杀死微生物的营养细胞。每次灭菌后,将灭菌的物品在(28~37 ℃)培养,促使芽孢发育成为繁殖体,以便在连续灭菌中将其杀死。

(2)低温对微生物的影响

大多数微生物对低温都有很强的抵抗力,当环境温度低于微生物最低生长温度时,其代谢活动降低到最低,生长繁殖停止,但仍可以长时间保存活力,常常用低温保存菌种、毒种、疫苗、血清等。但少数病原微生物,在低温保存比室温中死得更快。

冷冻真空干燥是保存菌种、毒种、疫苗、血清等制品的良好方法。将保存的物质放在抽成真空的容器中,在低温下迅速冷冻,让冷冻物质干燥,这样,菌种及其他物质在冻干状态下,可以长期保存而不失去活性。

2)干燥

水分对维持微生物的正常生命活动是必不可少的。干燥会造成微生物失水代谢停止以至死亡。不同的微生物对干燥的抵抗力是不一样的,以细菌的芽胞抵抗力最强,霉菌和酵母菌的孢子也具较强的抵抗力,依次为革兰氏阳性球菌、酵母的营养细胞、霉菌的菌丝。影响微生物对干燥抵抗力的因素较多,干燥时温度升高,微生物容易死亡,微生物在低温下干燥时,抵抗力强,所以,干燥后存活的微生物若处于低温下,可用于保藏菌种;干燥的速度快,微生物抵抗力强,缓慢干燥时,微生物死亡多;微生物在真空干燥时,在加保护剂(血清、血浆、肉汤、蛋白胨、脱脂牛乳)于菌悬液中,分装在安瓿内,低温下可保持长达数年甚至10年的生命力。

3)渗透压

大多数微生物适于在等渗的环境生长,若置于高渗溶液(如20%NaCl)中,水将通过细胞膜进入细胞周围的溶液中,造成细胞脱水而引起质壁分离,使细胞不能生长甚至死亡;若将微生物置于低渗溶液(如0.01%NaCl)或水中,外环境中的水从溶液进入细胞内引起细胞膨胀,甚至破裂致死。一般微生物不能耐受高渗透压,因此,食品工业中利用高浓度的盐或糖保存食品,如腌渍蔬菜、肉类及果脯蜜饯等,糖的浓度通常在50%~70%,盐的浓度为5%~15%,由于盐的分子量小,并能电离,在二者百分浓度相等的情况下,盐的保存效果优于糖。有些微生物耐高渗透压的能力较强,如发酵工业中鲁氏酵母,另外嗜盐微生物(如生活在含盐量高的海水、死海中)可在15%~30%的盐溶液中生长。

4)辐射和紫外线

电磁辐射包括可见光、红外线、紫外线、X射线和γ射线等均具有杀菌作用。在辐射能中无线电波最长,对生物效应最弱;红外辐射波长在800~1 000 nm,可被光合细菌作为能源;可见光部分的波长为380~760 nm,是蓝细菌等藻类进行光合作用的主要能源;紫外辐射的波长为136~400 nm,有杀菌作用。可见光、红外辐射和紫外辐射的最强来源是太阳,由于大气层的吸收,紫外辐射与红外辐射不能全部达到地面;而波长更短的X射线、γ射线、β射线和α射线(由放射性物质产生),往往引起水与其他物质的电离,对微生物起有害作用,故被作为一种灭菌措施。

紫外线波长以265~266 nm的杀菌力最强,其杀菌机理是复杂的,细胞原生质中的核酸及其碱基对紫外线吸收能力强,吸收峰为260 nm,而蛋白质的吸收峰为280 nm,当这些辐射能作用于核酸时,便能引起核酸的变化,破坏分子结构,主要是对DNA的作用,最明显的是形成胸腺嘧啶二聚体,妨碍蛋白质和酶的合成,引起细胞死亡。紫外线的杀菌效果,因菌种及生理状态而异,照射时间、距离和剂量的大小也有影响,由于紫外线的穿透能力差,不易透过不透明的物质,即使一薄层玻璃也会被滤掉大部分,在食品工业中适于厂房内空气及物体表面消毒,也有用于饮用水消毒的。适量的紫外线照射,可引起微生物的核酸物质DNA结构发生变化,培育新性状的菌种。因此,紫外线常常作为诱变剂用于育种工作中。

5）超声波

超声波（频率在 20 000 Hz 以上）具有强烈的生物学作用。超声波使微生物致死的机理是引起微生物细胞破裂，内含物溢出而死。超声波作用的效果与频率、处理时间、微生物种类、细胞大小、形状及数量等有关系，一般频率高比频率低杀菌效果好，病毒和细菌芽胞具有较强的抗性，特别是芽胞。

6.3.2 化学环境与微生物的关系

许多化学药物能抑制微生物形态、生长、发育、繁殖、甚至杀死，这些化学物质已被广泛应用于消毒、防腐。抑制微生物生长繁殖的化学物质称为防腐剂；使细菌细胞原生质变性沉淀或使酶类的 SH 基或其他成分被氧化而起到杀灭或抑制病原微生物的化学制剂称为消毒剂；在此重点介绍消毒剂。

消毒剂是指对一切活细胞都有毒性，不能用作活细胞内或机体内治疗用的化学药剂。主要用于抑制或杀灭物体表面、器械、排泄物和环境中的微生物。如皮肤、黏膜、伤口等处防止感染。

1）消毒剂的作用机理

消毒剂的作用机理有使微生物蛋白质凝固变性，发生沉淀，如酒精等；破坏菌体的酶系统，影响菌体代谢，如过氧化氢等；降低微生物表面张力，增加细胞膜的通透性，使细胞发生破裂或溶解。如来苏尔等酚类物质。

2）常用消毒剂的种类、使用方法及常用浓度

化学消毒剂的种类很多，但作用一般无选择性，对细菌及机体细胞均有一定毒性。以下为常用的一些消毒剂。

（1）重金属盐类

重金属盐类对微生物都有毒害作用，其机理是金属离子容易和微生物的蛋白质结合而发生变性或沉淀。汞、银、砷的离子对微生物的亲和力较大，能与微生物酶蛋白的—SH基结合，影响其正常代谢。汞化合物是常用的杀菌剂，杀菌效果好，用于医药业中。重金属盐类虽然杀菌效果好，但对人有毒害作用，所以严禁用于食品工业中防腐或消毒。

（2）有机化合物

对微生物有杀菌作用的有机化合物种类很多，其中酚、醇、醛等能使蛋白质变性，是常用的杀菌剂。

①酚及其衍生物：酚又称石炭酸，杀菌作用是使微生物蛋白质变性，并具有表面活性剂作用，破坏细胞膜的通透性，使细胞内含物外溢致死。酚浓度低时有抑菌作用，浓度高时有杀菌作用，2%～5%酚溶液能在短时间内杀死细菌的繁殖体，杀死芽胞则需要数小时或更长的时间。许多病毒和真菌孢子对酚有抵抗力。适用于医院的环境消毒，不适于食品加工用

具以及食品生产场所的消毒。

②醇类：醇类是脱水剂、蛋白质变性剂，也是脂溶剂，可使蛋白质脱水、变性，损害细胞膜而具杀菌能力。乙醇的最有效杀菌浓度为70%~75%，过高或者过低的浓度杀菌效果均不佳，浓度超过80%，杀菌力快速下降，其原因是高浓度的乙醇与菌体接触后迅速脱水，表面蛋白质凝固，形成了保护膜，阻止了乙醇分子进一步渗入。乙醇常常用于皮肤表面消毒，实验室用于玻棒、玻片等用具的消毒。醇类物质的杀菌力是随着分子量的增大而增强，但分子量大的醇类水溶性比乙醇差，因此，醇类中常常用乙醇作消毒剂。

③甲醛：甲醛是一种常用的杀细菌与杀真菌剂，杀菌机理是与蛋白质的氨基结合而使蛋白质变性致死。市售的福尔马林溶液就是37%~40%的甲醛水溶液。0.1%~0.2%的甲醛溶液可杀死细菌的繁殖体，5%的浓度可杀死细菌的芽胞。甲醛溶液可作为熏蒸消毒剂，对空气和物体表面有消毒效果，但不适宜于食品生产场所的消毒。

(3)氧化剂

氧化剂杀菌的效果与作用的时间和浓度成正比关系，杀菌的机理是氧化剂释放出游离氧作用于微生物蛋白质的活性基团(氨基、羟基和其他化学基团)，造成代谢障碍而死亡。

①臭氧(O_3)：三氧灭菌技术近年在纯净水生产中应用较广，灭菌的效果与浓度有一定的关系，但浓度大了使水产生异味。

②氯：氯具有较强的杀菌作用，其机理是使蛋白质变性。氯在水中能产生新生态的氧。氯气常常用于城市生活用水的消毒，饮料工业用于水处理工艺中杀菌。

③漂白粉[$Ca(OCl)_2$]：漂白粉中有效氯为28%~35%。当浓度为0.5%~1%时，5 min可杀死大多数细菌，5%的浓度时在1 h可杀死细菌芽胞。漂白粉常用于饮水消毒，也可用于蔬菜和水果的消毒。

④过氧乙酸(CH_3COOOH)：过氧乙酸是一种高效广谱杀菌剂，它能快速地杀死细菌、酵母、霉菌和病毒。据报道，0.001%的过氧乙酸水溶液能在10 min内杀死大肠杆菌，0.005%的过氧乙酸水溶液只需5 min，如杀金黄色葡萄球菌需要60 min，但提高浓度为0.01%只需2 min，0.5%浓度的过氧乙酸可在1 min内杀死枯草杆菌，0.04%浓度的过氧乙酸水溶液，在1 min内杀死99.99%的蜡状芽胞杆菌。能够杀死细菌繁殖体过氧乙酸的浓度，足以杀死霉菌和酵母菌；过氧乙酸对病毒效果也好，是高效、广谱和速效的杀菌剂，并且几乎无毒，使用后即使不去除，也无残余毒，其分解产物是醋酸、过氧化氢、水和氧。适用于一些食品包装材料(如超高温灭菌乳、饮料的利乐包等)的灭菌；也适于食品表面的消毒(如水果、蔬菜和鸡蛋)；食品加工厂工人的手、地面和墙壁的消毒以及各种塑料、玻璃制品和棉布的消毒。用于手消毒时，只能用低浓度0.5%以下的溶液，才不会使皮肤有刺激性和腐蚀性。

6.3.3　生物环境与微生物的关系

影响微生物生命活动的生物因素很多，在微生物之间，微生物与高等动植物之间也存在着相互影响的作用，如互生、寄生、共生和拮抗现象等。

1）寄生

寄生是指一种生物从另一种生物获得其所需的营养赖以为生，并对后者呈现有害作用。如病原菌寄生于动植物体中。

2）共生

两种或多种生物相处时，彼此不相互损害而互为有利者，称之为共生。如动物瘤胃微生物与动物机体的共生现象，固氮菌与豆科植物之间的共生关系。

3）互生

两种可单独生活的生物，当它们生活在一起时，通过各自的代谢活动彼此有利于对方，或对另一方有利的关系，称为互生。如纤维素分解菌与好氧性自身固氮菌生活在一起时，前者分解纤维素的产物有机酸为后者提供固氮时的营养，则后者向前者提供氮素营养物。

4）拮抗

拮抗指一种生物在生长过程中，能产生一种对他种生物呈现毒害作用的物质，从而抑制或杀死他种生物的现象。导致拮抗现象的物质基础是微生物代谢产物如：抗生素、细菌素等。此外还有杀灭细菌的噬菌体。

（1）抗生素

抗生素是由某些真、细、放线菌产生的能杀灭或抑制另一些微生物的物质。如链霉素、青霉素、多黏菌素，有些也能用化学方法合成。目前各种抗生素2 500余种。

（2）细菌素

细菌素是某些细菌产生的具有杀菌作用的蛋白质，例如大肠菌素，是大肠杆菌产生的，只能作用于同种不同株的细菌。细菌素分为3类：多肽细菌素，蛋白质细菌素，颗粒细菌素。

（3）噬菌体

噬菌体是寄生于真、细、放线菌的病毒，一般呈蝌蚪形，营专性寄生具“种”型特异性。

6.4 微生物的变异

遗传和变异微生物的最基本特征之一。生物离开遗传和变异就没有进化，在遗传性适宜的环境条件下时，子代与亲代性状相似的现象称为遗传。子代与亲代或子代之间性状不同的现状称为变异。微生物的变异可以自发的发生也可以人为的发生。对微生物遗传变异规律的深入研究，不仅促进了现代生物学的发展，而且还为微生物育种工作提供了丰富的理论基础。

6.4.1 常见的微生物的变异现象

1)菌落形态的变异

细菌的菌落特征分两种类型,即光滑型(S 型)和粗糙型(R 型)。S 型菌落湿润、表面光滑、边缘整齐;R 型菌落的边缘整齐、表面粗糙、干燥。在一定的条件下,细菌的菌落可以从光滑型转变成粗糙型,即 S 型→R 型。此时细菌的生化反应、抗原性、细菌的毒力也发生改变。较少出现 R 型→S 型的变异。

2)抗原变异

由于细菌的基因突变而引起其抗原结构发生改变的变异类型。当编码细菌抗原的基因发生突变时,细菌形成抗原结构(菌体抗原、鞭毛抗原、荚膜抗原等)的能力就丧失,引起细菌的抗原变异。如荚膜变异、鞭毛变异等。

3)毒力变异

病原微生物有增强或减弱毒力的变异,将病原微生物反复通过非易感动物时,可使其毒力减弱。将病原微生物连续感染通过易感动物,可使毒力增强。许多疫苗都是利用毒力减弱的菌株或毒株制造的预防用生物制品。

4)形态变异

细菌在不适宜的条件下生长时,可发生形态的改变。如慢性猪丹毒病猪心脏病变部的猪丹毒杆菌呈长丝状。在实验室保存菌种,如不定期通过易感动物接种和移植,形态也会发生变异。

6.4.2 微生物变异现象的应用

微生物的变异在传染病的诊断与防治方面具有重要意义。

1)传染病诊断

了解微生物的变异现象,在微生物学检查过程中可以做出准确的诊断。由于微生物在异常条件下可发生形态、结构、菌落特征的变异,在传染病的诊断中防止误诊。

2)传染病的防治

要获得毒力减弱、抗原性良好的菌株或毒株,制造预防传染病的疫苗,可以利用人工变异的方法。在传染病的流行中,防止变异株的出现,需要采取一定的预防措施。由于耐药菌株的不断出现和增加,治疗细菌病时,要有针对性,不能滥用药物,必要时先做药物敏感性试验。

本章小结

1.微生物在自然界分布极其广泛，有土壤、大气、水体以及动物体中的微生物。生长、繁殖和死亡是微生物最本质的属性之一，在科研与生产实践中对微生物群体生长规律的研究备受关注。微生物生长规律的曲线分为4个时期，即迟缓期、对数期、稳定期和衰亡期。影响微生物生长繁殖的外界因素主要有温度、氧气、pH。按微生物与氧的关系有专性好氧菌、兼性厌氧菌、微好氧菌、耐氧菌、专性厌氧菌5类。

2.在微生物学研究和应用领域中，必须要控制和杀灭有害微生物。控制措施主要有消毒、防腐和灭菌。最常用和最简单的消毒和灭菌方法是高温，种类很多，如干热灭菌法、高压蒸汽灭菌法、间隙灭菌法、巴士消毒法等。化学消毒剂、杀菌剂的种类很多，如重金属盐类、有机化合物、氧化剂等应用广泛，对医疗、保健和日常生活密切相关。微生物间和微生物与其他生物间的关系十分复杂，有共生、互生、寄生、拮抗。各种抗生素与人类关系非常密切。

3.遗传和变异微生物的最基本特征之一。常见的微生物的变异现象，如菌落形态的变异、抗原变异、毒力变异、形态变异等。微生物变异现象的应用有传染病诊断和传染病的防治。

思考题

1.什么是细菌的生长曲线？描述各个时期的特点。

2.细菌形成稳定期的原因。

3.温度对微生物有何影响？

4.高温消毒和灭菌有哪些方法？

5.解释消毒、灭菌、防腐、无菌。

6.常用的消毒剂种类和使用方法。

7.常见的微生物变异现象有哪些？

8.微生物之间及微生物与生物之间的关系有哪些？

第7章 传染与免疫

【学习目标】

通过本章节学习使学生了解传染、传染病的概念及传染发生的条件，传染导致的3种结果；掌握非特异性免疫构成因素及在疾病预防中的作用；熟悉影响非特异性免疫的因素；了解吞噬细胞和补体的作用途径及结果。掌握主要的免疫器官；熟悉免疫细胞的种类及在细胞免疫中的作用；了解免疫分子及在体液免疫中的作用；掌握抗原和抗体的概念、免疫应答的基本过程、免疫应答的一般规律、构成抗原的条件、抗体产生的一般规律及影响因素；熟悉抗体的基本结构、特性及在体液免疫中的作用；熟悉凝集反应和沉淀反应的原理及分类；掌握变态反应的基本类型及各型反应的特点；了解免疫标记技术的原理；熟悉酶标记抗体技术等。

7.1 传 染

7.1.1 传染与传染病

传染（Infection）指病原微生物侵入机体后，克服机体的防御机能，在一定部位生长繁殖，并引起不同程度的病理过程。当动物机体免疫力强，能够阻止侵入病原微生物的生长繁殖，或将其全部消灭，则不发生传染，称为不易感性。反之，如果动物机体的抵抗力弱，病原微生物可在体内繁殖，造成危害，引起传染。

感染是指病原微生物在宿主体内持续存在或增殖。细菌或其他微生物侵入机体后，由于受到机体各种防御机能的作用，往往被消灭。但在某些情况下，它们可以克服机体的防御机能，在动物体内生长繁殖和传播。

病原微生物（Pathogenic Microorganism）是指能够引起人体或动物体发生传染病的微生物，它包括的范围很广，有细菌、放线菌、立克次氏体、病毒和支原体、衣原体、螺旋体及真菌等。也有些病原微生物如某些细菌，在一般情况下不致病但在某些条件改变的特殊情况下可以致病，称为条件致病菌(Opportunistic Bacteria)。

病原微生物侵入机体后，由于受其本身因素如侵入数量、途径及致病性(Pathogenicity)和机体的抵抗力即免疫力(Immunity)的影响，若表现为临床症状称为传染病(Infectious Disease)，若不表现为临床症状则称为隐性传染(Inapparent Infection)(如果宿主的免疫力很强，而病原菌的毒力相对较弱，数量又较少，传染后只引起宿主的轻微损害，且很快就将病原体彻底消灭，因而基本上不出现临床症状的)或带菌状态(Carrier state)(如果病原菌与宿主双方都有一定的优势，但病原体仅被限制在某一局部且无法大量繁殖，两者长期处于相持的状态)。

由于病原微生物和机体都具生命力，当病原微生物侵入机体后，双方作用的结果决定了传染病的发生与否。同时，传染病的发生与环境有密切关系。

7.1.2 传染病发生的必要条件

传染是病原微生物的损伤作用与机体的抗损伤作用相互作用和相互斗争的生物学过程。传染过程能否发生，病原微生物的存在是首要条件，此外动物体的抵抗力及外界环境条件也有直接影响。

1)病原微生物方面

(1)足够的毒力

根据病原微生物的毒力的强弱，可将病原微生物分为强毒株、中等毒力的毒株、弱毒株和无毒株4种。病原微生物必须具有足够的毒力才能引起传染。如自然界中的一些弱毒株以及通过人工减毒的弱毒株都不能引起感染。

(2)一定的数量

微生物的数量也是引起传染的必要条件，数量过少，则还来不及繁殖到足以使机体发病的数量，就会被机体的防御机能所消灭。此外，微生物的数量也会影响到传染的潜伏期。对同一宿主而言，微生物的数量越多，越容易引起传染。

(3)适当的侵入门户或途径

适当的侵入门户或途径，是传染发生所必不可少的。一定的病原微生物，有其一定的侵入门户，如破伤风梭菌只有经深部厌氧创口感染才能引起传染，而狂犬病病毒常通过咬伤或受伤的皮肤黏膜而引起传染。但有些病原微生物也有多种适宜的侵入门户，如口蹄疫病毒既可通过接触传播，又可通过消化道和呼吸道侵入机体而引起传染。

2)宿主机体方面

(1)动物的种类

动物的种类不同，对病原微生物的感受性也不同，因此同一病原微生物能引起一种动物发病，但对另一种动物却不具有致病性。

(2)动物的年龄、性别和体质

对大部分病原微生物而言，幼龄动物的感受性要比成年动物的高，但布氏杆菌病仅发于性成熟以后的动物。不同的性别,对病原微生物的感受性也有差别,如副结核病,母牛的发病率高于公牛。体质也会影响动物对病原微生物的感受性,一般情况下,体质较差的动物感受性较大且症状较重,但仔猪水肿病却多发于体格健壮者。

(3)动物的抗感染能力

动物的抗感染能力越强,对病原微生物的感受性就越小。动物的抗感染能力受遗传因素、环境因素和特异性免疫状态等因素的影响。

3)外界环境条件

传染的发生与发展直接或间接地受外界环境条件的影响。外界条件一方面影响病原微生物的生命力、毒力以及接触或侵入动物体的可能性程度,同时对动物机体抵抗力也发生影响。

影响传染发生的外界条件有气候、季节、地理环境、温度、湿度及饲料、管理、兽医卫生措施等。气候、季节等自然因素可影响传染的流行,如乙型脑炎、马传染性贫血病均由媒介昆虫传播,所以多发生在昆虫活跃的夏秋季节。

7.1.3 传染的3种可能结果

病原菌侵入其宿主后,按病原菌、宿主与环境的对比或影响的大小决定传染的结局。结局不外乎有下列3种。

1)隐性传染

如果宿主的免疫力很强,而病原菌的毒力较弱,数量又较少,传染后只引起宿主的轻微损害,且很快就将病原体彻底消灭,因而基本上不出现临床症状者,称为隐性传染(Inapparent Infection)。

2)带菌状态

如果病原菌与宿主双方都有一定的优势,但病原体仅被限制于某一局部且无法大量繁殖,两者长期处于相持的状态,就称带菌状态(Carrier State)。这种长期处于带菌状态的宿主,称为带菌者(Carrier)。在隐性传染或传染病痊愈后,宿主常会成为带菌者,如不注意,就成为该传染病的传染源,十分危险。这种情况在伤寒、白喉等传染病中时有发生。“伤寒玛丽”的历史必须引以为戒。“伤寒玛丽”真名Mary Mallon,是美国的一位女厨师,1906年,受雇于一名将军家做厨师,不到3星期就使全家包括保姆在内的11人中的6人患了伤寒,而当地却没有任何人患此病。经检验,她是一个健康的带菌者,在粪便中连续排出沙门氏菌。后经仔细研究,证实以往在美国有7个地区多达1 500个伤寒患者都是由她传染的。

3)显性传染

如果宿主的免疫力较低,或入侵病原菌的毒力较强、数量较多,病原菌很快在体内繁殖并产生大量有毒产物,使宿主的细胞和组织蒙受严重损害,生理功能异常,于是就出现了一系列临床症状,这就是显性传染(Apparent Infection)或传染病。根据发病时间的长短可把显性传染分为急性传染(Acute Infection)和慢性传染(Chronic Infection)两种。前者的病程仅数日至数周,如流行性脑膜炎和霍乱等;后者的病程往往长达数月至数年,如结核病和麻风病等。

按发病部位的不同,显性传染又被分为局部感染(Loal Infection)和全身感染(Systemic

Infection)两种。全身感染按其性质和严重性的不同,大体可分以下4种类型:

(1)毒血症

病原苗限制在局部病灶,只有其所产的毒素进入全身血流而引起的全身性症状,称为毒血症(Toxemia)。常见的有白喉、破伤风等症。

(2)菌血症

病原菌由局部的原发病灶侵入血流后传播至远处组织,但未在血流中繁殖的传染病,称为菌血症(Bacteremia)。例如伤寒症的早期,就出现菌血症期。

(3)败血症

病原菌侵入血流,并在其中大量繁殖,造成宿主严重损伤和全身性中毒症状者,称为败血症(Septicemia)。例如铜绿假单胞菌,旧称"绿脓杆菌"等引起的败血症等。

(4)脓毒血症

一些化脓性细菌在引起宿主的败血症的同时,又在其许多脏器(肺、肝、脑、肾、皮下组织等)中引起化脓性病灶者,称为脓毒血症(Pyemia)。例如金黄色葡萄球菌就可引起脓毒血症。

另外,根据病原微生物侵入动物体引起传染的先后次序等情况,又可分为以下3种:

①由一种病原微生物首先引起的传染称为原发传染。

②动物感染了一种病原微生物的基础上,由于动物机体抵抗机能降低,另一种病原微生物继而引起的传染称为继发传染。

③同一种动物由2种或2种以上的病原菌引起的多种传染称为混合传染。

7.2 非特异性免疫

构成动物机体非特异性免疫的因素很多,主要有生理性防御屏障、吞噬细胞的吞噬作用和体液的抗微生物作用,还包括炎症反应、抗体的不感受性等。

7.2.1 表皮及其屏障结构

1)防御屏障

防御屏障是生理状态下动物具有的正常组织结构,包括皮肤和黏膜等构成的外部屏障和多种重要器官中的内部屏障。它们包括对病原微生物的侵入起阻挡作用。

结构完整的皮肤和黏膜能阻挡绝大多数病原微生物的侵入。除此之外,汗腺分泌的乳酸、皮脂腺分泌的不饱和脂肪酸、泪液及唾液中的溶菌酶、胃酸等都有抑菌和杀菌作用。气管和支气管黏膜表面的纤毛层自上而下有节律地摆动,有利于异物的排出。皮肤和黏膜上的多种正常微生物群对病原微生物的侵入也有抑制作用。

2)内部屏障

(1)血脑屏障

血脑屏障主要由脑毛细血管壁、软脑膜和脑胶质细胞等组成,能阻止病原微生物和大分子毒性物质由血液进入脑组织及脑脊液，从而保护中枢神经系统不受损伤。幼小动物的血脑屏障发育尚未完善，容易发生中枢神经感染，如脑脊髓炎和脑炎。

(2)胎盘屏障

胎盘屏障是母胎界面的一种防卫机构，可以阻止母体内的多种病原微生物通过胎盘感染胎儿。不过，这种屏障是不完全的，如猪瘟病毒感染怀孕母猪后可经胎盘感染胎儿，妊娠母体感染布氏杆菌后往往引起胎盘发炎而导致胎儿感染。

动物体还有很多种内部屏障，能保护体内重要器官免受感染。如肺脏中的气血屏障，能防止病原体经肺泡壁进入血液；睾丸中的血睾屏障，能防止病原微生物进入曲精细管。

7.2.2　吞噬作用

从进化的角度看，吞噬作用是最原始的非特异性免疫反应。单细胞生物具有吞噬并消化异物的功能，而哺乳动物和禽类吞噬细胞的功能更加完善。病原微生物及其他异物突破防御屏障进入机体后，将会遭到吞噬细胞的吞噬和围歼。

1)吞噬细胞

吞噬细胞是吞噬作用的基础。动物体内的吞噬细胞主要两大类。一类以血液中的嗜中性粒细胞为代表，具有高度移行性和非特异性吞噬功能，个体较小，属于小吞噬细胞。它们在血液中只存活 12~48 h，在组织中存活 4~5 d，能吞噬并破坏异物，还能吸引其他吞噬细胞向异物移行，增强吞噬效果。另一类吞噬细胞体形较大，为大吞噬细胞，能黏附于玻璃和塑料表面，故又称黏附细胞。它们属于单核吞噬细胞系统，包括血液中的单核细胞以及由单核细胞移行于各组织器官而形成的多种巨噬细胞。如肺脏中的尘细胞、肺脏中的枯否氏细胞、皮肤和结缔组织中的组织细胞、骨组织中的破骨细胞、神经组织中的小胶质细胞等。它们寿命长达数月或数年，不仅能分泌免疫活性分子，而且具有强大的吞噬能力。

2)吞噬的过程

吞噬细胞与病原菌或其他异物接触后，能伸出伪足将其包围，并吞入细胞质内形成吞噬体。接着，吞噬体逐渐向溶酶体靠近，并相互融合成吞噬溶酶体，其中的溶酶体酶扩散后，就能消化和破坏异物(图 7.1)。

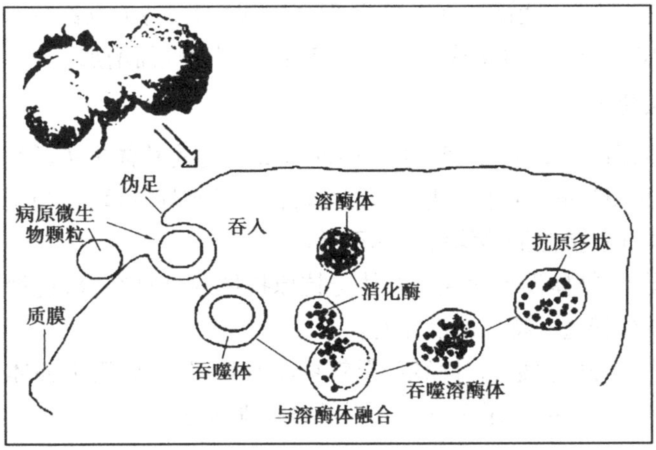

图 7.1　巨噬细胞对吞噬的细菌进行处理的示意图

3)吞噬的结果

吞噬与机体的抵抗力、病原菌的种类和致病力有关,一般有两种不同的结果。

(1)完全吞噬

动物整体抵抗力和吞噬细胞的功能较强,病原微生物在吞噬溶酶体中被杀灭、消化后连同溶酶体内容物一起以残渣的形式排出细胞外。

(2)不完全吞噬

某些细胞内寄生的细菌如结核杆菌、布氏杆菌及某些病毒等,虽然被吞噬却不能被吞噬细胞破坏而排出,成为不完全吞噬。不完全吞噬可使吞噬细胞内的病原微生物逃避体内杀菌物质的杀灭作用,甚至在吞噬细胞内生长、繁殖,或者随吞噬细胞的游走而扩散,引起更大范围的感染。此为,吞噬细胞在吞噬过程中可向细胞外释放溶酶体酶,因而过度的吞噬可能损伤周围健康组织。

7.2.3 炎症反应

炎症是临床常见的一个病理过程,可以生于机体各部位的组织和各器官。病原体一旦突破机体屏障而侵入体内,机体中各种吞噬细胞及体液因素则趋向病原入侵部位,围歼病原,往往在病原体侵入部位出现炎症反应。在炎症区内积聚大量体液防御因素,细胞死亡崩解后释放的抗感染物质(溶菌酶),以及炎症部位的糖原酵解作用增强所产生的有机酸,都可有效地杀灭病原微生物。在炎症过程中还能抑制病原体向外扩散,局限于炎症部位。但是,炎症是一把双刃剑。炎症反应中的某些有利因素,在一定条件下,可以向着相反方向转化成为对机体有害的因素。

7.2.4 抗菌物质

1)补体系统

补体(C)是动物血清及组织液中一组具有酶活性的球蛋白。它们包括9大类(C1~C9)近20种球蛋白,故称为补体系统。它们广泛存在于哺乳类、鸟类及部分水生动物体内,占血浆球蛋白总量的10%~15%,含量保持相对稳定,且不因免疫而增加。

(1)补体的生物学特性

补体极不耐热,61 ℃ 2 min或56 ℃ 15~30 min均能使补体失去活性。因而,血清及血清制品必须经56 ℃ 30 min加热处理,成为灭活,目的是破坏补体,以免引起溶血。此外,紫外线、机械振荡、酸、碱、蛋白酶等均可使其灭活。

正常生理情况下,补体没有活性。补体与抗原抗体复合物结合,这种结合没有特异性,补体结合试验就是根据这一特性而设计的。

虽然不同动物的补体含量相对稳定,但就目前所知,豚鼠血清中补体成分最全,活性最强,溶血作用也相当明显,故常用3只以上豚鼠的血清制备补体。

(2)补体的功能

补体系统具有溶菌、溶细胞、增强吞噬、抗病毒、促进炎症反应、引起过敏反应等功能。

①溶细胞作用:细胞性抗原与抗体结后,能激活补体系统,使细胞表面出现穿孔或使细胞膜磷脂层破坏,起到溶细胞或杀菌作用。动物的红细胞、血小板、淋巴细胞等组织细胞、革兰氏阴性细菌、有囊膜病毒等都能被补体破坏,而革兰氏阳性细菌、酵母、霉菌、癌细胞等对补体不敏感。动物缺乏补体时易发生细菌感染。

②抗病毒作用:补体能增强抗体对病毒的中和作用,阻止病毒吸附和穿入易感细胞,促进吞噬细胞对病毒-抗体复合物的吞噬。

③调理作用:补体可以作为"桥梁",把抗原抗体复合物与吞噬细胞、红细胞或血小板等结合起来,增强机体的吞噬作用及免疫反应。

④炎症介质反应:补体能吸引嗜中性粒细胞和单核巨噬细胞到达炎症区域,并使微血管扩张、通透性增强,使局部炎症反应加剧。补体还能刺激嗜碱性粒细胞和肥大细胞释放组胺等血管活性物质,在Ⅱ型和Ⅲ型过敏反应中扩大炎症反应。

2)溶菌酶

溶菌酶是一种不耐热的碱性蛋白质,广泛存在于血清、唾液、泪液、乳汁、胃肠和呼吸道分泌液及吞噬细胞的溶酶体颗粒中。溶菌酶能分解革兰氏阳性细菌细胞壁中的肽聚糖,导致细菌崩解。若有抗体和补体存在,使革兰氏阴性细菌的脂多糖和脂蛋白受到破坏,则溶菌酶还能破坏革兰氏阴性细菌的细胞。

7.2.5　机体组织的不感受性

机体组织的不感受性是指某种动物或动物的某种组织对该种病原微生物或其毒素没有反应。例如,龟于皮下注射大量破伤风毒素而不发病,但几个月后取其血液注入小鼠体内,却使小鼠死于破伤风。

7.3　特异性免疫

特异性免疫是动物出生后接受抗原刺激而获得的免疫,故又称获得性免疫。动物无论是通过天然方式还是人工方式接触抗原,都可以获得特异性免疫力。特异性免疫有较强的针对性,并且随同种抗原接触次数的增多而增强。

特异性免疫的实现,依赖于免疫器官和免疫细胞、抗原、效应细胞及效应分子。

免疫器官和免疫细胞是机体执行免疫功能的结构基础,也是免疫反应中免疫细胞及效应分子的来源。

免疫系统是动物机体执行免疫功能的组织机构,是产生免疫应答的物质基础。免疫系统由免疫器官、免疫细胞和免疫分子组成(图7.2)。

- 免疫系统
  - 免疫器官
    - 中枢免疫器官
      - 骨髓
      - 胸腺
      - 腔上囊
    - 外周免疫器官
      - 脾脏
      - 淋巴结、扁桃体等
  - 免疫细胞
    - 免疫活性细胞
      - T淋巴细胞
      - B淋巴细胞
    - 免疫辅佐细胞
      - NK和K细胞
      - 单核-吞噬细胞
      - 树突状细胞
      - 粒细胞
      - 肥大细胞
  - 免疫分子
    - 抗体
    - 淋巴因子
    - 补体等其他免疫分子

图 7.2 动物免疫系统组成

7.3.1 免疫器官

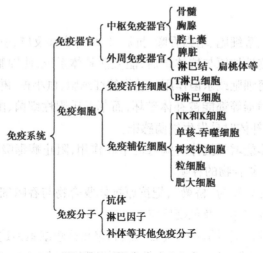

免疫器官包括中枢免疫器官和外周免疫器官。中枢免疫器官在动物出生后继续发育，至性成熟期体积最大，功能也最旺盛，以后逐渐萎缩，而外周免疫器官终生存在。

1)中枢免疫器官

中枢免疫器官又称为初级免疫器官或一级免疫器官，是免疫细胞发生、分化和成熟的场所。包括骨髓、胸腺和腔上囊(图 7.3)。

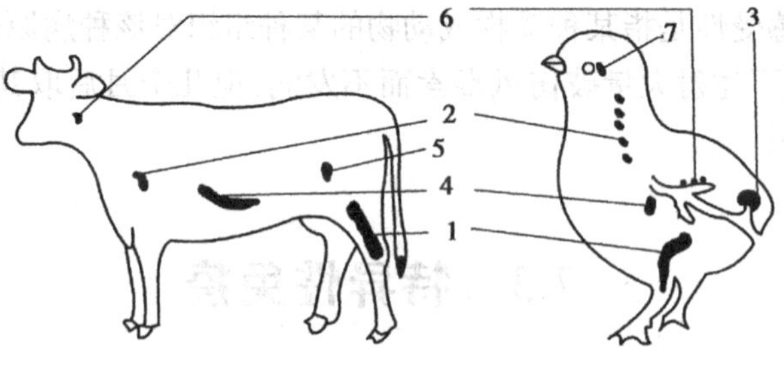

图 7.3 畜禽的免疫器官示意图

1—骨髓；2—胸腺；3—腔上囊；4—脾脏；
5—淋巴结；6—扁桃体；7—哈德氏腺

(1)骨髓

骨髓是机体重要的造血器官和免疫器官。骨髓中的多能干细胞首先分化成髓样干细胞和淋巴样干细胞。一部分淋巴样干细胞分化为 T 细胞的前体细胞，随血流进入胸腺后，被诱导分化为成熟的 T 细胞，又称为胸腺依赖性淋巴细胞，参与细胞免疫。另一部分淋巴样干细胞分化为 B 细胞的前体细胞。在鸟类，这些前体细胞随血流进入法氏囊发育为成熟的 B 细胞，又称囊依赖性淋巴细胞，参与体液免疫。在哺乳动物，这些前体细胞则在骨髓内进一步分化发育为成熟的 B 细胞(图 7.4)。K 细胞和 NK 细胞也来源于骨髓。

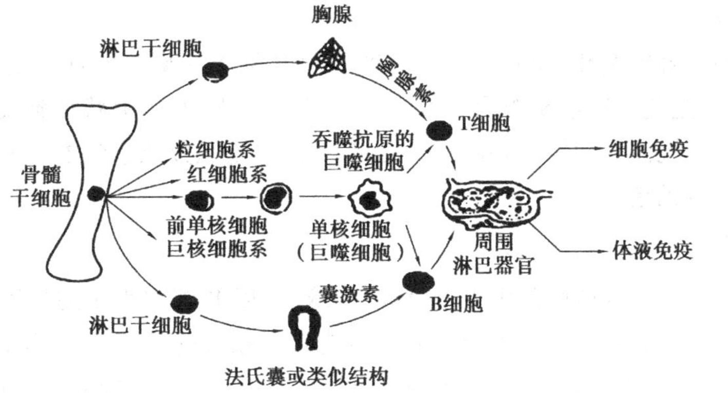

图 7.4　T 细胞和 B 细胞的来源、演化和迁移

(2)胸腺

哺乳动物的胸腺位于胸腔纵隔内,鸟类的胸腺位于两侧颈沟中,能产生胸腺素,是 T 淋巴细胞分化成熟的场所。胸腺是胚胎期发生最早的淋巴组织,出生后逐渐长大,青春期后开始缩小,以后缓慢退化,逐渐被脂肪组织代替,但仍残留一定的功能。来自骨髓的无活性的淋巴系干细胞在胸腺素的作用下增殖分化,形成具有免疫活性的胸腺依赖淋巴细胞(T 淋巴细胞),简称 T 细胞(图 7.4)。牛 4~5 岁,猪、马 2 岁半,狗 2 岁,羊 1~2 岁,鸡 4~5 个月胸腺开始生理性退化。但这时成熟 T 淋巴细胞已在外周免疫器官定居、增殖,并且能对异物的刺激表现正常的免疫应答。

(3)腔上囊

腔上囊是禽类特有的淋巴器官,位于泄殖腔背侧上方(图 7.3),又称法氏囊,能产生囊激素,是 B 细胞成熟的场所。来自骨髓的淋巴系干细胞在囊激素作用下,分化、成熟形成具有免疫活性的淋巴细胞(B 淋巴细胞),简称 B 细胞(图 7.4)。B 细胞随淋巴液和血液迁移到外周免疫器官,参与机体的免疫应答。鸡和火鸡的腔上囊为球形,囊内有 12~14 个纵行皱褶,鸭和鹅的腔上囊为柱状,仅有 2 条皱褶。鸡 4~5 月龄时最大,达 3 cm×2 cm,10 月龄左右消失。鸭、鹅的 7 月龄前后开始退化,鸭 12 个月消失,鹅的消失更晚。

2)外周免疫器官

外周免疫器官又称为周围免疫器官,包括脾脏、淋巴结、扁桃体以及消化道、呼吸道及泌尿生殖道的淋巴组织(图 7.3),是淋巴细胞定居、增殖、接受抗原刺激并进行免疫应答的场所。

(1)脾脏

脾脏具有造血、贮血和免疫功能,是动物体内最大的免疫器官。它在胚胎时期能生成红细胞,出生后能贮存血液。脾脏中定居着大量的 T 细胞和 B 细胞,B 细胞略多于 T 细胞,因而是产生抗体的主要阵地。另外,脾脏含丰富的网状细胞、巨噬细胞及其他血细胞,能滤过并吞噬血流中死亡细胞的碎片和外源性异物。

(2)淋巴结

淋巴结分布于淋巴循环的路径上,是T细胞和B细胞聚集的器官,T细胞占多数,B细胞较少,因而对细胞免疫有重要作用。另外,还存在巨噬细胞、树突状细胞及其他血细胞,具有滤过、吞噬、产生抗体等功能。鸡没有淋巴结,其淋巴组织分散于各器官壁内;水禽只有颈胸和腰部的两对淋巴结。

(3)哈德氏腺

哈德氏腺位于禽类眼球后部中央,又称副泪腺,是以B细胞为主的外周免疫器官,接受抗原刺激后能独立的分泌抗体。疫苗点眼后首先接触家禽的哈德氏腺,所产生的抗体汇集于泪液,并沿鼻泪管进入呼吸道,参与上呼吸道局部免疫。哈德氏腺对弱毒疫苗发生强烈的免疫应答,并且不受母源抗体的干扰,对雏鸡早期免疫有重要意义。

(4)黏膜免疫系统

黏膜免疫系统包括肠黏膜、气管黏膜、肠系膜淋巴结、阑尾、腮腺、泪腺和乳腺管黏膜等的淋巴组织,共同组成一个黏膜免疫应答网络,故称为黏膜免疫系统。据研究,这一系统中分布的淋巴细胞总量比脾脏和淋巴结中分布的还要多,疫苗抗原到达黏膜淋巴组织,引起免疫应答,大量产生分泌IgA抗体,分泌在黏膜表面,形成第一道特异性免疫保护防线,尤其对经呼吸道、消化道感染的病原微生物,黏膜免疫作用至关重要。

(5)扁桃体及散布淋巴组织

动物的扁桃体有咽扁桃体、食道扁桃体、盲肠扁桃体等,容易遭受异物和微生物的侵害。另外,腔性器官的壁内及全身各组织广泛分布着淋巴组织和淋巴细胞,它们是外周免疫器官的补充力量,处于免疫反应的前沿阵地。

7.3.2 免疫细胞及其在细胞免疫中的作用

细胞免疫应答是指T细胞在抗原刺激下活化、增殖、分化,并产生淋巴因子而发挥的特异性免疫应答。T_C细胞和淋巴因子是构成细胞免疫的基础。

细胞免疫应答也要经过抗原识别,但T细胞一般只能结合肽类抗原,其他异物和细胞性抗原必须经过抗原递呈细胞的吞噬、消化,变成抗原片段结合在抗原递呈细胞表面,然后T细胞才与抗原递呈细胞表面的抗原片段结合,从而完成对抗原的识别。T细胞经过活化、增殖,分化出少量T_M细胞和大量的效应细胞,同时产生多种淋巴因子,共同清除抗原,实现细胞免疫。

凡是参与免疫应答的细胞群统称为免疫细胞。它们各司其职,相互配合,共同发挥清除异物的作用。在免疫应答中其主要作用的细胞是由淋巴系干细胞分化而来的各种淋巴细胞,包括T细胞、B细胞、K细胞和NK细胞;起协调作用的细胞是单核-吞噬细胞和粒细胞。

T细胞和B细胞在光学显微镜下形态、大小酷似。在电子显微镜下,T细胞表面的微绒毛直而稀少;B细胞的微绒毛细而密集,整个细胞呈毛球状。这两种细胞在同一器官内的比例不同(表7.1),并且有不同的表面受体、亚群及功能。

表7.1　免疫器官及血液中T细胞和B细胞的比例(%)

细胞种类	骨　髓	胸　腺	血　液	脾　脏	淋巴结	哈德氏腺
B细胞	绝大多数	<1	20~30	60~70	15~25	80
T细胞	较少	99	70~80	30~40	75~85	20

注:只考虑T细胞和B细胞,不包括其他细胞。

1)T细胞

(1)主要表面受体

T细胞表面具有绵羊红细胞受体。在一定条件下,T细胞与绵羊红细胞结合,可形成玫瑰花样的细胞团块,称E玫瑰花环(图7.5)。常用E玫瑰花环试验检测动物T淋巴细胞的比例和活性,借以衡量机体的细胞免疫功能。T细胞表面还有T细胞抗原识别受体,简称T细胞受体(TCR),能特异性识别抗原,并与抗原结合,产生免疫应答。

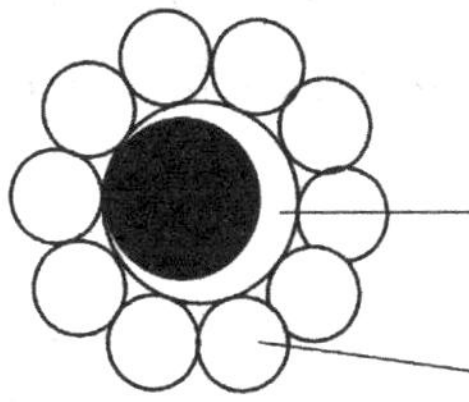

图7.5　玫瑰花环
1—T细胞;2—绵羊红细胞

(2)T细胞亚群

T细胞受到抗原刺激后可以分化、发育成多个细胞亚群。

①细胞毒性T细胞(T_C细胞):又称杀伤性T细胞(T_K细胞),其杀伤作用不需要抗体的参与。T_C细胞是主要的效应T细胞,它不仅能产生淋巴因子,而且能特异性杀伤靶细胞,是T细胞中杀伤作用最强的亚群。当T_C细胞完成杀伤作用后即可离开靶细胞,并与另一个靶细胞结合,继续发挥细胞毒性作用。

②辅助性T细胞(T_H细胞):它能帮助T细胞B细胞识别抗原,能促进B细胞分化,能提高T_C细胞的杀伤活性,并且与抑制性T细胞共同调节机体的免疫水平。

③抑制性T细胞(T_S细胞):其功能是通过抑制辅助性T细胞而抑制T细胞和B细胞的免疫功能。因此,它同T_H细胞的相对比例($T_H:T_S$)调节着整个机体的免疫水平。如人的$T_H:T_S$为1.6~2时,T细胞数达1 200/mm^3,免疫水平正常;而艾滋病患者的$T_H:T_S$在0.5以下,T细胞数降到400/mm^{3}以下,因而免疫功能极度削弱。

④记忆T细胞(T_M细胞):寿命较长,具有记忆功能。它接受同种抗原刺激后,能迅速分化出大量的T_C细胞,使机体快速产生强大的特异性免疫力。因此,机体在抗原刺激下产生T_C细胞的效应也存在初次应答和再次应答。

T细胞在抗原刺激下活化、增殖、分化,并产生淋巴因子而发挥的特异性免疫应答称为细胞免疫应答。T_C细胞和淋巴因子是构成细胞免疫的基础。

2)B细胞

B细胞表面具有抗原受体,能和抗原特异性结合,并且具有抗原提呈作用。

在免疫细胞分化过程中,由前B细胞分化而来的B细胞有多种,同一种B细胞表面的抗原受体相同,可以和结构相同的抗原结合,但种类不同的B细胞表面的抗原受体互不相同。动物出生后不久,体内就已经形成了种类不同的B细胞,可以结合多种不同的抗原。据测定,一只成熟小鼠的脾脏约含有2×10^{8}个B细胞,至少可以和10^{7}种结构不同的抗原结合而发生免疫反应。

B 细胞受抗原刺激后能分化发育为浆细胞和记忆 B 细胞。浆细胞产生抗体后逐渐死亡,而记忆 B 细胞寿命较长,在同种抗原再次刺激下能迅速分化出众多的浆细胞,产生大量抗体而发挥强有力的免疫作用。

3) K 细胞

K 细胞又称杀伤细胞。它不能单独杀伤异物细胞,而只能杀伤与特异性抗体(IgG)结合的靶细胞。K 细胞与抗体结合后才被激活,从而释放细胞毒性物质,破坏靶细胞(图 7.6)。这种杀伤作用也称为抗体依赖细胞介导的细胞毒性作用,简称 ADCC 作用。K 细胞能杀伤肿瘤细胞、被微生物或寄生虫感染的细胞等。

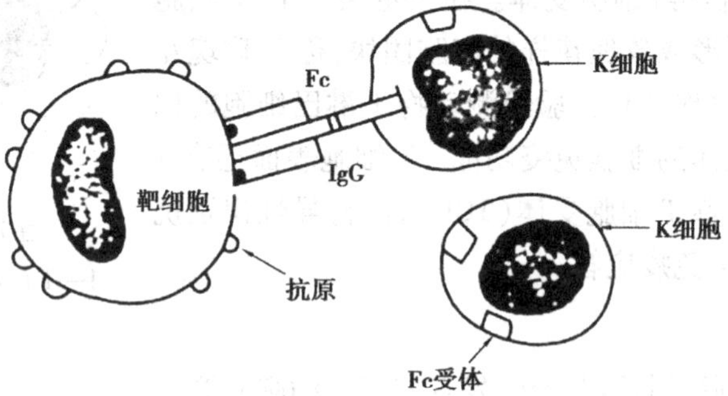

图 7.6　K 细胞破坏靶细胞示意图

4) NK 细胞

NK 细胞不需要与特异性抗体结合,就能非特异性地杀伤肿瘤细胞和病毒感染的靶细胞,在特异性抗体产生以前,就能发挥抗传染和抗肿瘤作用,故称自然杀伤细胞。

NK 细胞还能与结合了靶细胞的抗体结合,破坏实质性组织中的靶细胞,因此也能发挥 ADCC 作用。

NK 细胞在白细胞介素-2 作用下还能转化成 LAK 细胞,即淋巴因子活化的杀伤细胞。它能非特异性地杀伤多种肿瘤细胞。

7.3.3　细胞免疫的抗感染作用

1) 抗细胞内细菌感染

细胞内寄生菌,如结核杆菌、布氏杆菌的清除主要靠细胞免疫;对细胞外细菌感染,机体主要依靠体液免疫。未免疫动物的巨噬细胞吞噬细胞内寄生菌后,不仅不能破坏病原菌,反而本身会崩解,但是,如果这些病原菌使 T 细胞活化而释放特异性巨噬细胞武装因子,使巨噬细胞转化为武装的巨噬细胞,并聚集于炎症区,就能有效吞噬并破坏细胞内寄生菌,使感染终止(图 7.7)。

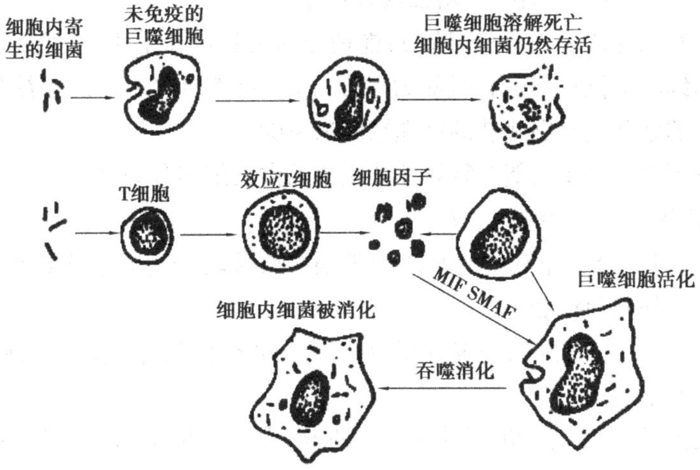

图 7.7　细胞免疫对细胞内细菌的作用

2)抗病毒感染

细胞免疫在抗病毒感染中起重要作用。细胞毒性 T 细胞(T_C)能特异性杀灭病毒或裂解感染病毒的细胞。效应 T 细胞(T_E)释放淋巴因子,或破坏病毒,或增强吞噬作用,其中的干扰素还能抑制病毒的增殖等。此外,细胞免疫也是抗真菌感染的主要力量。

7.3.4　免疫分子及其在体液免疫中的作用

体液免疫应答是指 B 细胞在抗原刺激下转化为浆细胞,并产生抗体而发挥的特异性免疫应答。

1 个 B 细胞含有 $10^4 \sim 10^5$个抗原受体,可以和大量的抗原分子相结合。

在体液免疫应答中,T_I抗原能直接与 B 细胞表面的抗原受体结合,而 T_D抗原必须经过巨噬细胞等抗原提呈细胞的吞噬和处理才能与 B 细胞结合。抗原提呈细胞将 T_D抗原吞噬、降解,然后把含有抗原决定簇的片段排到细胞外。这些片段首先与 T_H 细胞结合,然后才通过受体与 B 细胞结合。B 细胞能识别多种抗原片段,如肽类、核酸、脂类和小分子化学物质等。

1)细胞因子

细胞因子是指主要由激活的淋巴细胞所产生的除抗体以外的免疫效应分子。它们都属于糖蛋白,包括淋巴因子和白细胞介素两类。

(1)淋巴因子

淋巴因子是一类在免疫应答和炎症反应中起重要作用的物质。目前发现的淋巴因子有20 多种,分别作用于巨噬细胞、淋巴细胞、粒细胞、血管壁等,有的还直接作用于靶细胞或病毒。

①巨噬细胞趋化因子(MCF):能吸引巨噬细胞、中性粒细胞等向抗原部位移动。

②移动抑制因子(MIF):能抑制进入炎症区域的巨噬细胞和嗜中性粒细胞的移动,使其

停留在异物或病原体所在的部位，并增强其吞噬作用。

③特异性巨噬细胞武装因子(SMAF)：能使正常的巨噬细胞激活而变成武装的巨噬细胞。武装的巨噬细胞不仅对细菌吞噬能力增强，而且能特异性地杀伤已吞噬了细菌的靶细胞。细胞内寄生的细菌主要靠武装的巨噬细胞来清除。

④促有丝分裂因子(MF)：能非特异地使正常的淋巴细胞分裂、增殖，并转化为淋巴母细胞，产生多种淋巴因子，扩大免疫效应。

⑤转移因子(TF)：能使未受抗原刺激的T细胞直接转变为效应T细胞，从而使同种动物迅速产生特异性细胞免疫能力。

⑥淋巴毒素(LT)：能直接杀伤带有相应抗原的肿瘤细胞或移植的异体组织细胞，并能抑制靶细胞的分裂增殖。

⑦肿瘤坏死因子(TNF)：能破坏肿瘤等靶细胞，诱导产生白细胞介素，促进吞噬作用，调节炎症反应等。

⑧穿孔素：由细胞毒性T细胞产生，在Ca^{2+}的情况下吸附在靶细胞上，导致靶细胞壁形成微孔而裂解。

⑨干扰素(IFN)：能阻止病毒的增殖；提高T细胞、B细胞、巨噬细胞和NK细胞的活性，促进机体的抗肿瘤和抗病毒免疫。

⑩皮肤反应因子(SRF)：又称炎性因子，能增强皮肤微血管的通透性，促进血细胞及液体向血管外渗出，引起皮肤发红、肿胀。

(2)白细胞介素(IL)

白细胞介素是一类在白细胞之间发挥调节作用的糖蛋白分子，目前发现的已有18种，分别用IL-1,IL-2,…,IL-18等表示。它们主要由B细胞、T细胞和单核吞噬细胞产生，NK细胞、骨髓网状细胞等也能产生。它们有的能增强细胞免疫功能，有的主要促进体液免疫，有的对细胞免疫和体液免疫都有促进作用，有的还能促进骨髓造血干细胞的增殖和分化。目前，IL-2,IL-3和IL-12已经开始用于治疗肿瘤和造血功能低下症。

T_D抗原在诱导B细胞活化增殖过程中，还形成少量的记忆B细胞。当机体遇到同种抗原再次刺激时，记忆B细胞能迅速分裂，形成众多的浆细胞，表现快速免疫应答。T_I抗原不能诱导B细胞产生免疫记忆功能。

2)抗体

机体受抗原刺激后产生的，能与相应抗原特异性结合的免疫球蛋白(Ig)称为抗体。它主要由脾脏、淋巴结、呼吸道和消化道组织中的浆细胞分泌而来，因而广泛存在于体液，包括血液及多种分泌液之中。

(1)免疫球蛋白的基本结构

免疫球蛋白是由4条肽链构成的对称分子，其中，两条长链称为重链(H链)，两条短链称为轻链(L链)，各链间通过二硫键相连(图7.8)。

①Ig分子的可变区(V区)：位于肽链的氨基端，是Ig分子与抗原特异性结合的部位，其氨基酸排列顺序和构型变化多端，能充分适应抗原决定簇的多样性。一个单体Ig分子中有两个可变区，可以结合两个相同的抗原决定簇。

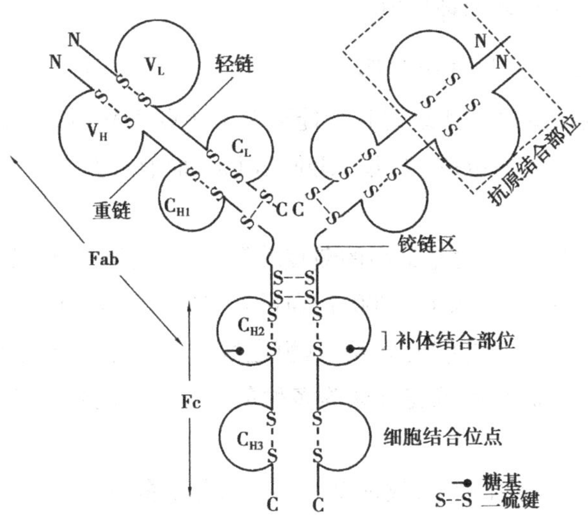

图 7.8　单体 IgG 分子结构示意图

②Ig 分子的恒定区(C 区):位于羧基端,其氨基排列顺序和空间构型相对稳定,只在各类 Ig 分子间有微小差异。恒定区最末端有细胞结合点,是免疫球蛋白与细胞结合的部位,能使 Ig 分子吸附于细胞表面,从而发挥一系列生物学效应,如激发 K 细胞对靶细胞的杀伤作用,刺激肥大细胞和嗜碱性粒细胞释放活性物质等。在细胞结合点附近还有一个补体结合点,是抗体和补体结合的部位(图 7.9)。

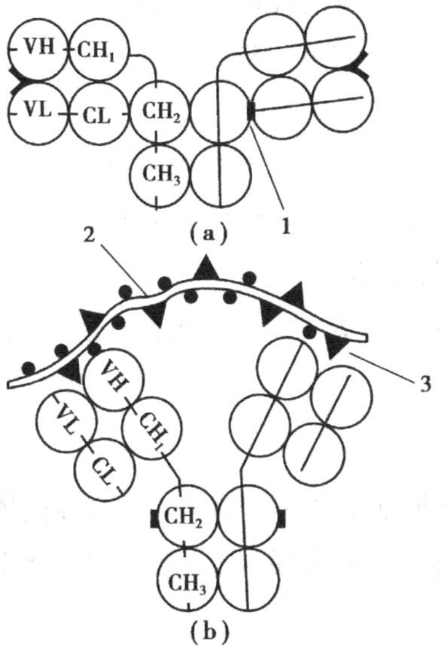

图 7.9　抗体结合补体前后的构型变化

(a)抗体结合补体前;(b)抗体结合补体后

1—补体结合点;2—抗原;3—抗原决定簇

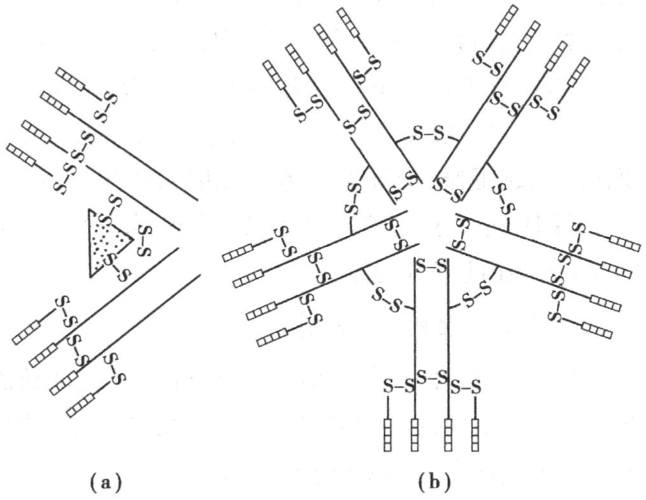

图 7.10　多具体免疫球蛋白示意图

(a)分泌型 IgA(二聚体);(b)IgM(五聚体)

重链的中间有一段铰链区,它能使 Ig 分子张合自如,便于两个可变区与不同距离的抗原决定簇结合。结合抗原前,Ig 分子呈"T"形结构,补体结合点被覆盖。结合抗原后,则 Ig 分子变为"Y"形结构,使恒定区的补体结合点暴露出来(图 7.10)。这种抗体一旦遇到补体,就很快与之结合，使补体发挥多种作用。

（2）各类免疫球蛋白的特性与功能

目前发现的免疫球蛋白按其结构和功能可分为 IgG、IgM、IgA、IgE 和 IgD 5 类。其中有的由单体 Ig 分子（图 7.8）组成，如 IgG、IgE 和 IgD，而有的是数个 Ig 分子的多聚体（图 7.10）。

①IgG：是人和动物血清中含量最高的免疫球蛋白，占血清 Ig 总量的 75%～80%。半衰期最长，约 23 d。分子量最小，为 180 000，能通过人和兔的胎盘。IgG 是抗感染免疫的主力，在动物体内不仅含量高，而且持续时间长，其恒定区结合补体及细胞后，能发挥抗菌、抗病毒、抗外毒素、增强吞噬、凝集和沉淀抗原等多种免疫作用。此外，IgG 还参与Ⅱ、Ⅲ型变态反应。

②IgA：单体 IgA 存在于血液中，故称血清型 IgA，分子量 160 000。双体 IgA 存在于动物的唾液、初乳及呼吸、消化、泌尿生殖道黏膜的分泌液中，故称分泌型 IgA，是由两个 Ig 分子构成的二聚体[图 7.10（a）]，分子量为 360 000，能阻止病原微生物对上皮细胞的黏附，具有抗菌、抗病毒和中和毒素等作用，是呼吸道和消化道黏膜的主要保护力量。IgA 不结合补体，也不能透过胎盘，初生动物只能从初乳中获得 IgA。

③IgM：以五聚体[图 7.10（b）]的形式存在，分子量最大，为 900 000，故又称巨球蛋白。含量仅次于 IgG，占血清 Ig 总量的 6%～10%；半衰期约 5d。在机体免疫应答中，IgM 产生最早，是感染早期重要的免疫力量。它的抗菌、抗病毒、中和毒素、激活补体、促进吞噬等作用均强于 IgG，是一种高效能抗体，还参与Ⅱ、Ⅲ型变态反应。但它在体内持续时间短，含量较低，不能到达血管外，因此在组织液和分泌液中的保护作用不大。

④IgE：分子量为 20 000，正常动物体内含量甚微，但能与肥大细胞、嗜酸性粒细胞结合，从而引起Ⅰ型过敏反应。近来发现，它在抵抗蠕虫、血吸虫和旋毛虫等寄生虫感染中具有重要作用。IgE 是唯一不耐热的免疫球蛋白，56 ℃ 30 min 即被破坏。

⑤IgD：在人、猪、鸡等动物上已经发现，分子量为 180 000，血清中的含量极低，主要在成熟 B 细胞表面起抗原受体的作用。

（3）抗体产生的一般规律

①初次应答：抗原第一次进入机体后，要经过较长诱导期血清中才出现抗体，这种抗体含量低，维持时间也较短（图 7.11），这种反应称为初次应答。一般来说，细菌抗原的诱导期为 5~7 d，病毒抗原的诱导期 3 d 左右。

②再次应答：初次应答后，当抗体明显减少时，如果用同种抗原再次免疫机体，则抗体产生的诱导期显著缩短，仅 2~3 d，抗体含量却达到初次应答的几倍到几十倍，持续时间也延长（图 7.11），这种反应称为再次应答。通常用疫苗或类毒素预防接种后，隔一定时期进行第二次接种，就是为了激发机体产生再次应答，达到强化免疫的目的。初次应答后，每隔一定时间刺激一次，都会迅速产生再次应答。再次应答的发生是由于上次应答时形成了免疫记忆细胞。

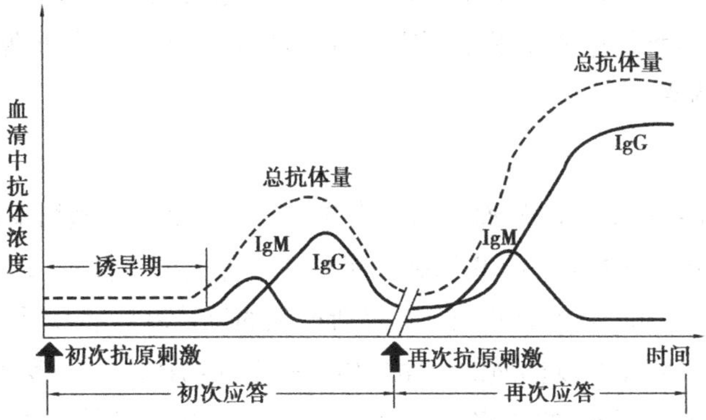

图 7.11　抗体产生的一般规律示意图

(4)影响抗体产生的因素

①抗原方面

a.抗原的性质:抗原影响免疫应答的类型、速度和免疫期的长短及免疫记忆等特性。

一般来说,抗原在机体内能同时引起细胞免疫和体液免疫,但有主次之分。例如,异源性强的抗原易激活B细胞,则主要引起体液免疫,而亲缘关系较近的抗原,包括同种异体移植及肿瘤细胞,主要激活T细胞而引起细胞免疫;细胞外寄生的细菌多引起体液免疫,而真菌和细胞内寄生的细菌如结核杆菌、布氏杆菌等多引起细胞免疫;病毒在细胞之间扩散增殖时主要表现为体液免疫,在细胞内增殖时却主要引起细胞免疫;寄生虫游离于血液和组织中时,机体主要表现体液免疫,而寄生于细胞内时则机体以细胞免疫为主。不过,大多数病毒、细菌甚至寄生虫感染后,能同时引起体液免疫和细胞免疫。

在活的微生物刺激下,机体产生抗体较快,而机体接受类毒素及死亡微生物的刺激时抗体产生较慢。如活病毒进入机体后2~3 d就出现抗体,活的细菌进入机体后3~5 d可出现抗体,而类毒素刺激机体后2~3周才产生抗体。

荚膜多糖等T_I抗原只引起机体产生短期保护力,而不产生免疫记忆。相反,病毒和细菌的蛋白质等T_D抗原可使机体长期保持免疫记忆。

抗原用量、次数及间隔时间也影响抗体的产生。在一定限度内产生抗体的量随抗原量的增加而增加,但抗原用量超过一定限度,抗体的产生不再增加,称为免疫麻痹。活疫苗用量较少,免疫一次即可,而死疫苗用量较大,应免疫2~3次才能产生足够的抗体。为了获得再次应答,用病毒或细菌刺激时,两次应间隔7~10 d;如果用类毒素,则至少间隔6周左右。

b.免疫途径:免疫途径的选择应以能刺激机体产生良好的免疫反应为原则。大多数抗原易被消化酶降解而失去免疫原性,因此需经非口途径接种,如各种注射途径、滴鼻、滴眼、吸入、皮肤划痕等。然而,某些弱毒疫苗,如传染性法氏囊病疫苗,可经口服、饮水、注射等多种途径使机体产生免疫力。

②机体方面:动物的年龄、品种、营养状况,乃至个体因素等都能影响抗体的产生。除先天性免疫功能低下个体外,大多数动物只要营养良好,都能产生充足的抗体。但是,幼小动物的免疫系统尚未成熟;老龄动物的免疫功能逐渐下降;或者动物处于严重的感染期,免疫器官和免疫细胞遭受损伤,都会影响抗体形成。

有时,胚胎期或刚出生动物过早地接受某些抗原刺激,或者成年动物摄入免疫抑制剂后接触抗原,则动物对这种抗原的刺激不再产生特异性抗体,而对其他抗原的免疫反应不变,这种现象称为免疫耐受。

(5)单克隆抗体

克隆是指由一个细胞无性增殖而来的细胞群体。由一个B细胞增殖而来的B细胞群体称为B细胞克隆。由于一种类型的B细胞表面只有一种抗原受体,所以只识别一种抗原决定簇。这样,由一个B细胞形成的B细胞克隆所产生的抗体就只能针对一种抗原决定簇,这种抗体称为单克隆抗体,是高度同质的纯净抗体。一个动物体内含有多种类型的B细胞,所接触的抗原具有各种各样的抗原决定簇。因此,动物血清中的抗体往往是多种单克隆抗体的混合物。

(6)Ig的抗原性

抗体(Ig)是一种动物针对其中抗原产生的。但是,由于它是免疫球蛋白,结构复杂,分子量又大,对第二种动物来说就能构成抗原。所以说,抗体具有双重性。用一种动物的Ig免疫异种动物,就能获得抗这种Ig的抗体,这种抗体称为抗抗体或二级抗体。抗抗体能与抗原-抗体复合物中的抗体结合,形成抗原-抗体-抗抗体复合物。免疫标记技术中的间接法就是利用标记抗抗体来进行的。

3)体液免疫的抗感染作用

(1)中和作用

抗毒素与外毒素结合后,可阻碍外毒素与动物细胞的结合,使之不能发挥毒性作用。抗体与病毒结合后,可阻止病毒侵入易感细胞,保护细胞免受感染。

(2)抗吸附作用

许多病原体能吸附于黏膜上皮细胞,成为黏膜感染的重要条件。黏膜表面的分泌型IgA具有阻止病原体吸附和进入上皮组织的能力。

(3)调理作用

抗原-抗体复合物与补体结合后,可以增强吞噬细胞的吞噬作用,称为调理作用。近来发现,红细胞除具有携氧功能外,也能结合补体,从而增强嗜中性粒细胞的吞噬作用。

(4)溶菌及溶细胞作用

未被吞噬的细胞等细胞与抗体结合,可激活补体而使细胞溶解;带病毒抗原的感染细胞与抗体及补体结合后,也能引起感染细胞的溶解。

(5)抗体依赖细胞介导的细胞毒作用(ADCC作用)

靶细胞与抗体(Ig)形成抗原-抗体复合物后,K细胞能与抗体结合,从而杀伤被病毒、细菌等微生物感染的靶细胞或肿瘤细胞。这种作用相当有效,当体内只有微量抗体与抗原结合、尚不足以激活补体时,K细胞就能发挥杀伤作用。另外,NK细胞、巨噬细胞、嗜中性粒细胞与IgG结合后,吞噬或杀伤作用也加强。

7.3.5　免疫应答的一般规律

1) 免疫应答概述

免疫应答是动物机体在抗原刺激下，体内免疫细胞发生一系列反应而清除异物的过程。这一过程主要包括抗原递呈细胞对抗原的处理、加工和呈递，T，B 淋巴细胞对抗原的识别、活化、增殖和分化，最后产生效应分子抗体与细胞因子以及免疫效应细胞(细胞毒性 T 细胞和迟发性变态反应性 T 细胞)，并最终将抗原物质和再次进入机体的抗原物质清除。

2) 免疫应答的基本过程

免疫应答是一个十分复杂连续不可分割的生物学过程，除了由单核巨噬细胞系统和淋巴细胞系统协调完成外，还有许多细胞因子发挥辅助效应。这一过程可人为地划分为致敏阶段、反应阶段、效应阶段(图 7.12)。

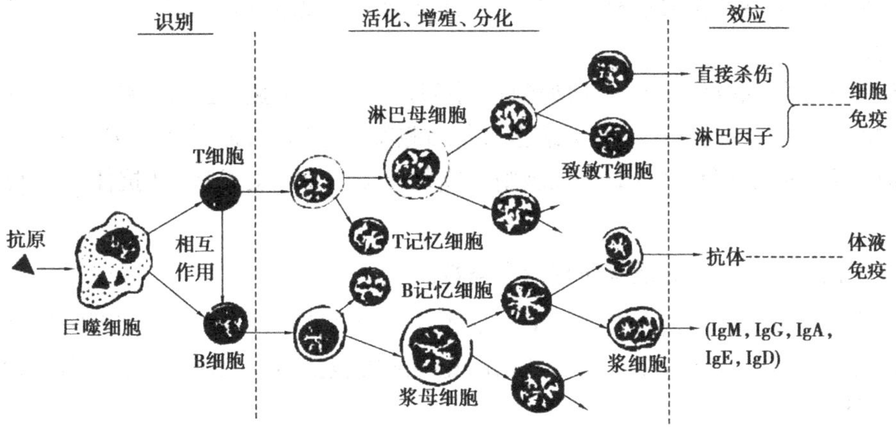

图 7.12　免疫应答基本过程示意图

(1) 致敏阶段

致敏阶段即处理和识别抗原阶段，又称感应阶段、识别阶段。是抗原物质进入体内，抗原递呈细胞对其捕获、加工处理和提呈以及 T 细胞和 B 细胞对抗原的识别阶段。

抗原递呈细胞能够摄取和处理抗原，并把抗原信息递呈给淋巴细胞而使淋巴细胞活化。按照细胞表面的主要组织相容性复合体(MHC)Ⅰ类和Ⅱ类分子，可把抗原递呈细胞分为两类，一类是 MHC-Ⅰ类分子的抗原递呈细胞，包括所有的有核细胞，可作为内源性抗原的递呈细胞，如胞内菌感染的细胞、病毒感染的细胞。肿瘤细胞等均属此类；另一类是 MHC-Ⅱ类分子的抗原递呈细胞，包括单核/巨噬细胞、树突状细胞、朗格汉斯细胞、B 细胞等，主要作为外源性抗原的递呈细胞。

对内源性抗原首先被细胞的蛋白酶分解成肽段，与 MHC-Ⅰ类分子结合，形成多肽 MHC-Ⅰ类分子复合物，供细胞毒性 T 淋巴细胞(T_C)所识别。外源性抗原物质进入机体后，首先被巨噬细胞吞噬，并通过巨噬细胞内溶酶体的作用，将大分子抗原颗粒消化、降解，而保留其具有免疫源性的部分。这部分抗原多与吞噬细胞的 MHC-Ⅱ类分子结合，浓集于巨噬细胞表面，可供 T_H 细胞、T 细胞抗原受体(TCR)所识别。引起体液免疫的抗原有 T_D 抗原和 T_I

抗原，T_D 抗原被吞噬细胞吞噬，将抗原信息传递给 T_H 细胞，再由 T_H 细胞将信息传递给 B 细胞；T_I 抗原不需吞噬细胞的吞噬和 T_H 细胞的辅助便可直接激活 B 细胞。

(2)反应阶段

反应阶段即增殖与分化阶段。反应阶段是 T 细胞或 B 细胞受抗原刺激后活化、增殖、分化，并产生效应性淋巴细胞和效应分子的过程。

诱导产生免疫细胞时，T 淋巴细胞增殖分化成淋巴母细胞，最终成为效应性淋巴细胞，并产生多种细胞因子。

诱导产生体液免疫时，抗原则刺激 B 细胞增殖分化为能够合成与分泌抗体的浆细胞。

少数 T、B 淋巴细胞在分化过程中，中途停止分化，而转变为长寿的记忆细胞(T 记忆细胞和 B 记忆细胞)。记忆细胞储存着抗原的信息，可在体内存活数月、数年或更长的时间，以后再次接触同样抗原时，便能迅速大量增殖、分化成致敏淋巴细胞或浆细胞。

(3)效应阶段

效应阶段是免疫效应细胞和效应分子发挥细胞免疫效应和体液免疫效应，最终清除抗原物质的过程。

当致敏淋巴细胞或浆细胞，再次遇到相同抗原刺激时，致敏淋巴细胞释放出多种具有免疫活性的淋巴因子，或通过效应性 T 细胞与靶细胞特异性结合，最后使靶细胞溶解破坏(细胞毒效应)而发挥细胞免疫作用；浆细胞则合成各种类型的免疫球蛋白(抗体)，参与体液免疫反应。

3)免疫应答参与的细胞及其表现形态与特点

参与机体免疫应答的核心细胞是 T 细胞和 B 细胞，巨噬细胞等是免疫应答的辅佐细胞，也是免疫应答不可缺少的细胞。动物体内的免疫应答包括体液免疫和细胞免疫，分别由 B、T 细胞介导。

(1)体液免疫应答

体液免疫应答是指 B 细胞在抗原刺激下转化为浆细胞，并产生抗体而发挥的特异性免疫应答。一个 B 细胞表面有 10^4~10^5 个抗原受体，可以和大量的抗原分子相结合。

在体液免疫应答中，T_I 抗原能直接与 B 细胞表面的抗原受体结合，而 T_D 抗原必须经过巨噬细胞等抗原递呈细胞的吞噬和处理才能与 B 细胞结合。抗原递呈细胞 T_D 抗原捕捉、吞噬、消化处理后，将含有抗原决定簇的片段呈送到抗原递呈细胞表面只有当 T_H 细胞表面的 TCR 识别抗原决定簇后，B 细胞才能与抗原决定簇结合而被激活。

B 细胞与抗原结合后就识别了该抗原，同时也被抗原所激活。B 细胞活化后体积增大，代谢加强，依次转化为浆母细胞(体积较小，胞体为球形)、浆细胞(卵圆形或圆形，胞核偏于一侧)，由浆细胞合成并分泌抗体球蛋白(浆细胞寿命一般只有 2 d，每秒可合成 300 个抗体球蛋白)。在正常情况下，抗体产生后很快排出细胞外，进入血液，并在补体及多种免疫细胞的配合下清除异物。

由 T_D 抗原激活的 B 细胞，一小部分在分化过程中停留下来不再继续分化，成为记忆性 B 细胞。当记忆性 B 细胞再次遇到同种抗原时，可迅速分裂，形成众多的浆细胞，表现快速免疫应答。而由 T_I 抗原活化的 B 细胞，不能形成记忆细胞，并且只产生 IgM 抗体，不产生 IgG。

(2)细胞免疫应答

细胞免疫应答是T细胞在抗原的刺激下活化、增殖、分化为效应性T淋巴细胞并产生细胞因子,从而发挥免疫效应的过程。在此描述的细胞免疫指的是特异性细胞免疫,广义的细胞免疫还包括吞噬细胞的吞噬作用,K细胞、NK细胞等的细胞毒性作用。

细胞免疫同体液免疫一样,也要经过抗原识别,一般T细胞只能结合肽类抗原,对于其他异物和细胞性抗原须经抗原递呈细胞的吞噬,将其消化降解成抗原肽,再与MHC分子结合成复合物,递呈于抗原递呈细胞表面,供T细胞识别。T细胞识别后开始活化,成为T淋巴母细胞,表现为胞体变大,胞浆增多,核仁明显,大分子物质合成与分泌增加,随后增殖,分化出大量的具有不同功能的效应T细胞,同时产生多种细胞因子,共同清除抗原,实现细胞免疫。其中一部分T细胞在分化初期就形成记忆T细胞而暂时停止分化,受到同种抗原的再次刺激时,便迅速活化增殖,产生再次应答。

(3)免疫应答的三大特点

①特异性:即只针对某种特异性抗原物质。

②具有一定的免疫期,这与抗原的性质、刺激强度、免疫次数和机体反应性有关。

③具有免疫记忆,通过免疫应答,动物机体可建立对抗原物质(如病原微生物)的特异性抵抗力,即免疫力。

4)免疫应答产生的场所

淋巴结和脾脏等外周免疫器官是免疫应答的主要场所。抗原进入机体后一般先通过淋巴循环进入淋巴结,进入血流的抗原则滞留于脾脏和全身各淋巴组织,随后被淋巴结和脾脏中的抗原呈递细胞捕获、加工和处理,而后表达于抗原呈递细胞表面。与此同时,血液循环中成熟的T细胞和B细胞,经淋巴组织中的毛细血管后静脉进入淋巴器官,与表达于抗原呈递细胞表面的抗原接触而被活化、增殖,最终分化为效应细胞,并滞留于该淋巴器官内。由于正常淋巴细胞的滞留、特异性增殖,以及因血管扩张所致体液成分增加等因素,引起淋巴器官的迅速增长,待免疫应答减退后才逐渐恢复到原来的大小。

抗原的引入包括皮内、皮下、肌肉和静脉注射等多种途径,皮内注射可为抗原提供进入淋巴循环的快速入口;皮下注射为一种简便的途径,抗原可被缓慢吸收;肌肉注射可使抗原快速进入血液和淋巴循环;而静脉注射进入的抗原可很快接触到淋巴细胞。抗原物质无论以何种途径进入机体,均由淋巴管和血管迅速运至全身,其中大部分被吞噬细胞降解清除,只有少部分滞留于淋巴组织中诱导免疫应答。皮下注射的抗原主要滞留于髓质和淋巴滤泡,髓质内的抗原很快被降解和消化,而皮质内的抗原可滞留较长时间。在脾脏的抗原,一部分在红髓被吞噬和消化,多数长时间滞留于白髓的淋巴滤泡中。抗原在体内滞留时间的长短与抗原的种类、物理状态、体内是否有特异性抗体存在及免疫途径等因素有关。

7.4　免疫学方法及其应用

抗原与相应抗体在体内或体外均能发生特异性结合,在体外能发生可见的免疫反应。因为抗体主要存在于血清中,故通常将这一反应成为血清学反应或血清学试验。该反应有一定的规律性。

7.4.1 抗原抗体反应的一般规律

抗原抗体反应的一般规律主要有以下几点。

1)抗原抗体反应具有高度特异性和交叉性

所谓特异性,即一种抗原只能和由它刺激产生的抗体相结合,不能与跟它无关的抗体发生反应。抗原抗体反应的这种特异性是抗原的决定簇与抗体可变区的化学组成、空间立体构型等决定的,这好比钥匙跟锁的关系,只有相对应并存在互补关系时才能发生结合反应。如:抗猪瘟抗体只能与猪瘟病毒结合而不能与口蹄疫病毒相结合。

当两种抗原物质间有共同抗原存在时,则可与相应血清彼此发生交叉反应。如亲缘种系的动物中常含有某些相同的抗原成分,鼠伤寒沙门氏菌抗血清能凝集肠炎沙门氏菌,反之亦然。

2)抗原抗体反应具有可逆性

抗原与抗体的结合虽有相对的稳定性,但因其只是抗原物质表面的决定基与抗体间的非共价键结合,故又是可逆的,二者在一定条件下仍可离解,如当温度超过 60 ℃或 pH 降到 3 以下时,抗原抗体复合物出现分离,且分离后的抗原、抗体各自的理化性质与免疫活性不变。

3)抗原抗体反应需要合适的浓度比和带现象

抗原一般都是多价的,而抗体(Ig)则是二价的,只有二则比例合适时,抗原抗体才结合的最充分,形成抗原抗体复合物最多,反应最明显,结果出现最快,称此为等价带。如抗原过多或抗体过多,则二者结合后均不能形成大的复合物,不呈现可见反应,称此为带现象。如果做试管凝集反应时,前者几支试管常不出现凝集,这是由于抗体过剩引起的,称为抗体过剩带,或前凝集带,简称前带现象,后面试管不凝集是因抗原过剩,称为抗原过剩带,或后凝集带,简称后带现象。

在做试管沉淀反应时,前面几支试管不出现沉淀现象,则是因抗原过剩引起的,故称为抗原过剩带或前沉淀带,简称前带现象;后面几支试管不出现反应是由于抗体过剩所致,称为抗体过剩带或后沉淀带,简称后带现象。

由此可见,同是前带现象,对凝集反应来说,则因抗体过剩所致,而对沉淀反应来说,则是抗原过剩引起的。

抗原抗体反应分两个阶段进行:第一阶段是抗原与相应抗体的特异性结合,反应发生快,一般在几秒内即可完成,但无可见反应,第二个阶段为抗原抗体反应的可见阶段,出现沉淀、凝集等现象,这一阶段反应慢需几分钟至几个小时才能完成,同时受环境因素如酸碱度、温度、电解质等的影响。为加速第二阶段反应的进行,常采用最适条件,如最适 pH 为 6~8,利用 37 ℃孵育或摇振以增加抗原抗体接触的机会。电解质可消除抗原抗体复合物表面的斥力,促其相互凝聚而凝集或沉淀,呈现可见反应。故做血清学反应时,一般采用 0.85%的生理盐水做稀释液,但用禽类血清,需要用 8%~10%的高渗氯化钠溶液,否则不出现可见反应或反应微弱。

7.4.2 抗原抗体间的主要反应

抗原抗体反应的试验方法很多,不论哪种方法基本原理都是抗原与相应抗体的特异性结合。主要常用的方法、反应形式有凝集反应和沉淀反应。

1)凝集反应

颗粒性抗原(如细菌、红细胞等)与相应抗体相遇后,在电解质参与下出现肉眼可见凝集物的现象,称为凝集反应。反应中的抗原为凝集原,抗体为凝集素。

凝集反应可在试管、玻片及微量滴定板上进行,分别称为试管凝集反应、玻片凝集反应和微量凝集反应。测定血清中抗体含量时,将血清连续稀释(2倍、5倍或10倍连续稀释)后,加入定量的抗原;而测定抗原时,则将抗原连续稀释后,加定量的抗体。试验以出现明显反应终点的抗血清或抗原制剂的最高稀释度为该血清或抗原的效价或滴度。由于稀释跨度很大以及作为标准物的抗原或抗体一般没有绝对含量,因此这种测定只是半定量的和相对的。

常用的凝集反应有直接凝集反应、间接凝集反应、协同凝集试验和抗球蛋白试验等。

(1)直接凝集反应

直接凝集反应(Direct Agglutination)简称凝集反应。此反应是颗粒性抗原的表面结构成分,例如细菌和红细胞的表面抗原,与相应抗体结合后发生凝集的反应。参与反应的主要因素很少,只有抗原和相应的抗体,所以该反应敏感、特异,便于操作。如:检验布氏杆菌的瑞特氏反应、沙门氏菌的凝集反应以及血型试验均为直接凝集反应。

①玻片法:将已知抗血清1~2滴滴于洁净玻片上,取待检菌液加入其中并混合均匀,数分钟后若有可见的凝集现象即为阳性反应。此法简单迅速,常用于细菌鉴定或畜禽传染病的诊断,如布氏杆菌病及鸡白痢等。

②试管法:试管法是一种定性与定量的方法,通常用已知抗原检测待检血清中是否存在相应抗体和检测该抗体的含量,应用于临床诊断或流行病学调查。试验时,用一列试管将待检血清用0.5%石炭酸生理盐水10倍递进稀释,每管0.5 mL,一管不加血清作对照。每管中加入一定浓度抗原0.5 mL混合均匀,在37 ℃或室温静置数小时,观察液体的亮度及沉淀物,视不同凝集程度记录结果:++++(100%凝集)、+++(75%凝集)、++(50%凝集)、+(25%凝集)和-(不凝集)。凡能与一定量抗原发生50%凝集(++)的血清最高稀释度成为凝集价或效价(滴度)。此法常用于布氏杆菌病的诊断和检疫。

(2)间接凝集试验

可溶性抗原与相应抗体不能发生可见的凝集反应,如将其吸附在与免疫无关的颗粒型载体表面后再与相应抗体结合,在有电解质存在的适宜条件下,即可出现肉眼可见的反应,此种试验被称为间接凝集试验。常用的载体有动物红细胞、聚苯稀乳胶及活性炭等。将可溶性抗原吸附到载体颗粒表面的过程称为致敏。

将抗原吸附于载体颗粒,然后与相应的抗体反应产生的凝集现象,称为正向间接凝集反应,又称正向被动间接凝集反应。将特异性抗体吸附于载体颗粒表面,再与相应的可溶性抗原结合产生的凝集现象,称为反向间接凝集反应。

①间接血凝试验:动物的红细胞均匀一致,表面能吸附多种抗原。间接血凝试验便是以红细胞作为载体吸附抗原的凝集试验。为了避免血清异嗜凝集,可采用同源红细胞。将可溶性抗原致敏于红细胞表面,用以检测未知抗体,再与相应抗体反应出现肉眼可见的凝集现象,称为正向间接血凝试验。如将已知抗体吸附于红细胞表面,用以检测样本中相应抗原,称为反向间接血凝试验。致敏红细胞几乎能吸附任何抗原,而红细胞是否凝集又容易观察。因此,利用红细胞作载体进行的间接血凝试验广泛用于多种疫病的诊断和检疫,如病毒性传染病,支原体病、寄生虫病的诊断与检疫等。

②乳胶凝集试验:乳胶又称胶乳,是聚苯乙烯聚合的高分子乳状液,对蛋白质、核酸等大分子物质具有良好的吸附性能,用它作为载体吸附抗原(或抗体)用以检测相应的抗体(或抗原)。本法具有快速简洁、保存方便、比较准确等优点。

③协同凝集试验:该试验中的载体是一种金黄色葡萄球菌,此菌的细胞壁上含有葡萄球菌A蛋白(SPA),SPA能与人和大多数哺乳动物血清中的IgG分子的Fc片段发生结合,并将IgG分子的Fab片段暴露于葡萄球菌的表面,保持其活性。当结合于葡萄球菌表面的抗体与相应抗原结合时,形成肉眼可见的小凝集块,该法称为协同凝集试验。此法已广泛应用于多种细菌病和某些病毒病的快速诊断。

2)沉淀试验

可溶性抗原与相应抗体结合后,在适量电解质存在的情况下,能形成肉眼可见的白色絮状或颗粒状沉淀的反应,称为沉淀试验。参与反应的抗原称为沉淀原,如细菌的外毒素、内毒素、菌体裂解液、病毒、异体血清和组织渗出液等。沉淀原为多分子状态物质,单位体积中含量高,故做定量试验时常稀释抗原;相应的抗体称为沉淀素。

沉淀试验可分为在液体中进行的沉淀试验(环状沉淀与絮状沉淀)和在琼脂凝胶中进行的琼脂扩散试验。后者又可与电泳技术结合,发展为免疫电泳、对流电泳以及火箭电泳等技术,这些技术已在血清学试验中广泛应用。

(1)环状沉淀试验

在小试管中加入已知抗血清至管底,然后小心从壁缘将稀释的抗原叠加其上,强反应可在1~2 min内出现白色环状沉淀;若反应出现较迟,一般1 h判定,3~5 h再观察一次后综合判定。测定抗血清效价时可先将抗原做系列稀释,用毛细滴管将抗血清加入多个小试管底部,再将不同稀释度的抗原分别小心叠加其上,出现沉淀环的抗原最大稀释倍数即血清的沉淀价。本法可用于炭疽病诊断、链球菌定型以及抗血清效价测定等。

(2)絮状沉淀试验

抗原抗体在试管内混合,比例最合适者出现絮状沉淀最快,沉淀物最多。相反,抗原或抗体过剩均会抑制沉淀的出现。例如,用4~5列试管,先将抗原从1:10开始对倍稀释,每管0.5 mL;抗血清1:(5~40)4个稀释度,每管0.5 mL。振荡混匀后放置室温,在黑暗背景下观察记录较早出现反应的试管,数小时后比较各管浑浊度。以反应出现最早且浑浊度最大的试管定位抗原抗体的最适比。

(3)琼脂扩散试验

琼脂凝胶呈网状结构,网格直径与琼脂浓度呈反比,内部充满水分。1%琼脂网格直径约为 80 nm,能允许大多数抗原抗体分子在琼脂凝胶中自由扩散。抗原抗体在凝胶中相遇并于比例最适处形成复合物。该复合物较大,不能继续扩散而形成沉淀带,此种反应称为琼脂扩散试验。通常有如下 4 种类型。

①单向单扩散:也称简单扩散。在内径 3 mm、长 10 cm 的小试管中进行。先将 0.6%~1.0%琼脂加热融化,待冷至 56 ℃的抗血清(1∶10 稀释),混合后加 0.5 mL 于上述小试管内;凝固后加 0.5 mL 抗原于其上,37 ℃垂直放置,沉淀线最早 2~3 h 出现。由于抗原在柱内继续扩散,最适比位置不断向前推移,原先的沉淀线因抗原浓度过大而溶解,故沉淀带的位置亦随抗原扩散而推移,最后达到稳定。抗原浓度愈大则沉淀带的距离也愈大,因此可用于抗原定量[图 7.13(a)]。

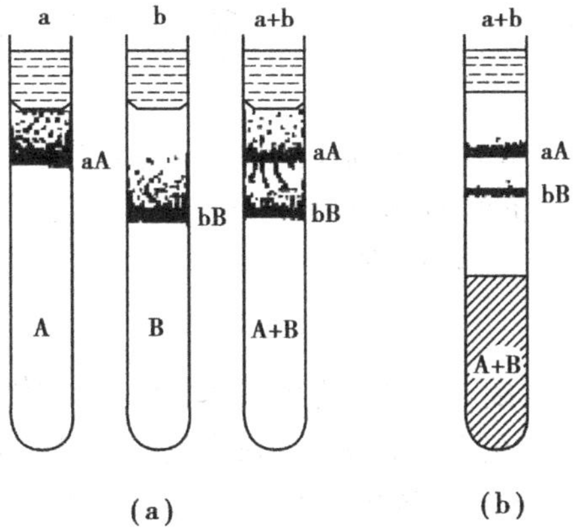

图 7.13 单向单扩散和单向双扩散

(a)单向单扩散;(b)单向双扩散

a、b 抗原;A、B 相应抗体

②单向双扩散:与上法基本相识,在小试管内进行。但在抗原和抗体之间加一层不含抗体的盐水(或 PBS)琼脂,抗原抗体在此中间层扩散并在最适比处形成沉淀带,常用于复杂抗原的分析,如图 7.13(b)所示。

③双向单扩散:亦称辐射扩散或环状扩散,在平皿或玻板上进行。将 2%琼脂缓冲盐水融化后冷至 45 ℃,加等量预热至等温并经适当稀释的抗血清,混合后趁热倒入平皿或玻板上,厚 1~2 mm,凝固后在凝胶板上打孔,孔径 2~3 mm,孔距 8~12 mm,于孔内滴加抗原 2~3 μL后密闭扩散 48 h。抗原在抗血清琼脂中扩散并形成白色沉淀环,环的大小与抗原浓度呈正比,可用于抗原定量或诊断传染病。

例如,鸡马立克氏病的诊断,可将抗马立克氏病血清倾成血清琼脂凝胶板,拔取病鸡腹部羽毛数根,自毛根尖端 1 cm 处剪下,插入此血清琼脂凝胶板上,阳性者毛囊中病毒抗原向四周扩散并形成白色沉淀环。

④双向双扩散:简称双扩散。将 1%琼脂磷酸缓冲液盐水倒成平板,厚 3 mm。在其上按设计的图形打孔,孔内分别加入抗原和抗体,置密闭盒内,防止水分蒸发。在 37 ℃或室温放置数日,观察沉淀带。每一成分出现一条沉淀带,两相邻孔之间若抗原相同,则两条沉淀带相互融合;抗原不同则相互交叉;部分相同则形成分支,如图 7.14 所示。

本法操作简单,应用广泛。现已普遍用于细菌、病毒的鉴定及传染病的诊断。如鸡马立克氏病、牛白血病和马传染性贫血等的琼脂扩散试验已成为流行病学调查和检疫的重要手段。

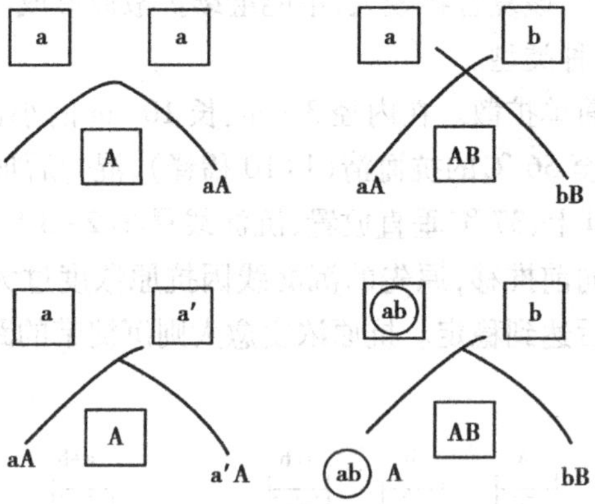

图 7.14 双向双扩散的 4 种基本类型

a、b 单一抗原;ab 同一分子上两个决定基

a′表示含量少;A、B 相应抗体

(4)免疫电泳

免疫电泳是在琼脂扩散基础上再结合电泳技术,将二者的优点结合起来,可极大地提高免疫扩散的分辨力和敏感性。在临床上应用比较广泛的有对流免疫电泳和火箭电泳。

①对流免疫电泳:在 pH8.6 的琼脂凝胶中,免疫球蛋白带有微弱的负电荷,不能抵抗电渗作用,故在电泳时反而向负极迁移;而一般抗原蛋白带有较强的负电荷,抵抗电渗后仍向正极迁移。如将抗原置于阴极,抗体置于阳极,电泳时二者相向移动,在相遇处形成沉淀带。由于抗原、抗体在电场下定向移动,提高了反应的灵敏度,因而缩短了沉淀带出现的时间。本法一般比琼脂双扩散敏感 10~16 倍。

实验时,在凝胶板上打孔,两孔为一组,并排打孔两组后加样。抗原滴入阴极端孔内,抗体滴入阳极端孔内进行电泳。一般泳动 30~90 min 后观察结果,在两孔之间出现沉淀带的为阳性反应,如图 7.15 所示。

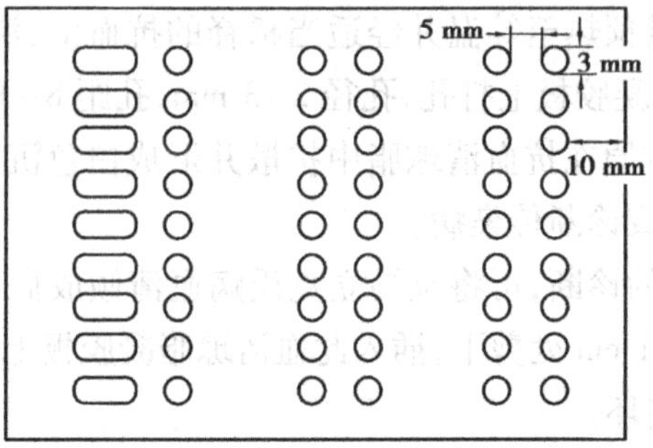

图 7.15 对流电泳图形

②火箭电泳:将双向单扩散与电泳技术结合起来,其沉淀线似火箭,故名火箭电泳。先配制含有抗血清的琼脂凝胶板,抗血清含量需事先测定。在玻板一端打一列小孔,孔径 3 mm,孔距 8 mm,将待检抗原滴加小孔内,以每厘米宽度用 2.5 mA 电流电泳 2~10 h。电泳

时抗原在含抗血清的凝胶板中迁移，二者在比例最适当处形成火箭状沉淀带。在电场作用下抗原继续向前推移，原来的沉淀带被过量的抗原所溶解，新的沉淀带也随着向前移动，直至最后形成稳定的火箭沉淀带。火箭的高度与抗原浓度呈正比，因此可用于抗原定量。

7.4.3　免疫标记技术

抗体能够追踪抗原，在抗原所在的部位与之结合，但这种结合反应一般肉眼不容易观察出来。但有一些物质在超微量时也能用某种特殊的理化特性将其检测出来。免疫标记技术就是利用抗原抗体反应的特异性和标记分子极易检测的高敏感性结合形成的实验技术。免疫标记技术主要有荧光标记技术、酶标抗体技术和同位素标记抗体技术等。它们的敏感性和特异性大大超过常规血清学方法，现已广泛用于传染病的诊断、病原微生物的鉴定、分子生物学中基因表达产物分析等领域。以下主要介绍荧光标记技术和酶标抗体技术。

1）荧光标记技术

荧光抗体技术是将荧光燃料标记在抗体球蛋白分子（IgG）上制成荧光抗体，标记的抗体仍能与相应抗原结合并形成带有荧光的抗原抗体复合物。该复合物在荧光显微镜下可发出荧光，因而可用于检测标本中抗原的存在（定性）或抗原所在部位（定位）。

荧光是一种物质受短波光线（如蓝紫光、紫外光）照射后激发出的波长比激发光更长的可见光，能够在被激发后放出荧光并且能作为燃料的物质称为荧光染料，目前应用最广泛的是异硫氰酸荧光黄（FITC）。FITC 为黄色结晶，易溶于水与酒精，低温、干燥可以保存多年，并且呈明亮的黄绿色荧光。本品在碱性条件下可以与 IgG 起反应形成荧光特性的结合物。

（1）直接法

将荧光染料与提纯的球蛋白结合，制成与某种抗原相应的荧光抗体用以检测未知抗原。染料时将待测病理组织冰冻切片或触片，细菌材料则做出涂片，自然干燥；病毒抗原常用冷丙酮固定，细菌抗原用加热固定；固定后滴加上述荧光抗体，置湿盒37 ℃染色 30 min，用 PBS 液充分洗涤以除去未结合的荧光抗体，稍干燥后加入 pH9 的缓冲甘油盐水1 滴，加盖玻片封固即可在荧光显微镜下观察，可见抗原所在部位或整个细菌菌体呈现黄绿色荧光，如图 7.16 所示。

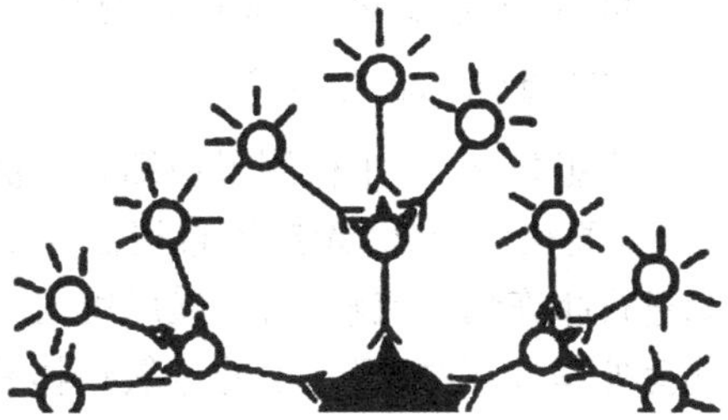

图 7.16　直接荧光染色示意图

1—抗原；2—荧光抗体

同时设下列对照：

①用荧光抗体染色的正常组织触片，观察应无荧光现象。

②将待检材料先加已知抗血清后用荧光抗体染色，应不出现荧光。

（2）间接法

将荧光染料标记在抗抗体（第二抗体）上制成荧光抗体。如用兔丙种球蛋白免疫羊制成羊抗兔抗血清，然后提纯其 IgG，用荧光染料标记即为抗兔荧光抗体，如图 7.17 所示。该抗体可以用于检测抗原，使用时只要制备兔抗，该抗原的抗血清（第一抗体）即可进行检测，其优点是只需制备一种荧光抗抗体，便可用于多种抗原或抗体的检验。

荧光标记抗体制备简单，市场已有出售，可以应用于抗原抗体快速诊断以及抗原定位。

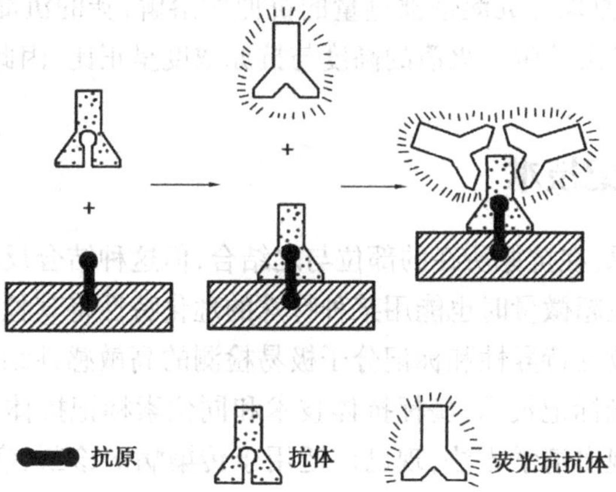

图 7.17　间接荧光抗体染色法

2)酶标记抗体

酶标记抗体是20世纪60年代发展起来的一门技术，可用于定性、定量或定位检测，其敏感性和特异性都较高，并且无需特殊设备，因此应用十分广泛。

(1)酶标记抗体的原理

酶标记抗体技术是通过化学方法将酶与抗体结合起来，标记后的抗体仍具备与相应抗原结合的免疫学活性以及酶的催化活性。酶标记抗体抗原复合物上的酶在遇到相应底物时，能催化底物分解，并使底物中的供氢体呈现颜色反应。最常用的标记酶是辣根过氧化物酶，其底物为过氧化氢，催化时需要供氢体，能产生褐色颜色反应。

(2)酶标记抗体的分类

①组化法：用于检测组织细胞中抗原、抗体及其他成分，有直接法和间接法两种。

a.直接法：与荧光抗体直接法相似。首先将待检组织进行冰冻切片或触片，干燥后用丙酮固定，用1%过氧化氢处理，以除掉组织中的过氧化物酶。滴加酶标抗体后放入湿盒中37 ℃作用30 min，用PBS充分冲洗干净，稍晾干后置显微镜下观察，阳性者可见褐色沉淀颗粒出现与细胞内。为了便于定位，可以用苏木精-伊红复染组织片，如图7.18所示。

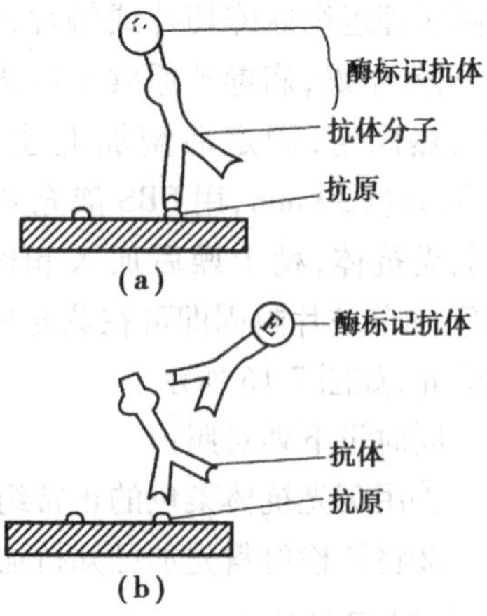

图 7.18　免疫酶组化染色法

b.间接法：其原理、方法与荧光抗体相同，但标记酶第二抗体和加底物显色的方法同直接法。本法与免疫荧光相比，不需荧光显微镜，形态结构清楚，定位准确，并且标本片也可以长期保留。

②测定法：用于抗原或抗体的定量测定。

常用的是酶联免疫吸附试验法(ELISA)，即将抗原或抗体吸附在聚苯乙烯塑料反应板的载体上进行免疫酶染色，底物显色后用肉眼或分光光度计判定结果。该方法能够测定极微量的抗原抗体，操作也十分简便，因此是目前应用非常广泛的一门技术，主要包括有间接法、夹心法以及抗原竞争法等。

本章小结

1.传染是病原微生物的损伤作用与机体的抗损伤作用相互作用和相互斗争的生物学过程。传染过程能否发生,主要需要病原微生物、动物体的抵抗力及外界环境条件3个条件。传染导致3种结果,即阴性传染、带菌状态、显性感染。

2.影响动物机体非特异性免疫的因素主要有生理性防御屏障、吞噬细胞的吞噬作用和体液的抗微生物作用,还包括炎症反应、抗体的不感受性等5个因素。

3.免疫器官包括中枢免疫器官和外周免疫器官。中枢免疫器官包括骨髓、胸腺和腔上囊;外周免疫器官包括脾脏、淋巴结、扁桃体,以及消化道、呼吸道及泌尿生殖道的淋巴组织。

4.免疫学常用的试验方法主要有凝集试验和沉淀试验,其中凝集试验包括直接凝集试验和间接凝集试验。沉淀试验包括环状沉淀试验、絮状沉淀试验、琼脂扩散试验和免疫电泳。免疫标记技术包括荧光标记技术和酶标记技术。

思考题

1.名词解释:传染、传染病、免疫、非特异性免疫、特异性免疫、完全吞噬、抗原、抗体、血清学反应、凝集试验、沉淀试验

2.传染能否发生取决于哪些因素?

3.如何理解免疫和传染的关系?

4.简述非特异性免疫的因素主要有哪些?

5.简述免疫系统的免疫器官及其主要免疫功能。

6.影响抗体产生的因素有哪些?

7.体液免疫和细胞免疫分别能发挥哪些抗感染免疫功能?

8.简述抗原、抗体反应的一般规律。

9.常用的琼脂扩散试验有哪几种类型? 它们各有什么特点?

10.常用的免疫标记技术有哪些? 各有什么特点?

第8章　生物制品及其应用

【学习目标】

掌握生物制品的概念、分类和命名原则；掌握疫苗和免疫血清使用的注意事项；了解生物制品的应用。

8.1　生物制品的相关知识

8.1.1　生物制品的概念

生物制品是以微生物、细胞、寄生虫及其组织成分或代谢产物以及动物或人的血液、组织液或体液为原料，通过生物学、生物化学及生物工程学的方法制成的，用于传染病及其他疾病的预防、诊断和治疗的生物制剂称为生物制品。狭义的生物制品是指利用微生物及其代谢产物或免疫动物而制成的，用于传染病的预防、诊断和治疗的各种抗原或抗体制剂。

8.1.2　生物制品的分类

临床上常用的生物制品主要指疫苗、免疫血清及诊断液3大类。

1）疫苗

用病原微生物、寄生虫及其组分或代谢产物制成的并用于人工主动免疫的生物制品称为疫苗。一般包括活疫苗、灭活疫苗、代谢产物和亚单位疫苗以及生物技术疫苗。其中生物技术疫苗又可分为合成肽疫苗、抗独特型疫苗、基因工程活疫苗、基因工程亚单位疫苗及DNA疫苗。

（1）活疫苗

活疫苗简称活苗，可分为强毒苗、弱毒苗和异源苗3种。

①强毒苗：最早应用的疫苗种类，如我国古代民间预防天花所使用的痂皮粉末即为强毒

苗。使用强毒苗进行免疫危险较大,免疫的过程就是散毒的过程,后果不可预测,目前应严格禁止。

②弱毒苗:当今活疫苗主要指弱毒苗,主要是通过人工诱变而获得的弱毒株,或者是筛选的自然减弱的天然弱毒株或者失去毒力的无毒株所制成的疫苗。弱毒苗是目前使用较为广泛的疫苗,其优点是能在动物体内自然增殖,免疫剂量小,免疫保护期长,不需要使用佐剂,应用成本低。缺点是弱毒苗有散毒的可能或有一定的机体反应,不能制成联苗,保存运输要求高,现多制成冻干苗。

③异源苗:是利用不同种微生物具有类属保护性抗原所制成的疫苗。如用火鸡疱疹病毒(HVT)疫苗预防鸡马立克氏病、用鸽痘病毒疫苗预防鸡痘、用麻疹疫苗预防犬和野生动物的犬瘟热等。

将同种细菌(或病毒)的不同血清型混合而制成的疫苗叫多价苗,如巴氏杆菌不同血清型制成的多价苗,大肠杆菌多价苗,口蹄疫 O、A 型双价苗。用两种或两种以上的细菌或病毒联合制成的疫苗叫联苗,联苗一次免疫可达到预防多种疾病的目的。比如猪瘟-猪丹毒-猪肺疫三联苗,新城疫-减蛋综合征-传染性法氏囊病三联苗,犬的六联苗等。联苗或多价苗的应用可减少接种次数,减少接种动物的应激反应,减少人工,有利于畜牧业的生产管理。

(2)灭活疫苗

灭活疫苗简称死苗,是利用物理或化学的方法将含有细菌或病毒的材料进行处理,使其丧失感染性或毒性但仍保持免疫原性的一类生物制品。灭活疫苗可分为组织灭活疫苗和培养物灭活疫苗。灭活疫苗的优点是研制周期短,使用安全,易于保存和运输,容易制成联苗或多价苗;缺点是在动物体内不能增殖,使用剂量大,免疫保护期短,通常需加佐剂以增强免疫效果,常需多次免疫,且只能注射免疫。

(3)代谢产物疫苗

代谢产物疫苗是利用细菌的代谢产物比如毒素、酶等制成的疫苗。如破伤风毒素、白喉毒素、肉毒梭菌素经甲醛灭活后制成的类毒素具有良好的免疫原性,是一种良好的主动免疫制剂。此外,致病性大肠杆菌肠毒素、多杀性巴氏杆菌的攻击毒素和链球菌的扩散因子等也可作为代谢产物疫苗。

(4)亚单位疫苗

从病原体中提取有效的免疫成分,除去有害或无效成分,利用一种或几种亚单位成分制成的疫苗称为亚单位疫苗。这些有效免疫成分包括细菌的荚膜、鞭毛,病毒的囊膜、膜粒、衣壳蛋白等。亚单位疫苗没有微生物的遗传信息,但免疫动物后能产生针对此微生物的免疫力,并且可免除微生物非抗原成分引起的不必要的不良反应,保证疫苗的安全性。如狂犬病亚单位疫苗、口蹄疫 VP3 疫苗、流感血凝素疫苗及脑膜炎球菌多糖疫苗、致病性大肠杆菌 K88 疫苗等。亚单位疫苗由于制备困难,价格昂贵,在生产中推广应用较困难。

(5)生物技术疫苗

生物技术疫苗是利用生物分子水平技术制备的疫苗,包括基因工程亚单位疫苗、合成肽疫苗、抗独特型疫苗、DNA 疫苗及基因工程活载体疫苗。

①基因工程亚单位疫苗:利用 DNA 重组技术,将微生物的保护性抗原基因重组于载体

质粒后导入受体菌或细胞，使该基因在受体菌或细胞中高效表达，产生大量的保护性抗原肽片段，提取并将该抗原肽片段与佐剂混合制成亚单位疫苗。首次报道研制成功的是口蹄疫基因工程亚单位疫苗，此外还有预防仔猪和犊牛下痢的大肠杆菌菌毛基因工程亚单位疫苗。

②合成肽疫苗：用人工合成的多肽抗原与适当载体和佐剂配合而成的疫苗。如人工合成白喉杆菌的14个氨基酸肽、流感病毒血凝素的18个氨基酸肽等。此类疫苗解决了疫苗减毒不彻底导致的安全问题、生产过程中一些病毒不能人工培养问题、某些病毒如流感病毒不断出现新的血清型问题等。

③抗独特型抗体疫苗：与特定抗原的抗体结合的抗体，称为抗独特型抗体。抗独特型抗体可以模拟抗原物质，可刺激机体产生与抗原特异性抗体具有同等免疫效应的抗体，由此制成的疫苗称抗独特型疫苗或内影疫苗。抗独特型疫苗不仅能诱导体液免疫，也能诱导细胞免疫，并不受MHC的限制，而且具有广谱性。此类疫苗制备不易，成本较高。

④DNA疫苗：是一种最新分子水平的生物技术疫苗，用编码保护性抗原的基因与能在真核细胞中表达的载体DNA进行重组，重组的DNA可直接注射到动物体内，刺激机体产生体液免疫和细胞免疫。

⑤基因工程活载体疫苗：利用微生物做载体，将保护性抗原基因重组到微生物体中，利用这种能表达保护性抗原基因的重组微生物制成的疫苗，称为基因工程活载体疫苗（Vectored Vaccine）。包括基因缺失苗、重组活载体疫苗及非复制性疫苗3类。

a.基因缺失疫苗：使用基因工程技术将毒株具有毒力的相关基因切除后生产的疫苗。该疫苗比较稳定，无毒力返祖现象，是效果良好而且安全的新型疫苗。目前已广泛推广并有多种基因缺失疫苗问世，如霍乱弧菌A亚基基因切除94%的Al基因缺失变异株，获得无毒的活菌苗。另外，将某些疱疹病毒的TK基因切除，该疱疹病毒的毒力下降，而且不影响病毒复制及其免疫原性，成为良好的基因缺失疫苗。猪伪狂犬病基因缺失苗已商品化并普遍使用。

b.重组活载体疫苗：是用基因工程技术将保护性抗原基因（目的基因）转移到载体中，使之表达的活疫苗。目前有多种理想的病毒载体，如痘病毒、腺病毒和疱疹病毒等都可以用于活载体疫苗的制备。国外已经研制出以腺病毒为载体的乙肝疫苗、以疱疹病毒为载体的新城疫疫苗等。

c.非复制性疫苗：又称活-死苗。与重组活载体疫苗类似，但载体病毒接种后只产生顿挫感染，不能完成复制过程，无排毒的隐患，同时又可表达目的抗原，产生有效的免疫保护。如用金丝猴痘病毒为载体，表达新城疫病毒HF的基因，注射到鸡体内可预防鸡的新城疫。

（6）寄生虫疫苗

寄生虫大多具有复杂的生活史，同时虫体的抗原又极其复杂，并具有高度多变性，因此较为理想的寄生虫疫苗不多。多数研究者认为，只有活的虫体才能诱发机体产生保护性免疫。目前有些国家使用犬钩虫疫苗及抗球虫活苗等收到了良好的免疫效果，有些国家还相继生产了旋毛虫虫体组织佐剂苗、猪全囊虫匀浆苗、弓形虫佐剂苗和伊氏锥虫致弱苗等。我国是寄生虫感染较多的国家，因此寄生虫疫苗研究还需进一步发展。

2）免疫血清

动物经反复多次注射同一种抗原物质后，机体体液中尤其血清中产生大量抗体，由此分离所得血清称为免疫血清,又称高免疫血清或抗血清。此外,可用类似方法免疫产蛋鸡群,收集卵黄制备卵黄抗体。

免疫血清或卵黄抗体常用于传染病的治疗和紧急预防,属于人工被动免疫。一般用于传染病的紧急预防和治疗。临床上常用的免疫血清有抗炭疽血清、抗猪瘟血清、抗破伤风毒素。免疫血清根据抗原不同,可分为抗菌血清、抗病毒血清和抗毒素血清。根据制备免疫血清所用动物不同,分为同种动物血清和异种动物血清。一般抗病毒血清用同种动物制备,抗细菌和抗毒素血清用大动物(马、牛等)制备,如用马制备的破伤风抗毒素。异种血清比同种血清的免疫期长。

3)诊断液

利用微生物、寄生虫或其代谢产物制成的,专门用于传染病、寄生虫或其他疾病诊断以及机体免疫状态监测的生物制品叫诊断液。

诊断液包括诊断抗原和诊断抗体(血清)。诊断抗原包括变态反应性抗原和血清学反应抗原。布鲁氏菌素属变态反应性抗原,血清学反应抗原包括各种凝聚反应抗原(如鸡支原体全血平板凝聚抗原)和沉淀反应抗原(如马传染性贫血补体结合反应抗原)。

诊断抗体包括诊断血清和诊断用特殊抗体。诊断血清是用抗原免疫动物制成,如鸡白痢血清、炭疽沉淀素血清、产气荚膜梭菌定型血清、大肠杆菌和沙门氏菌的单因子血清等。此外,单克隆抗体、荧光抗体、酶标抗体等也已作为诊断制剂而得到广泛应用。研制出的诊断试剂盒也日益增多。

8.1.3　生物制品的命名原则

根据中华人民共和国,《兽用新生物制品管理办法》规定,生物制品命名原则有 10 条。

①生物制品的命名原则以明确、简练、科学为基础原则。

②生物制品名称不采用商品名或代号。

③生物制品名称一般采用"动物种名+病名+制品名称"的形式。诊断制剂则在制品种类前加诊断方法名称。如牛巴氏杆菌病灭活疫苗、马传染性贫血活疫苗、猪支原体肺炎微量间接血凝抗原。特殊的制品命名可参照此方法。病名应为国际公认的、普遍的称呼,译音汉字采用国内公认的习惯定法。

④共患病一般可不列动物种名。如气肿疽灭活疫苗、狂犬病灭活疫苗。

⑤有特定细菌、病毒、立克次体、螺旋体、支原体等微生物以及寄生虫制成的主动免疫制品,一律称为疫苗。例如:仔猪副伤寒活疫苗、牛瘟活疫苗、牛环形泰勒虫疫苗。

⑥凡将特定细菌、病毒等微生物及寄生虫毒力致弱或采用异源毒制成的疫苗,称"活疫苗";用物理或化学方法将其灭活后制成的疫苗,称"灭活疫苗"。

⑦同一种类而不同病毒(菌、虫)株(系)制成的疫苗。可在全称后加括号注明毒(菌、虫)株(系)。例如:猪丹毒活疫苗(GC42 株)、猪丹毒活疫苗(G4T10 株)。

⑧由两种以上的病原体制成的一种疫苗,命名采用"动物种名+若干病名+x 联疫苗"的形式。例如:羊黑疫、快疫二联灭活疫苗,猪瘟、猪丹毒、猪肺疫三联活疫苗。

⑨由两种以上血清型制备的一种疫苗,命名采用"动物种名+病名+若干型名+x 价疫苗"

的形式。例如:口蹄疫O型、A型双价活疫苗。

⑩制品的制造方法、剂型、灭活剂、佐剂一般不标明。但为区别已有的制品,可以标明。

8.2 生物制品的应用

8.2.1 人工主动免疫类生物制品

人工主动免疫类生物制品主要为疫苗,疫苗的主要作用如下所述。

1)感染和免疫反应

病原侵入机体的主要途径是消化道、泌尿生殖道、呼吸道和眼结膜。免疫反应是一个非常复杂的过程,需要体内各种细胞和细胞因子的参与,还受动物自身遗传因子的控制。免疫反应一般分为3个阶段:起始阶段、结合阶段、反应阶段。不同病原微生物和不同感染途径能造成机体产生不同的免疫反应。根据参与免疫应答的免疫细胞不同,免疫反应可分为细胞免疫反应和体液免疫反应。

2)死疫苗、亚单位疫苗引起体内的体液免疫

亚单位疫苗是由感染源的某个或某些特异性蛋白质制成的疫苗。死疫苗是由选用免疫原性强的病原微生物经人工培养后,用理化方法将其灭活制成的疫苗。不论亚单位疫苗还是死疫苗都必须需要多次免疫才能使机体产出有效的免疫反应和免疫记忆,且主要引起体液免疫,故此亚单位疫苗和死疫苗主要用于预防细胞外感的病原体,而对病毒、细胞内寄生的细菌和寄生虫等病原微生物的免疫效果较差。

3)减毒活疫苗与细胞免疫反应

由于活疫苗在宿主体内进行生长和增殖,延长了免疫系统对抗原的识别时间,有利于机体自身免疫力的提高和记忆型免疫细胞的产生,主要是活苗可以激发细胞免疫反应,产生记忆型的细胞毒性T细胞(T_C),细胞免疫反应具有抗细胞内病毒和胞内细菌感染、抗真菌和抗肿瘤的作用。

细胞免疫反应也需要识别、活化增殖、分化和效应3个阶段。首先抗原递呈细胞将抗原递呈给T细胞,T细胞开始活化增殖、分化形成效应T细胞,效应T细胞包括T_C和T_D(迟发型变态反应性T细胞)。由T_D细胞释放多种可溶性淋巴因子和T_C细胞的直接杀伤作用,最终完成细胞免疫,杀死被感染或寄生的宿主靶细胞。

4)口服疫苗和黏膜免疫反应的应用

许多病毒和细胞感染都是由黏膜进入机体,包括消化道、呼吸道和泌尿生殖道等黏膜,黏膜是人体免疫系统的第一道屏障。黏膜下聚集了大量的B淋巴细胞,主要产生分泌型的IgA抗体。当疫苗和外源性病原微生物接触黏膜上皮时,某些部分的黏膜上皮细胞可以作为抗原递呈细胞将抗原传递给T_H(辅助性T细胞)细胞,从而促进B淋巴细胞产生IgA抗体。作为人体第一道免疫屏障通过结合抗原、细菌、细菌毒素或病毒阻止他们侵入机体,从而杀死病原体，完成体液免疫。

5）多糖疫苗的非胸腺依赖性反应

许多微生物的多糖、糖脂和核苷酸，都可诱导免疫反应，此类抗原不能被抗原递呈细胞加工处理，也不能激活 T 细胞，但能同时与 B 细胞表面多个抗原受体（Ig）交连，没有辅助性 T 细胞的作用下，能激活 B 淋巴细胞，产生抗体 IgM 而完成免疫应答。近年来疫苗研究人员正在努力将多糖抗原连接在适当的蛋白质载体上制成偶联疫苗，这类疫苗可激活 T 细胞，产生免疫应答，对接种者产生长时间的免疫保护。

8.2.2　疫苗使用的注意事项

疫苗是用于人工主动免疫的生物制品，接种疫苗是预防动物疾病的发生行之有效的措施之一，但在疫苗使用的过程中，注意以下 9 个方面的问题，否则就会造成免疫失败。

1）疫苗的质量

首先，要选购通过 GMP 验收，具有农业部正式生产许可证及批准文号的生物制品企业生产的疫苗。不选购快到失效期或已过失效期的疫苗。不选购瓶盖松动、瓶身破裂、瓶签不清的疫苗。不选购苗中混有杂质、变色、灭活苗破乳层分离的疫苗。购买及使用前检查是否过期，并剔除破损、封口不严及物理性状（色泽、外观、透明度、有无异物等）与说明不符者。

2）疫苗的保存和运输

供免疫接种的疫苗购买后，必须按规定的条件保存和运输，否则会使疫苗的质量明显下降而影响免疫效果甚至造成免疫失败。一般来说，灭活苗要保存于 2～14 ℃的阴暗环境中，非经冻干的活菌苗（湿苗）要保存于 4～8 ℃的冰箱中，这两种疫苗都不应冻结保存。冻干的弱毒苗，一般都要求低温冷冻－15 ℃以下保存，并且保存温度越低，疫苗病毒（或细菌）死亡越少。如猪瘟兔化弱毒冻干苗在－15 ℃可保存 1 年，0～8 ℃保存 6 个月，25 ℃约 10 d。有些国家的冻干苗因使用耐热保护剂而保存于 4～6 ℃。所有疫苗的保存温度均应保持稳定，如果温度高低波动大，尤其是反复冻融，疫苗病毒（或细菌）会迅速大量死亡。马立克病疫苗有一种细胞结合型疫苗，必须于液氮罐中保存和运输，要求更为严格。

疫苗运输的理想温度应与保存的温度一致，在疫苗运输时通常都达不到理想的低温要求，因此，运输时间越长，疫苗中病毒（或细菌）的死亡率越高，如果中途转运多次，影响就更大，生产中要注意此环节。

3）稀释与疫苗的及时使用

（1）器械的消毒

一切用于疫苗稀释的器具，包括注射器、针头及容器等，使用前必须洗涤干净，并经高压灭菌或煮沸消毒，不干净的和未经灭菌的用具，容易造成疫苗的污染或将疫苗病毒（或细菌）杀死。注射器和针头尽量做到一头换一个。决不能一个针头从头打到尾。用清洁的专用针头吸药，使用完毕的疫苗瓶、剩余疫苗及给药工具一起消毒灭菌处理。

（2）稀释剂的选择

必须选择符合要求的稀释剂来稀释疫苗。除马立克病疫苗等个别疫苗要用专门的稀释剂以外，一般用于滴鼻、滴眼、刺种、擦肛及注射的疫苗，可用灭菌的生理盐水或灭菌的蒸馏水作为稀释剂；饮水免疫时，稀释剂最好用蒸馏水或去离子水，也可用洁净的深井水，但不能用含消毒剂的自来水；气雾免疫时，稀释即可用蒸馏水或去离子水，如果稀释水中含有盐类，雾滴喷出后，由于水分蒸发，盐类的浓度增高，也会使疫苗病毒死亡。为了保护疫苗病毒，可在饮水或气雾的稀释剂中加入0.1%的脱脂奶粉或山梨糖醇。

(3)稀释方法

稀释疫苗时，首先将疫苗瓶盖消毒，然后用注射器把少量的稀释剂注入疫苗瓶中，充分摇匀，使疫苗完全溶解后，再加入其余量的稀释剂。如果疫苗瓶太小，不能装入全部的稀释剂，应把疫苗吸出来放于一容器中，再用稀释剂将原疫苗瓶冲洗若干次，以便将全部疫苗病毒(或细菌)都洗下来。疫苗应于临用前才由冰箱内取出，稀释后应尽快使用。尤其是活毒疫苗稀释后，于高温条件下或被太阳光照射易死亡，时间越长，死亡越多。一般来说，马立克氏疫苗应于稀释后1~2 h用完，其他疫苗也应于2~4 h用完，超过此时间的要灭菌后废弃，更不能隔天使用。

疫苗应于临用前才由冰箱内取出，稀释后应尽快使用。尤其是活毒疫苗稀释后，于高温条件下或被太阳光照射易死亡，时间越长，死亡越多。一般来说，马立克氏疫苗应于稀释后1~2 h用完，其他疫苗也应于2~4 h用完，超过此时间的要灭菌后废弃，更不能隔天使用。

4)选择适当的免疫途径

接种疫苗的方法有滴鼻、点眼、刺种、皮下或肌肉注射、饮水、气雾、滴肛或擦肛等，应根据疫苗的类型、疫病特点及免疫程序来选择每次的接种途径，一般应以疫苗使用说明为准。例如灭活疫苗、类毒素和亚单位疫苗不能经消化道接种，一般用于肌肉或皮下注射，注射时应选择活动少的易于注射的部位，如颈部皮下、禽胸部肌肉等。

5)制订合理的免疫程序

目前没有适用于各地区及各饲养场的固定的免疫程序，应根据当地的实际情况制订。由于影响免疫的因素很多，免疫程序应根据疫病在本地区的流行情况及规律、家禽的用途(种用、肉用或蛋用)、年龄、母源抗体水平和饲养条件，以及使用疫苗的种类、性质、免疫途径等方面的因素制订，不宜做统一要求。免疫程序应随情况的变化而作适当的调整，不存在普遍适用的最佳免疫程序。血清学抗体检测是重要的参考数据。

6)免疫剂量、接种次数及时间间隔

在一定限度内，疫苗用量与免疫效果呈正相关。过低的剂量刺激强度不够，不能产生足够强烈的免疫反应，而疫苗用量超过了一定限度后，免疫效果不但不增加，还可能导致免疫受到抑制，称为免疫麻痹。因此疫苗的剂量应按照规定使用，不得任意增减。疫苗使用时，在初次应答后，间隔一定时间重复免疫，可刺激机体产生再次应答和回忆反应，产生较高水平的抗体和持久免疫力。所以生产中常进行2~3次的连续接种，时间间隔视疫苗种类而定，细菌或病毒疫苗免疫产生快，间隔7~10 d或更长一些。类毒素是可溶性抗原，免疫反应产生较慢，时间间隔至少4~6周。

7)注意疫苗的型别与疫病型别

有些传染病的病原有多种血清型，并且各血清型之间无交互免疫性。因此，对于这些传染病的预防就需要对型免疫或用多价苗，如口蹄疫、禽流感、鸡传染性支气管炎的免疫就应注意对型免疫或使用多价苗。活菌苗和活病毒苗不能随意混合使用。

8）要防止发病

免疫接种时，应注意被免疫动物的年龄、体质和特殊的生理时期（如怀孕和产蛋期）。幼龄动物应选用毒力弱的疫苗免疫，如鸡新城疫的首次免疫用Ⅳ系而不用Ⅰ系，鸡传染性支气管炎首次免疫用 H120，而不用 H52；对体质弱或正患病的动物应暂缓接种；对怀孕母畜和产蛋期的家禽使用弱毒疫苗，可导致胎儿的发育障碍和产蛋下降，因此，生产中应在母畜怀孕前、家禽产蛋前做好各种免疫工作，必要时，可选择灭活疫苗，以防引起流产和产蛋下降等不良后果。

9）免疫接种期的饲养管理

使用活菌苗前后 10 d 不得使用抗生素及其他抗菌药。免疫接种后要将用过的用具及剩余的疫苗高压灭菌。同时注意观察动物的状态和反应，有些疫苗使用后会出现短时间的轻微反应，如发热、局部淋巴结肿大等，属正常反应。如出现剧烈或长时间的不良反应，应及时治疗。

8.2.3　免疫血清使用的注意事项

免疫血清是用于人工被动免疫的生物制品，一般保存于 2~8 ℃的冷暗处，冻干制品在 −15 ℃以下保存。接种免疫血清是预防和治疗动物疫病行之有效的措施之一，但在免疫血清使用的过程中，必须注意以下 5 个方面。

1）要尽早使用

免疫血清具有中和毒素和杀死病原的作用，抗病毒血清具有中和病毒的作用，这种作用仅限于未和组织细胞结合的外毒素和病毒，而对已和组织细胞结合的外毒素、病毒及产生的组织损害不起作用。因此，用免疫血清治疗时，越早越好，以便使毒素和病毒在未达到侵害部位之前，就被中和而失去毒性。

2）用量要多次

应用免疫血清治疗虽然有收效快、疗效高的特点，但半衰期短，因此必须多次足量注射才能取得理想的效果。

3）用量要足够

据动物的体重、年龄和使用目的来确定血清用量，一般大动物预防用量为 10~20 mL，中等动物 5~10 mL，家禽预防用量 0.5~1 mL，治疗用量 2~3 mL。要按照要求剂量使用，一次用量不可过大。

4）途径要合理

使用免疫血清要有适当的途径，大多采用注射，而不能经口使用。注射时宜选择吸收较快者为宜。静脉吸收最快，但易引起过敏反应，应用时要注意预防。另外，也可选择皮下或肌肉注射。静脉注射时应预先加热到 30 ℃左右，皮下注射和肌肉注射量较大时应多点注射。

5)要防止过敏

免疫血清多用异种动物制备的血清,使用时可能会引起过敏反应,预防过敏反应主要措施是使用提纯的制品。给大动物注射异种血清时,可采取脱敏疗法注射,必要时应准备好抢救的措施。

本章小结

1.本章的主要内容包括生物制品的概念、分类、命名原则、生物制品的应用。生物制品是畜牧业生产中疫病防控的常用制剂,主要有疫苗、免疫血清、诊断液。

2.本章要求重点掌握生物制品的概念、分类及使用注意事项,了解生物制品的应用,培养学生合理利用生物制品进行动物疫病的预防、诊断与治疗的能力。

思考题

1.名词解释:生物制品、疫苗、诊断液

2.疫苗使用的注意事项有哪些?

3.免疫血清使用的注意事项有哪些?

4.活苗与灭活疫苗各有哪些优缺点?

第9章 微生物实验

【学习目标】

掌握微生物相关的基本实验操作方法。加深和巩固对微生物理论知识的理解,养成严肃认真的科学态度,为今后的实际工作打下良好的基础。

9.1 实验一 显微镜油镜使用及微生物形态观察

9.1.1 目的要求

①掌握显微镜油镜的使用方法,学习显微镜的日常保养。

②掌握细菌的观察方法,初步认识细菌的形态特征。

9.1.2 基本原理

油镜的透镜很小,光线通过玻片与油镜头之间的空气时,因介质密度不同,发生折射或全反射,使射入透镜的光线减少,物象显现不清。若在油镜与载玻片之间加入和玻璃折射率($n=1.52$)相近的香柏油($n=1.515$),则使进入透镜的光线增多,视野亮度增强,使物象明亮清晰(图9.1)。

9.1.3 实验材料及仪器

①显微镜、擦镜纸、吸水纸、香柏油、二甲苯等。

②炭疽芽胞杆菌、肺炎链球菌、霍乱弧菌等细菌的染色标本片。

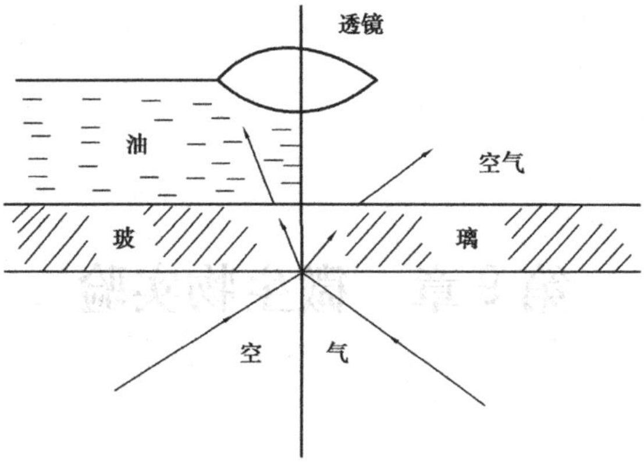

图 9.1 油镜的使用原理

9.1.4 操作步骤

1)放置

用油镜时,勿将镜臂弯曲倾斜,以免油滴外溢,造成污染影响观察。

2)调光

用低倍镜对光,同时调节集光器和光圈以获得最适亮度。染色标本油镜检查时,应将光圈完全打开,集光器上升至载物台相平,使光亮度最强。

3)放置与镜检

标本片放在载物台上,用压片夹固定,低倍镜找出观察对象,然后在待检部位上加 1 滴香柏油,转动镜头转换器,将油镜头置于工作位置,从侧面观察并缓慢转动粗调节器,使油镜头浸没在油滴内,当油镜头几乎接触玻片时停止转动,然后眼睛移至目镜,缓慢向上移动粗调节器,当看到模糊物象时,再转动细调节器直至物象完全清晰为止。

4)收拾

观察完毕,取下标本片,立即用擦镜纸顺一个方向旋转擦拭镜头上的油。若油已干,应先用二甲苯滴在擦镜纸上擦净镜头,再用另一干净擦镜纸拭去镜头上沾有的二甲苯;显微镜擦净后,降低物镜并将其转成八字形,集光器下降,关闭光圈,罩上显微镜罩。

9.1.5 实验报告

1)结果

结合油镜的使用,观察 3 张细菌标本片(炭疽芽胞杆菌、肺炎链球菌、霍乱弧菌),边观察边绘图。

2)思考题

①使用油镜时,为什么必须用镜头油?

②镜检标本时,为什么先用低倍镜观察,而不是直接用高倍镜或油镜观察?

9.2　实验二　美蓝染色法

9.2.1　目的要求

①掌握细菌涂片和染色的基本技术。
②掌握美蓝染色法操作技术。

9.2.2　基本原理

细菌细胞微小且无色透明，在普通光学显微镜下不易识别，必须借助染色剂使菌体着色，增加与背景的反差，才能在显微镜下观察菌体的个体形态和部分结构。因此，微生物染色是微生物学中的一项基本技术。由于细胞对染料的毛细现象、渗透、吸附、吸收等物理作用，以及细胞与染料之间离子交换、酸碱亲和等化学作用，染料能使细菌着色，并且因细菌细胞的结构和化学成分不同，而会有不同的染色反应。在一般情况下细菌菌体多带负电荷，所以常用碱性染料进行染色。碱性染料并不是碱，和其他染料一样是一种盐，电离后染料离子带正电，易与带负电的细菌结合而使细菌着色。生物染色常用的碱性染料有结晶紫、美蓝、石炭酸复红、番红等。

美蓝染色法是只用一种染色剂对细胞进行染色。此法操作简便，适用于菌体的一般形态观察，但通常不能显示细胞构造，也不能鉴别细菌类别。

染色前必须将菌体涂布于载玻片上并进行固定，其目的是杀死细菌，并使菌体黏附在载玻片上，防止菌体被染色剂冲掉。此外还可增加菌体对染料的亲和力。

9.2.3　实验材料及仪器

1）菌种

大肠埃希氏菌。
金黄色葡萄球菌。
枯草芽胞杆菌。

2）染色液

碱性美蓝染色液配置：
美蓝（亚甲基蓝）：0.3 g。
95%乙醇：30 mL。
0.01%氢氧化钾溶液：100 mL。
将美蓝溶解于乙醇中，然后与氢氧化钾溶液混合。

3)其他

显微镜,载玻片,接种环,酒精灯,吸水纸,香柏油,玻璃缸,玻片搁架。

9.2.4 操作步骤

1)制备涂片

(1)涂片

取洁净无油载玻片一块,在其中央滴加1小滴无菌水,用接种环以无菌操作法从试管斜面取少许细菌培养物,在载玻片上的水滴中研开后涂成薄的菌膜(直径约1 cm)。如是液体标本,直接用接种环挑取1~2环菌液,涂布于玻片上,制成薄的菌膜。

(2)干燥

将涂布的标本在室温中自然干燥。如需加速干燥,可在酒精灯火焰上方的热气中加温干燥,但切勿在火焰上直接烘烤。

(3)固定

手持玻片一端,涂有菌膜的一面朝上,以其背面迅速通过火焰2~3次,略作加热,以玻片背面触及手背皮肤,以有热感但不觉烫为度。

2)染色

(1)染色

将玻片水平放置在玻片架上,在涂片菌膜处滴加碱性美蓝染液,以完全覆盖菌膜为度,染色1~2 min。

(2)水洗

染色后倾去玻片上的染液,手持洗瓶,用细小水流从玻片侧面冲洗,至流下的水基本无色为止。

(3)吸干

用滤纸覆盖在玻片上并轻轻按压,吸干水分。

3)镜检

用油镜观察染色标本。菌体呈蓝色。

9.2.5 实验报告

1)绘图

记录观察结果。

2)思考题

①根据你的实验体会,你认为制备染色标本时应注意哪些事项?

②染色之前为什么要对菌体进行固定?

9.3 实验三 瑞氏染色法

9.3.1 目的要求

①掌握细菌涂片和染色的基本技术。

②掌握瑞氏染色法操作技术。

9.3.2 基本原理

瑞氏染料是由碱性染料美蓝(Methvlem Blue)和酸性染料黄色伊红(Eostm Y)合称伊红美蓝染料,即瑞氏(美蓝-伊红 Y)染料。伊红钠盐的有色部分为阴离子,无色部分为阳离子,其有色部分为酸性,故称伊红为酸性染料。美蓝通常为氯盐,故呈碱性,美蓝的中间产物结晶为三氯化镁复盐,其有色部分为阳离子,无色部分为阴离子,恰与伊红钠盐相反。为了观察细胞内部结构,识别各种细胞及其异常变化,血涂片必须进行染色。瑞氏染色法是血细胞分析最经典和最常用的染色法。细胞的各大种成分均由蛋白质构成,由于蛋白质是两性电解质,所带正电荷的数量随溶液 pH 而定。对某一蛋白质而言,如环境 pH<pI(pI 为蛋白质的等电点),则该蛋白质在酸性环境中正电荷增多,易与伊红结合,染色偏红;相反,当环境的 pH>pI,即在碱性环境中负电荷增多,易与美蓝结合,染色偏蓝。临床上常用缓冲液(pH 6.4~6.8)来调节染色时的 pH 值,同时还应注意使用清洁、中性的玻片,优质的甲醇配制染液,以期达到满意的染色效果。

瑞氏染色的染料配方浓度对细胞核着色程度适中,细胞核结构和色泽清晰艳丽,对核结构的识别较佳,但对胞浆着色偏酸,色泽偏红,对细胞质内颗粒特别是嗜天青颗粒及嗜中性颗粒着色较差。

9.3.3 实验材料及仪器

1)血液涂片

取一张边缘整齐的载玻片,在其一端蘸取血液等液体材料少许,在另一张洁净的玻片上,以 45°角均匀堆成一薄层的涂面。

2)染色液

(1)瑞氏染料

由酸性染料伊红(Eosin,E)和碱性染料亚甲蓝(Methylene blue,M)组成的复合染料。亚甲蓝(又名美蓝),有对醌型和邻醌型两种结构,通常为氯盐,即氯化美蓝。美蓝容易氧化为一、二、三甲基硫堇等次级染料(即天青)。伊红通常为钠盐。将适量的伊红,美蓝溶解在甲醇中,即为瑞氏染料。

甲醇的作用:一是溶解美蓝和伊红(ME),使其解离为M+和E+,后两者可以选择性地吸附于血细胞内的不同成分而使其着色;二是具有很强的脱水作用,可固定细胞的形态,当细胞发生凝固时,蛋白质被沉淀为颗粒状或者网状,增加细胞结构的表面积,提高对染料的吸附作用,增强染色效果。

(2)瑞氏染液的配制

取瑞氏染料0.1 g、甲醇600 mL、甘油15 mL,在研钵中混合研磨,再加入甲醇60 mL使其溶解,装入棕色瓶中越夜,次日过滤,盛于棕色瓶中,保存于暗处。保存越久,染色越好。

3)其他

显微镜,载玻片,接种环,吸水纸,香柏油,玻璃缸,玻片搁架。

9.3.4 操作步骤

1)制备涂片

取洁净无油玻片一块,在其中央滴加一血液,用边缘整齐的载玻片在玻片上的水滴中研开后涂成薄片(直径约1 cm)。

2)染色

①血涂片自然干燥后,用蜡笔在两端画线,以防染色时染液外溢。随后将玻片平置于染色架上,滴加染液3~5滴,使其盖满血涂片,大约1 min后,滴加等量或稍多的Ⅱ液,用吸耳球轻轻混匀。

②冲洗:染色5~10 min用流水冲洗染液,待干。

3)结果观察

将干燥后的血涂片置显微镜下观察。先用低倍镜观察血涂片,再用油镜。

正常情况下,细菌应被染色成蓝色,组织细胞为红色,细胞核为蓝色。

9.3.5 实验报告

1)结果

记录观察结果。

2)思考题

①根据你的实验体会,你认为制备染色标本时应注意哪些事项?

②菌体固定原理是什么?

9.4 实验四 姬姆萨染色法

9.4.1 目的要求

①掌握细菌涂片和染色的基本技术。

②掌握姬姆萨染色法操作技术。

9.4.2 基本原理

姬姆萨染色原理和瑞氏染色法基本相同。

9.4.3 实验材料及仪器

1)血液涂片

2)染色液

1 g的姬姆色素染料加入66 mL甘油,混匀,60 ℃保温溶解2 h,再加入66 mL甲醇混匀,即配成姬姆色素原液,用PBS稀释10倍左右就可以使用(此为姬姆萨工作液),工作液可保存一个月左右。

PBS(pH 6.8,0.01 mol/L)缓冲液配置:

称取71.6 g $Na_2HPO_4 \cdot 12H_2O$,溶于1 000 mL水,取51 mL,再称取31.2 g $NaH_2PO_4 \cdot 2H_2O$,溶于1 000 mL水,取49 mL,将二者混合后,定容至2 000 mL。

固定液(3体积乙醇+1体积冰乙酸)。

3)其他

显微镜,载玻片,接种环,吸水纸,香柏油,玻璃缸,玻片搁架。

9.4.4 操作步骤

①血涂片自然干燥后,用固定液固定10 min,随后干燥。

②置姬姆萨工作液30 min。

③洗脱：染色完成后，涂片立即用双蒸水洗脱。

④显微镜观察：用甘油压片，指甲油封固。在100×油镜下观察。细菌呈蓝青色，组织细胞质呈红色，细胞核呈蓝色。

9.4.5 实验报告

1）结果

将干燥后的血涂片置显微镜下观察。先用低倍镜观察血涂片，再用油镜观察。

2）思考题

姬姆萨染色法原理。

9.5 实验五 革兰氏染色法

9.5.1 目的要求

①了解革兰氏染色的机理。
②掌握革兰氏染色的方法。

9.5.2 基本原理

革兰氏染色反应是细菌分类和鉴定的重要性状。它是1884年由丹麦医师GRAM创立的。革兰氏染色法不仅能观察到细菌的形态而且还可将所有细菌区分为两大类：染色反应呈蓝紫色的称为革兰氏阳性细菌，用G^+表示；染色反应呈红色（复染颜色）的称为革兰氏阴性细菌，用G^-表示。细菌对于革兰氏染色的不同反应，是由于它们细胞壁的成分和结构不同而造成的。革兰氏阳性细菌的细胞壁主要是由肽聚糖形成的网状结构组成的，在染色过程中，当用乙醇处理时，由于脱水而引起网状结构中的孔径变小，通透性降低，使结晶紫-碘复合物被保留在细胞内而不易脱色，因此，呈现蓝紫色；革兰氏阴性细菌的细胞壁中肽聚糖含量低，而脂类物质含量高，当用乙醇处理时，脂类物质溶解，细胞壁的通透性增加，使结晶紫-碘复合物易被乙醇抽出而脱色，然后又被染上了复染液（番红）的颜色，因此呈现红色。

9.5.3 实验材料及仪器

1）菌种

枯草芽孢杆菌。

大肠埃希氏菌。

金黄色葡萄球菌。

2）试剂

革兰氏（Gram）染色液。

（1）草酸铵结晶紫染液

A 液：结晶紫 2 g 95%酒精 20 mL。

B 液：草酸铵 0.8 g 蒸馏水 80 mL。

混合 A、B 两液，静置 48 h 后使用。

（2）卢戈氏（Lugol）碘液

碘片 1.0 g 碘化钾 2.0 g 蒸馏水 300 mL。

先将碘化钾溶解在少量水中，再将碘片溶解在碘化钾溶液中，待碘全溶后，加足水分即成。

（3）95%的酒精溶液

（4）番红复染液番红 2.5 g 95%酒精 100 mL

取上述配好的番红酒精溶液 10 mL 与 80 mL 蒸馏水混匀即成。

3）其他

显微镜，载玻片，接种环，酒精灯，香柏油，二甲苯，擦镜纸等。

9.5.4 操作步骤

1）制片

（1）抹片

首先在载玻片上滴一小滴蒸馏水，用灼烧过的接种针挑取少量细菌，置载玻片的水滴中与水混合并涂抹开，注意涂抹要均匀平坦，涂抹后直径约为 1 cm 的薄层。

（2）固定

将载玻片在火焰上方快速来回通过一两次，以载玻片的加热面接触手背皮肤，不觉过烫为佳，待冷却后再在火焰上方来回通过一两次，再冷却，这样重复操作直到薄层干了为止。

2）染色

（1）初染

在涂片菌膜处滴加草酸铵结晶紫染液，染色 1~1.5 min，然后用细小的水流从标本上端冲净残余染液（注意勿使水流直接冲洗涂菌处），至流下的水为无色。

（2）媒染

滴加路哥氏碘液覆盖菌膜，媒染 1~1.5 min，然后用流水冲洗掉多余的碘液。用吸水纸吸干载片上的水分。

(3)脱色

倾斜玻片并衬以白色背景,流滴95%乙醇冲洗涂片,同时轻轻摇动载片使乙醇分布均匀,至流出的乙醇刚刚不出现紫色时即停止脱色,并立即用水冲净乙醇。

这一步是染色成败的关键,必须严格掌握酒精脱色的程度。脱色过度,则阳性菌会被误认为阴性菌;脱色不足阴性菌也可被误认为阳性菌。

(4)复染

滴加番红染液,染色1~2 min,水洗后用滤纸吸干水分。

3)镜检

先用低倍镜,再用高倍镜和油镜观察。革兰氏阴性菌呈红色,革兰氏阳性菌呈蓝紫色。

9.5.5 实验报告

1)结果

革兰氏染色结果记录:

大肠杆菌:　　　　　　枯草杆菌:　　　　　　金黄色葡萄球菌:

2)思考题

本实验为何能将细菌分为G^+和G^-两大类?

9.6 实验六　放线菌的形态观察

9.6.1 目的要求

①学习并掌握观察放线菌形态结构的基本方法。

②观察放线菌的个体形态特征。

9.6.2 基本原理

放线菌自然生长的个体形态的观察现多用玻璃纸琼脂透析培养法。玻璃纸具有半透膜特性,其透光性与载玻片基本相同,采用玻璃纸琼脂平板透析培养,能使放线菌生长在玻璃纸上,然后将长菌的玻璃纸剪取小片,贴放在载玻片上,用显微镜镜检可见到放线菌自然生长的个体形态。采用插片培养法也能观察放线菌的个体形态。

9.6.3 实验材料及仪器

1)菌种

培养5~7 d的紫色直丝链霉菌、吸水链霉菌的斜面菌种。

2)培养基

高氏Ⅰ号琼脂培养基。

3)染色液

0.1%美蓝染液。

4)器材

无菌平皿、玻璃纸、9 mL无菌水试管若干支、酒精灯、载玻片、盖玻片、接种环、镊子、玻璃刮铲、1 mL无菌吸管、剪刀、载玻片、显微镜。

9.6.4 操作步骤

1)玻璃纸法

①将玻璃纸剪成培养皿大小,用旧报纸隔层叠好后灭菌。

②将放线菌斜面菌种制成10^{-3}的孢子悬液。

③将高氏Ⅰ号琼脂培养基熔化后在火焰旁倒入无菌培养皿内,每皿倒15 mL左右,待培养基凝固后,在无菌操作下用镊子将无菌玻璃纸覆盖在琼脂平板上即制成玻璃纸琼脂平板培基。

④分别用1 mL无菌吸管取0.2 mL吸水链霉菌孢子悬液、紫色直丝链霉菌孢子悬液分别滴加在两个玻璃纸琼脂平板培养基上,并用无菌玻璃刮铲涂抹均匀。

⑤将接种的玻璃纸琼脂平板置28~30 ℃下培养。

⑥在培养至3 d、5 d、7 d时,从温室中取出平皿。在无菌环境下。打开培养皿,用无菌镊子将玻璃纸与培养基分离,用无菌剪刀取小片置于载玻片上用显微镜观察。

2)插片培养法

放线菌的插片培养是将放线菌菌种制成孢子悬液后(浓度以10^{-3}~10^{-2}为好),0.2 mL放在适合放线菌生长的平板培养基上,用玻璃刮铲涂布均匀,然后将灭过菌的盖玻片斜插入固体培养基中,置28~32 ℃下培养,3~5 d后取出盖玻片放在载玻片上镜检,可见放线菌的自然生长的个体形态。观察时,要注意放线菌的基内菌丝、气生菌丝的粗细和色泽差异。

9.6.5 实验报告

1)绘图

绘出吸水链霉菌和紫色直丝链霉菌自然生长的个体形态图。

2)思考题

①为什么在培养基上放了玻璃纸后,放线菌仍能生长?

②显微镜观察时,如何区分放线菌的几种菌丝?

9.7 实验七 霉菌的形态结构观察

9.7.1 目的要求

①学习并掌握霉菌的制片方法。

②观察霉菌的个体形态及各种无性和有性孢子的形态。

9.7.2 基本原理

霉菌的营养体是分枝的丝状体。其个体比细菌和放线菌大得多,分为基内菌丝和气生菌丝。基内菌丝除基本结构外,有的霉菌还有一些特殊形态,如假根、匍匐菌丝、吸器等;气生菌丝中又可分化出繁殖丝,不同霉菌的繁殖菌丝可以形成不同的无性和有性孢子。观察时要注意细胞的大小、菌丝构造和繁殖方式。霉菌菌丝较粗大,细胞易收缩变形,且孢子容易飞散,所以制标本时常用乳酸石炭酸棉蓝染色液。此染色液制成的霉菌标本片的特点是:细胞不变形,具有杀菌防腐作用,且不易干燥,能保持较长时间,溶液本身呈蓝色,有一定染色效果。利用培养在玻璃纸上的霉菌作为观察材料,可以得到清晰、完整、保持自然状态的霉菌形态;也可以直接挑取生长在平板中的霉菌菌体制水浸片观察。

9.7.3 实验材料及仪器

1)菌种

黑根霉。

产黄青霉。

黑曲霉。

总状毛霉。

2)培养基

PDA 培养基。

3)染色液和试剂

乳酸石炭酸棉蓝染色液、50%酒精(V/V)。

4）器材

剪刀、镊子、载玻片、盖玻片、解剖针、显微镜。

9.7.4 操作步骤

1）水浸制片观察法

在载玻片上滴加 1 滴乳酸石炭酸棉蓝染色液或蒸馏水，用解剖针从生长有霉菌的平板中挑取少量带有孢子的霉菌菌丝，用 50%的乙醇浸润，再用蒸馏水将浸过的菌丝洗一下，然后放入载玻片上的液滴中，仔细地用解剖针将菌丝分散开来。盖上盖玻片（勿使产生气泡，且不要再移动盖玻片），先用低倍镜，必要时转换高倍镜镜检并记录观察结果。

2）玻璃纸透析培养观察法

（1）玻璃纸的选择与处理

要选择能够允许营养物质透过的玻璃纸。也可收集商品包装用的玻璃纸，加水煮沸，然后用冷水冲洗。经此处理后的玻璃纸若变硬，必定是不可用的，只有那些软的可用。将那些可用的玻璃纸剪成适当大小，用水浸湿后，夹于旧报纸中，然后一起放入平皿内 121 ℃灭菌 30 min 备用。

（2）菌种的培养

按无菌操作法，倒平板，冷凝后用灭菌过的镊子夹取无菌玻璃纸贴附于平板上，再用接种环蘸取少许霉菌孢子，在玻璃纸上方轻轻抖落于纸上。然后将平板置 28～30 ℃下培养 3～5 d，曲霉菌和青霉菌即可在玻璃纸上长出单个菌落（根霉菌的气生性强，形成的菌落铺满整个平板）。

（3）制片与观察

剪取玻璃纸透析法培养 3～4 d 后长有菌丝和孢子的玻璃纸一小块，先放在 50%乙醇中浸一下，洗掉脱落下来的孢子，并赶走菌体上的气泡，然后正面向上贴附于干净载玻片上，滴加 1～2 滴乳酸石炭酸棉蓝染色液，小心地盖上盖玻片（注意不要产生气泡），且不要移动盖玻片，以免搞乱菌丝。标本片制好后，先用低倍镜观察，必要时再换高倍镜。青霉注意观察菌丝有无隔膜，分生孢子梗及其分枝方式，梗基、小梗及分生孢子的形状；曲霉注意观察菌丝有无隔膜、足细胞、分生孢子梗、顶囊、小梗及分生孢子的着生状况和形状；根霉注意观察其无隔膜菌丝、匍匐枝、假根、孢子囊柄、孢子囊及孢囊孢子，孢子囊破裂后可观察到囊托和囊轴；毛霉注意观察其无隔膜菌丝、假根、孢子囊柄、孢子囊及孢囊孢子等。

9.7.5 实验报告

1)结果

绘出根霉、青霉、曲霉、毛霉的个体形态图,并注明各部位名称。

2)思考题

①霉菌的无性和有性孢子各有几种?他们是怎样形成的?

②总结根霉、青霉、曲霉、毛霉的形态特征的异同。

9.8 实验八 四大类微生物菌落形态的观察

9.8.1 目的要求

①识别细菌、酵母菌、放线菌和霉菌四大类微生物的菌落特征。

②观察已知菌菌落的形态、大小、色泽。

③根据菌落的形态特征判断未知菌的类别。

9.8.2 基本原理

将单个微生物的细胞接种到适宜的固体培养基上,在适宜的条件下,经过一定时间培养后,该微生物经过生长繁殖,可在培养基表面或里面聚集形成一个肉眼可见的子细胞集团,称为菌落。各种不同的微生物在不同的培养基上会形成各种不同的菌落,其形态、大小、色泽、透明度、致密度和边缘等特征都各不相同,而同一种微生物在一定培养基上形成的菌落特征是相对稳定的,因此菌落特征是微生物分类鉴定的重要依据之一。掌握识别四大类微生物菌落形态的要点对于从事菌种的筛选、杂菌的识别和菌种鉴定等项工作都有重要意义。

在四大类微生物的菌落中,细菌和酵母菌的形态较接近,放线菌和霉菌形态较相似。

1)细菌和酵母菌的异同

细菌和多数酵母菌都是单细胞微生物。菌落中各细胞间都充满毛细管水、养料和某些代谢产物,因此,细菌和酵母菌的菌落形态具有类似的特征,如湿润、较光滑、较透明、易挑起、菌落正反面及边缘、中央部位的颜色一致,且菌落质地较均匀等。它们之间的区别如下:

①细菌:由于细胞小,故形成的菌落也较小,较薄、较透明且有"细腻"感。不同的细菌会产生不同的色素,因此常会出现五颜六色的菌落。此外,有些细菌具有特殊的细胞结构,因此,在菌落形态上也有所反映,如无鞭毛不能运动的细菌其菌落外形较圆而凸起;有鞭毛能

运动的细菌其菌落往往大而扁平，周缘不整齐，而运动能力特强的细菌则出现更大、更扁平的菌落，其边缘从不规则、缺刻状直至出现迁居性的菌落，如变形杆菌属和菌种。具有荚膜的细菌其菌落更黏稠、光滑、透明。荚膜较厚的细菌其菌落甚至呈透明的水珠状。有芽胞的细菌常因其折光率和其他原因而使菌落呈粗糙、不透明、多皱褶等特征。细菌还常因分解含氮有机物而产生臭味，这也有助于菌落的识别。

②酵母菌：由于细胞较大（直径约比细菌大 10 倍）且不能运动，故其菌落一般比细菌大、厚而且透明度较差。酵母菌产生色素较为单一，通常呈矿蜡色，少数为橙红色，个别是黑色。但也有例外，如假丝酵母因形成藕节状的假菌丝，故细胞易向外圈蔓延，造成菌落大而扁平和边缘不整齐等特有形态。酵母菌因普遍能发酵含碳有机物而产生醇类，故其菌落常伴有酒香味。

2）放线菌和霉菌的异同

①放线菌：放线菌属原核生物，其菌丝纤细，生长较慢，气生菌丝生长后期逐渐分化出孢子丝，形成大量的孢子，因此菌落较小，表面呈紧密的绒状或粉状等特征。由于菌丝伸入培养基中常使菌落边缘的培养基呈凹状。不少放线菌还产生特殊的土腥味或冰片味。

②霉菌：霉菌属真核生物，它们的菌丝一般较放线菌粗（几倍）且长（几倍至几十倍），其生长速度比放线菌快，故菌落大而疏松或大而紧密。由于气生菌丝会形成一定形状、构造和色泽的子实器官，所以菌落表面往往有肉眼可见的构造和颜色。

9.8.3　实验材料及仪器

1）菌种

细菌类：大肠杆菌、金黄色葡萄球菌、枯草杆菌。

酵母：酿酒酵母、黏红酵母、热带假丝酵母。

放线菌类：细黄链霉菌。

霉菌类：产黄青霉、黑曲霉、黑根霉。

2）培养基

牛肉膏蛋白胨培养基、马铃薯蔗糖培养基、高氏 I 号培养基。

9.8.4　操作步骤

①通过平板划线法获得细菌、酵母菌和放线菌的单菌落。用三点接种法获得霉菌的单菌落。细菌平板放 37 ℃恒温培养 24~48 h；酵母菌平板置 28 ℃培养 2~3 d。霉菌和放线菌置 28 ℃培养 5~7 d。待长成菌落后，观察并记录四大类微生物菌落的形态特征。

②制备未知菌的菌落特征，从环境检测所获得的平板，挑取若干个菌落，逐个编号，作为识别四大类用的未知菌落。

9.8.5 实验报告

1) 结果

将已知菌菌落的形态特征记录于表9.1中,未知菌菌落的辨别结果记录于表9.2中。

表9.1 已知菌菌落的形态

微生物类别	菌名	辨别要点				菌落描述						
		湿		干		表面	边缘	隆起形状	颜色			透明度
		薄厚	大小	松密	大小				正面	反面	水溶性色素	
细菌	大肠杆菌											
	金黄色葡萄球菌											
	枯草杆菌											
酵母菌	酿酒酵母											
	黏红酵母											
	热带假丝酵母											
放线菌	细黄链霉菌											
霉菌	产黄青霉											
	黑曲霉											
	黑根霉											

表9.2 未知菌菌落的形态

菌落号	湿		干		菌落描述						判断结果	
	厚薄	大小	松密	大小	表面	边缘	隆起形状	正面	反面	水溶性色素	1	2
1												
2												
3												
4												
5												

2)思考题

①试比较细菌、酵母菌、放线菌和霉菌菌落形态的差异。

②设计一个实验,检测实验室空气环境中的微生物差别。

9.9 实验九 培养基的制备及灭菌

9.9.1 目的要求

①了解培养基的概念、种类及用途。

②了解培养基配制的原理及常规配制程序。

③学习和掌握细菌、放线菌、霉菌、酵母菌常用培养基的配制、分装技能。

④了解高压蒸汽灭菌的原理,掌握其操作方法。

⑤掌握其他常用无菌器材的准备和包扎方法。

9.9.2 基本原理

1)培养基的基本概念

培养基是按照微生物生长发育的需要,用不同组分的营养物质调制而成的营养基质。人工制备培养基的目的在于给微生物创造一个良好的营养条件。把一定的培养基放入一定的器皿中,就提供了人工繁殖微生物的环境和场所。自然界中,微生物种类繁多,由于微生物具有不同的营养类型,对营养物质的要求也各不相同,加之实验和研究上的目的不同,所以培养基在组成原料上也各有差异。但是,不同种类和不同组成的培养基中,均应含有满足微生物生长发育的水分、碳源、氮源、无机盐和生长因子以及某些特需的微量元素等。此外,培养基还应具有适宜的酸碱度、一定的缓冲能力、一定的氧化还原电位和合适的渗透压。根据制备培养基所选用的营养物质的来源,可将培养基分为天然培养基、半合成培养基和合成培养基3类。按照培养基的形态,可将培养基分为液体培养基、半固体培养基和固体培养基。固体培养基是在液体培养基中添加凝固剂制成的,常用的凝固剂有琼脂、明胶和硅酸钠,其中以琼脂最为常用,当加量为1.5%~2.0%时呈固体状态,加量为0.3%~0.6%时呈半固体状态。琼脂主要成分为多糖类物质,性质较稳定,一般微生物不能分解,故可用作凝固剂而不致引起化学成分变化。琼脂在95 ℃的热水中才开始溶化,溶化后的琼脂冷却到45 ℃才重新凝固。因此,用琼脂制成的固体培养基在一般微生物的培养温度范围内(25~37 ℃)不会溶化而保持固体状态。根据培养基使用目的,可将培养基分为选择培养基、加富培养基及鉴别培养基等。

培养基的类型和种类是多种多样的,其配方和配制方法各有差异,但一般培养基的配制程序却大致相同。本实验分别配制常用于培养细菌的牛肉膏蛋白胨培养基、用于培养放线菌的高氏Ⅰ号合成培养基、用于培养酵母菌和霉菌的麦芽汁培养基和马铃薯葡萄糖培养基以及用于分离和培养霉菌的察氏合成培养基等。

2)高压蒸汽灭菌原理

高压蒸汽灭菌是将待灭菌的物品放在一个密闭的加压灭菌锅内，通过加热，使灭菌锅隔套间的水沸腾而产生蒸汽。待水蒸气急剧地将锅内的冷空气从排气阀中驱尽后，关闭排气阀，继续加热，此时由于蒸汽不能溢出，而增加了灭菌器内的压力，从而使沸点增高，得到高于 100 ℃的温度，导致菌体蛋白质凝固变性而达到灭菌的目的。

在同一温度下，湿热的杀菌效力比干热大，其原因如下所述。

①湿热中细菌菌体吸收水分，蛋白质含水量增加，所需凝固温度降低，蛋白质较易凝固。

②湿热的穿透力比干热大。

③湿热的蒸汽有潜热存在，每 1 g 水在 100 ℃时，由气态变为液态时可放出 2.26 kJ(千焦)的热量。这种潜热，能迅速提高被灭菌物体的温度，从而增加灭菌效力。

在使用高压蒸汽灭菌锅灭菌时，灭菌锅内冷空气的排除是否完全极为重要，因为空气膨胀压大于水蒸气的膨胀压，所以，当水蒸气中含有空气时，在同一压力下，含空气蒸汽的温度低于饱和蒸汽的温度。一般培养基用 0.1 MPa，121 ℃，15～30 min 可达到彻底灭菌的目的。灭菌的温度及维持的时间随灭菌物品的性质和容量等具体情况而有所改变。

9.9.3 实验材料及仪器

量筒、玻璃棒、漏斗、试管、培养皿、烧杯、三角烧瓶、pH 试纸、纱布、牛肉膏、蛋白胨、琼脂粉、氯化钠、氢氧化钠、高压灭菌锅。

9.9.4 操作步骤

1)培养基配制

(1)称量

牛肉膏 3～5 g，蛋白胨 10 g，氯化钠 5 g，蒸馏水 1 000 mL。

注意：蛋白胨易吸湿，在称取时动作要迅速。

(2)溶化

在上述烧杯中先加入少于所需的水量，用玻璃棒搅匀，然后在石棉网上加热使其溶解，加热搅拌全溶后稍放冷。

(3)调 pH 值

用酸度计或精密 pH 试纸测定其 pH 值，并用 10%NaOH 调至所需 pH 值，必要时用滤纸或脱脂棉过滤。一般比要求的 pH 高出 0.2，因为高压蒸汽灭菌后，pH 常降低。

(4)分装

根据不同需要,可将配好的培养基分装入配有棉塞的试管或三角瓶内。注意分装时避免培养基挂在瓶口或管口上引起杂菌污染。如液体培养基,应装试管高度的1/4左右;固体培养基装试管高度的1/5左右;装入三角瓶的量以三角瓶容量的1/2为限。

(5)包扎

试管扎成捆。试管和三角瓶的棉塞外用硫酸纸和牛皮纸包扎,纸上表明培养基的名称、配制日期等。

(6)灭菌

培养基用0.1 MPa,高压蒸汽灭菌15~20 min。

2)其他无菌材料的灭菌前的准备与包扎

(1)无菌水的准备

在试管内盛9 mL蒸馏水(或生理盐水),盖好试管塞,包上牛皮纸。

(2)培养皿的准备

培养皿由1底1盖组成1套。包扎前洗涤干净,晾干或烘干。用报纸将几套培养皿包成一包,或将几套培养皿直接置于特制的铁皮筒内,灭菌备用。

(3)移液管的准备

先在移液管的上端塞入一小段棉花(一般不用脱脂棉),目的是避免外界及口中杂菌吹入管中,并防止菌液等吸入口中塞棉花时可用一根针(如拉直的曲别针)将少许棉花塞入管口内。棉花要塞得松紧适宜,吹时以能通气而棉花不下滑为准。塞入的此小段棉花距管口约0.5 cm,长度为1~1.5 cm。将报纸裁成宽5 cm左右的长条,再将已塞好棉花的移液管尖端放在长条报纸的一端,二者约成30°,折叠纸条包住尖端,左手握住移液管身,右手将移液管压紧,在桌面向前搓转,以螺旋式包扎起来,上端剩余纸条部分,折叠打结。灭菌备用。

3)高压蒸汽灭菌的使用

(1)加水

打开灭菌锅盖,向锅内加入适量的水。不同高压蒸汽灭菌锅加水的方法不同,具体操作见各高压锅说明书。

(2)放入待灭菌物品

注意不要装得太挤,以免妨碍蒸汽流通而影响灭菌效果。三角烧瓶与试管口端均不要与桶壁接触,以免冷凝水顺壁流入灭菌物品。

(3)加盖

将盖上的排气软管插入内层灭菌桶的排气槽内,有利于锅内冷空气自下而上排出。再以两两对称的方式同时旋紧相对的两个螺栓,使螺栓松紧一致,勿使漏气。

(4)排放锅内冷空气及升温灭菌

打开排气阀，加热(用电加热或煤气加热或直接通入蒸汽)，自锅内开始产生蒸汽后3 min(或喷出气体不形成水雾)，此时锅内的冷空气已由排气阀排尽，再关紧排气阀，锅内的温度随蒸汽压力增加而逐渐上升。当锅内压力升到所需压力时，控制热源，维持压力和温度至所需时间。一般培养基控制在0.1 MPa、121.3 ℃ 灭菌20 min，含糖等成分的培养基控制在0.056 MPa、112 ℃，灭菌30 min，或0.07 MPa、115 ℃灭菌20 min。灭菌所需时间到后，关闭热源，停止加热，灭菌锅内压力和温度随之逐渐下降。

(5)灭菌完毕降温及后处理

当压力表的压力降至0时，打开排气阀，旋松螺栓，开盖，取出灭菌物品。如果压力未降到0时，打开排气阀，就会因锅内压力突然下降，使容器内的培养基由于内外压力不平衡而冲出烧瓶口或试管口，造成棉塞沾染培养基而发生污染。斜面培养基取出后要趁热摆成斜面，灭菌后的空培养皿、试管、移液管等需烘干或晾干。若连续使用灭菌锅，每次要注意补充水分。灭菌完毕，排放锅内剩余水分，保持灭菌锅干燥。

(6)无菌试验

抽取少量灭菌培养基放入37 ℃保温箱培养24~48 h，若无杂菌生长，即可视为灭菌彻底，可保存待用。

(7)高压蒸汽灭菌注意事项

灭菌时人不能离开工作现场，控制热源维持灭菌时的压力；压力过高，不仅培养基的成分被破坏，而且超过高压锅耐压范围易发生爆炸，造成伤人事故。

9.9.5 实验报告

思考题

①配制培养基的一般程序是什么？

②培养细菌一般常用什么培养基？

③高压蒸汽灭菌的关键为什么是高温而不是高压？灭菌前为什么要将灭菌锅内冷空气排尽？灭菌完毕后，什么情况下才可以打开锅盖取灭菌物品？

④染菌或接种有微生物的培养基或培养器皿能否不经灭菌直接洗涤？为什么？

9.10 实验十 微生物的分离与纯化

9.10.1 目的要求

①学习并掌握稀释平板法分离细菌、放线菌、酵母和霉菌的基本操作技术。

②了解细菌、放线菌、酵母和霉菌的培养条件和培养时间。

③学习并掌握倒平板的方法，巩固微生物接种技术和平板菌落计数法。

9.10.2　基本原理

从混杂的微生物群体中获得只含有某一种或某一株微生物的过程称为微生物的分离与纯化。平板分离法普遍用于微生物的分离与纯化，其基本原理是选择适合于待分离微生物的生长条件，如营养、酸碱度、温度和氧等要求，或加入某种抑制剂造成只利于该微生物生长，而抑制其他微生物生长的环境，从而淘汰一些不需要的微生物。

微生物在固体培养基上生长形成的单个菌落可以是由一个细胞繁殖而成的集合体，因此可以通过挑取单菌落而获得一种纯培养。获取单个菌落的方法可通过稀释涂布平板或平板画线等技术完成。需要指出的是从微生物群体中经分离生长在平板上的单个菌落并不一定保证是纯培养。因此，纯培养的确定除观察其菌落特征之外，还要结合显微镜检测个体形态特征后才能确定，有些微生物的纯培养要经过一系列的分离纯化过程和多种特征鉴定才能得到。土壤是微生物生活的大本营，在这里生活的微生物无论数量和种类都是极其多样的，因此，土壤是我们开发利用微生物资源的重要基地，可以从中分离、纯化得到许多有用的菌株。

9.10.3　实验材料及仪器

1）菌源

土壤样品，面曲或酒曲。

2）培养基

高氏Ⅰ号培养基，牛肉膏蛋白胨琼脂培养基，马丁氏琼脂培养基，豆芽汁葡萄糖琼脂培养基。

3）溶液或试剂

10%苯酚，链霉素，4.5 mL 或 9 mL 无菌水试管，盛 99 mL 无菌水并带有玻璃珠的三角瓶。

4）仪器及其他用具

无菌玻璃涂棒，无菌吸管，接种环，无菌培养皿，链霉素，显微镜，血细胞计数板等。

9.10.4　操作步骤

1）稀释平板分离

稀释平板分离微生物有倾注法和涂布法两种。本实验分离细菌、放线菌、霉菌时采用倾注法，分离酵母菌采用涂布法。

(1)细菌的分离

①做标记：每组取 1 瓶 99 mL 三角瓶无菌水(瓶内带有玻璃珠)和 5 支 9 mL 试管无菌水，在三角瓶上标记 10^{-2}，在 5 支试管上分别标记 10^{-3}、10^{-4}、10^{-5}、10^{-6}、10^{-7}。

②制备土壤稀释液：准确称取土样 1.0 g，加入装有 99 mL 并带有玻璃珠的无菌水三角瓶中，振荡 10~20 min，使土样与水充分混匀，将细胞分散，制成 10^{-2} 稀释度的土壤稀释液。然后按 10 倍稀释法进行稀释。首先用 1 支无菌吸管从 10^{-2} 土壤悬液中吸取 1 mL 加入标有 10^{-3} 的 9 mL 无菌水的试管中，吹吸 3 次，让菌液混合均匀，即成 10^{-3} 稀释液；再换一支无菌吸管吸取 10^{-3} 稀释液 1 mL，移入标有 10^{-4} 的 9 mL 无菌水的试管中，也吹吸 3 次，即成 10^{-4} 稀释液；依此类推，连续稀释(如果是 4.5 mL 无菌水，则每次转移 0.5 mL)，制成 10^{-2}、10^{-3}、10^{-4}、10^{-5}、10^{-6}、10^{-7} 等一系列稀释菌液。如图 9.2 所示。

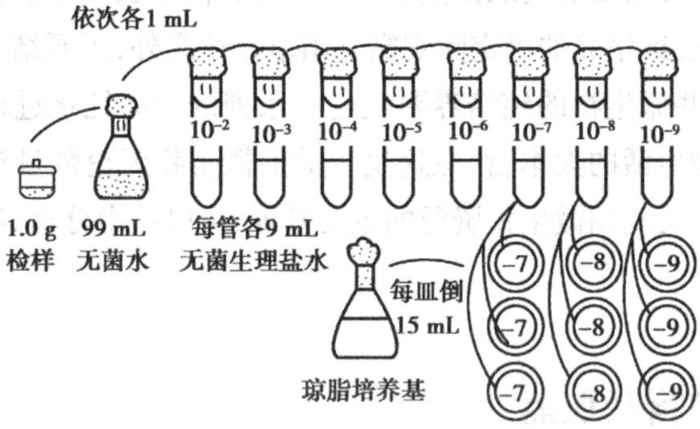

图 9.2 从土壤中分离微生物操作过程

③倾注法分离：取无菌平板 9 套，分别在培养皿底按稀释度编号，对细菌分离而言，取最后 3 个稀释度，即 10^{-5}、10^{-6}、10^{-7}，每一稀释度设置 3 个重复。用无菌吸管按无菌操作要求吸取 10^{-7} 稀释液各 1 mL 放入编号 10^{-7} 的 3 个平板中；同法吸取 10^{-6} 稀释液各 1 mL 放入编号 10^{-6} 的 3 个平板中，再吸取 10^{-5} 稀释液各 1 mL 放入编号 10^{-5} 的 3 个平板中(由低浓度向高浓度时，吸管可不必更换，也可每吸 1 个稀释度后更换 1 支无菌吸管)。将已灭菌的牛肉膏蛋白胨琼脂培养基溶化，待冷却到 45~50 ℃，分别倾入已盛有上述 10^{-5}、10^{-6}、10^{-7} 土壤稀释液的培养皿中，每皿倒 15~20 mL，将培养皿平放桌上，在桌面上轻轻转动，使稀释的菌悬液与还处于溶化状态的培养基混合均匀，静置桌上冷凝。倾倒培养基时注意无菌操作，要在火焰旁进行，要点是：左手拿培养皿，右手拿装培养基的三角瓶底部，左手同时用小指和手掌将三角瓶瓶塞拔开，灼烧瓶口，用左手大拇指和食指将培养皿盖朝火焰的方向打开一缝，至瓶口正好伸入倾倒培养基。

④培养：冷凝后，倒置在 35~37 ℃恒温培养箱中培养 1~2 d，观察结果。

(2)放线菌的分离

①制备土壤稀释液：土样 1.0 g，加入装有 99 mL 并带有玻璃珠的无菌水三角瓶中，并加入 10 滴 10%的酚溶液(抑制细菌生长，可用 1%的重铬酸钾代替，效果更好)振荡 10~

20 min,静置5 min,制成10^{-2}稀释度的土壤稀释液。再按前法连续10倍稀释,制成10^{-3}、10^{-4}、10^{-5}等一系列稀释菌液。

②倾注法分离:无菌吸管依次吸取1 mL10^{-5}、10^{-4}、10^{-3}土壤稀释液于对应编号的无菌培养皿中,用高氏Ⅰ号培养基依前法倾倒平板,每个稀释度3次重复。

③培养:冷凝后,将平板倒置于28 ℃恒温培养箱中,培养5~7 d观察结果。

(3)霉菌的分离

①制备土壤稀释液:准确称取土样1.0 g,加入装有99 mL并带有玻璃珠的无菌水三角瓶中,振荡10~20 min,制成10^{-2}稀释度的土壤稀释液。再按前法连续10倍稀释,制成10^{-3}、10^{-4}等一系列稀释菌液。

②倾注法分离:按前法用无菌吸管依次吸取1 mL10^{-5}、10^{-4}、10^{-3}土壤稀释液于对应编号的无菌培养皿中,用马丁氏培养基依前法倾倒平板,每个稀释度3个重复。为了抑制细菌生长和降低菌丝蔓延速度,马丁培养基在临用前无菌操作加入孟加拉红、链霉素和脱氧胆酸盐。

③培养:冷凝后,将平板倒置于28 ℃恒温培养箱中,培养3~5 d观察结果。

(4)酵母菌的分离

①制备菌悬液:准确称取面曲1.0 g,加入装有99 mL并带有玻璃珠的无菌水三角瓶中,面曲发黏,先用接种铲在三角瓶内壁磨碎,再振荡10~20 min,制成10^{-2}稀释度的面曲稀释液。再按前法连续10倍稀释,制成10^{-3}、10^{-4}、10^{-5}、10^{-6}等一系列稀释菌液。

②涂布法分离:按前法向无菌培养皿中倾倒已熔化并冷却到45~50 ℃的豆芽汁葡萄糖琼脂培养基,待平板冷凝后,用无菌吸管依次分别吸取0.1 mL10^{-4}、10^{-5}、10^{-6} 3个稀释度的菌悬液于对应编号的豆芽汁葡萄糖琼脂培养基平板中,每个稀释度3个重复。左手拿培养皿,并用拇指和食指将皿盖在火焰旁打开一缝,右手持无菌涂棒,于平板培养基表面将菌液自平板中央均匀向四周涂布扩散,切忌用力过猛将菌液直接推向平板边缘或将培养基划破。

③培养:冷凝后,将平板倒置于28~30 ℃恒温培养箱中,培养2~3 d观察结果。

2)平板菌落形态及个体形态观察

从不同平板上选择不同类型菌落用肉眼观察,区分细菌、放线菌、酵母菌和霉菌的菌落形态特征。并用接种环挑菌,看其与基质结合的紧密程度。再用接种环挑取不同菌落制片,在显微镜下进行个体形态观察。记录所分离的含菌样品中明显不同的各类菌株的主要菌落特征和细胞形态。

3)分离纯化菌株转接斜面

在分离细菌、放线菌、酵母菌和霉菌的不同平板上选择分离效果好,认为已经纯化的菌落用接种环转接斜面。细菌接种于牛肉膏蛋白胨斜面,放线菌接种于高氏Ⅰ号斜面,霉菌和酵母菌接种于豆芽汁葡萄糖斜面上。贴好标签,将菌株编号,在各自适宜的温度下培养。待菌苔长出之后,检查其特征是否一致,同时将所得菌制片染色后,用显微镜检查是否为单一的微生物,如果发现有杂菌,需要进一步用画线法分离、纯化,直到获得纯培养。

9.10.5 实验报告

1) 结果

①将记录四大类微生物的分离方法及培养条件填入表9.3中。

表9.3 微生物的分离方法及培养条件

微生物	分离对象	样品来源	分离方法	稀释度	培养基	培养温度	培养时间
细菌							
放线菌							
霉菌							
酵母菌							

②将你所分离样品中单菌落的菌落特征与镜检形态填入表9.4中。

表9.4 分离菌株的个体形态及菌落特征

分离培养基	菌株编号	菌落特征	镜检形态

③将斜面培养条件及菌苔特征(包括纯化结果)填入表9.5中。

表9.5 四大类微生物的斜面培养条件及菌苔特征

微生物	培养基名称	培养温度	培养时间	菌苔特征	纯化程度
细菌					
放线菌					
霉菌					
酵母菌					

2) 思考题

①在分离放线菌的过程中为什么要加入10%的苯酚?

②稀释平板分离时,为什么要将已熔化的培养基冷却到45~50 ℃才能倒入装有菌液的培养皿中?

③在恒温箱培养微生物时为何培养皿均需倒置?

④为什么对细菌、放线菌和霉菌的稀释分离可以采用倾注法,而对酵母菌的稀释分离要采用涂布法?

⑤经过一次分离的菌种是否皆为纯种?若不纯,采用哪种分离方法最合适?

9.11 实验十一 微生物细胞大小的测定与显微镜直接计数

9.11.1 目的要求

①了解目镜测微尺和镜台测微尺的构造和使用原理。

②了解血球计数板的构造和计数原理。

③学习目镜测微尺的校正方法。

④掌握使用显微测微尺测定微生物细胞大小的方法。

⑤掌握用血球计数板测定微生物细胞总数的方法。

9.11.2 基本原理

微生物细胞的大小是微生物重要的形态特征之一。由于菌体很小,只能在显微镜下来测量。用于测量微生物细胞大小的工具有目镜测微尺和镜台测微尺。目镜测微尺[图9.3(a)]是一块圆形玻片,在玻片中央把5 mm长度刻成50等分,或把10 mm长度刻成100等分。测量时,将其放在接目镜中的隔板上(此处正好与物镜放大的中间像重叠)来测量经显微镜放大后的细胞物像。由于不同目镜、物镜组合的放大倍数不相同,目镜测微尺每格实际表示的长度也不一样,因此目镜测微尺测量微生物大小时须先用置于镜台上的镜台测微尺校正,以求出在一定放大倍数下,目镜测微尺每小格所代表的相对长度。镜台测微尺[图9.3(b)]是中央部分刻有精确等分线的载玻片,一般将1 mm等分为100格,每格长10 μm(即0.01 mm),是专门用来校正目镜测微尺的。校正时,将镜台测微尺放在载物台上,由于镜台测微尺与细胞标本是处于同一位置,都要经过物镜和目镜的两次放大成像进入视野,即镜台测微尺随着显微镜总放大倍数的放大而放大,因此从镜台测微尺上得到的读数就是细胞的真实大小。所以,用镜台测微尺的已知长度在一定放大倍数下校正目镜测微尺,即可求出目镜测微尺每格所代表的长度,然后移去镜台测微尺,换上待测标本片,用校正好的目镜测微尺在同样放大倍数下测量微生物大小。

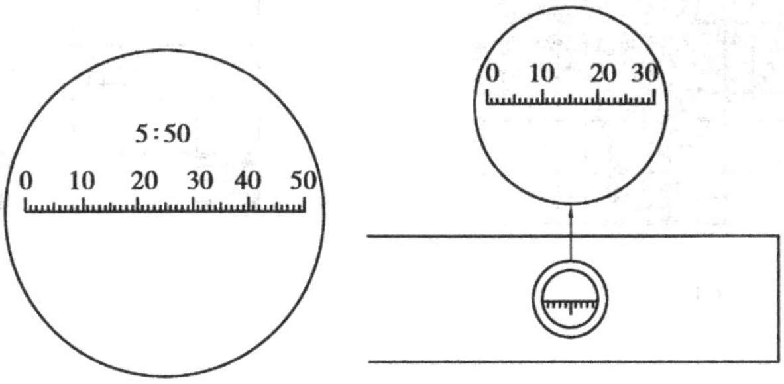

(a) (b)

图9.3 目镜测微尺与镜台测微尺

(a)目镜测微尺;(b)镜台测微尺

1) 血球计数板的计数原理

显微镜直接计数法是将少量待测样品的悬浮液置于一种特别的具有确定面积和容积的载玻片上(又称计菌器),于显微镜下直接计数的一种简便、快速、直观的方法,由于此法记录的是样品中活菌体和死菌体的总和,故又称总菌计数法。常用的细胞计数器有血球计数板、Peteroff-Hauser 计菌器以及 Hawksley 计菌器等,都可用于酵母菌、细菌、霉菌孢子等悬液的计数,基本原理相同。不同的是后两者较薄,计数室的总体积为 0.02 mm^3,盖玻片与载玻片之间的距离只有 0.02 mm,因此可以用油镜对细菌等较小的细胞进行观察和计数。而血球计数板较厚,不能使用油镜,计数板下部的细菌不易看清。

本实验以血球计数板进行显微镜直接计数。该计数板是一块特制的载玻片,其上由四条槽构成三个平台。中间较宽的平台又被一短槽隔成两半,每一边的平台上各有一个方格网,每个方格网共分九个大方格,中间的大方格即为计数室,微生物的计数就在计数室中进行。计数室的刻度一般有两种规格:一种是一个大方格(计数室)分成 16 个中方格,每个中方格又分成 25 个小方格;另一种是一个大方格(计数室)分成 25 个中方格,每个中方格又分成 16 个小方格。无论哪一种规格的计数板,计数室的小方格数都是相同的,即都是 16×25=400 个。计数室的边长为 1 mm,则其面积为 1 mm^2,每个小方格的面积为 1/400 mm^2。盖上盖玻片后,载玻片与盖玻片间的高度为 0.1 mm,因此,计数室的容积为 0.1 mm^3,每个小方格的体积为 1/4 000 mm^3。计数时,通常是数 4 或 5 个中方格的总菌数,然后求得每个中方格的平均值,再乘上 25 或 16,就得到了一个大方格(计数室)的总菌数,然后再换算成 1 mL (1 mL=1 000 mm^3)菌液中的总菌数(图 9.4)。

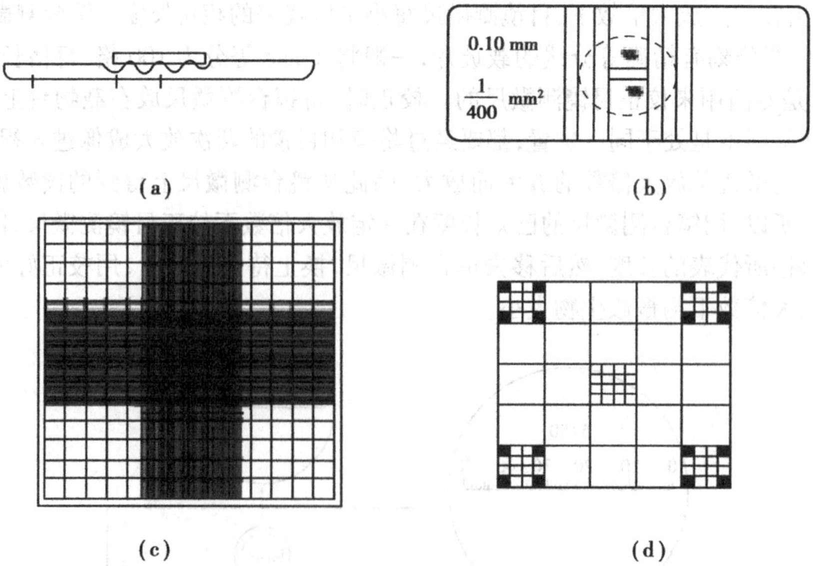

图 9.4　血球计数板的构造

(a)纵切面图;(b)正面图;

(c)放大的方格网;(d)放大的计数室

9.11.3 实验材料及仪器

1)菌种

酿酒酵母斜面菌种、枯草杆菌染色标本片。

2)器材

显微镜、目镜测微尺、镜台测微尺、血球计数板、盖玻片、载玻片、滴管、擦镜纸。

9.11.4 操作步骤

1)微生物细胞大小的测定

目镜测微尺的校正方法如下所述。

把目镜的上透镜旋下,将目镜测微尺的刻度朝下轻轻地装入目镜的隔板上,把镜台测微尺置于载物台上,刻度朝上。先用低倍镜观察,对准焦距,视野中看清镜台测微尺的刻度后,转动目镜,使目镜测微尺与镜台测微尺的刻度平行,移动推动器,使两尺重叠,再使两尺的"0"刻度完全重合,定位后,仔细寻找两尺第二个完全重合的刻度(图9.5),计数两重合刻度之间目镜测微尺的格数和镜台测微尺的格数,因为镜台测微尺的刻度每格长10 μm,所以由下列公式可以算出目镜测微尺每格所代表的长度。

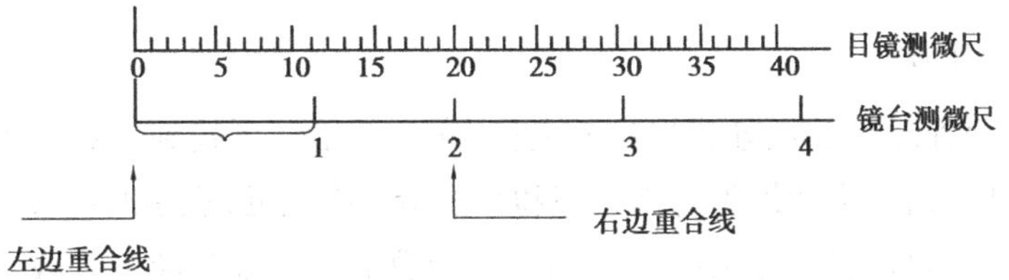

图9.5　目镜测微尺与镜台测微尺校准

目镜测微尺每格长度(μm)= 两条重合线间镜台测微尺的格数×10 两条重合线间目镜测微尺的格数

例如,目镜测微尺5小格正好与镜台测微尺5小格重叠,已知镜台测微尺每小格为10 μm,则目镜测微尺上每小格长度为5×10 μm/5 = 10 μm,用同法分别校正在高倍镜下和油镜下目镜测微尺每小格所代表的长度。

由于不同显微镜及附件的放大倍数不同,因此校正目镜测微尺必须针对特定的显微镜和附件(特定的物镜、目镜、镜筒长度)进行,而且只能在特定的情况下重复使用,当更换不同放大倍数的目镜或物镜时,必须重新校正目镜测微尺每一格所代表的长度。

2)细胞大小的测定

①将酵母菌斜面制成一定浓度的菌悬液(10^{-2})。

②取1滴酵母菌菌悬液制成水浸片。

③移去镜台测微尺，换上酵母菌水浸片，先在低倍镜下找到目的物，然后在高倍镜下用目镜测微尺来测量酵母菌菌体的长、宽各占几格（不足一格的部分估计到小数点后一位数）。测出的格数乘以目镜测微尺每格的校正值，即等于该菌的长和宽。一般测量菌体的大小要在同一个标本片上测定10~20个菌体，求出平均值，才能代表该菌的大小。而且一般是用对数生长期的菌体进行测定。

④同法用油镜测定枯草杆菌染色标本的长和宽。

3）微生物细胞数量的测定

（1）稀释样品

视待测菌悬液浓度，加无菌水适当稀释（斜面一般稀释到10^{-2}），以每小格的菌数可数为度。

（2）检查计数室

加样前，镜检清洗后的计数板，直至计数室无污物和菌体后才可使用。

（3）加样

取洁净干燥的血球计数板一块，在计数区上盖上一块盖玻片。将酵母菌悬液摇匀，用滴管吸取少许，从计数板中间平台两侧的沟槽内沿盖玻片的下边缘滴入一小滴（不宜过多），让菌悬液利用液体的表面张力充满计数区，勿使气泡产生，并用吸水纸吸去沟槽中流出的多余菌悬液。也可以将菌悬液直接滴加在计数区上，不要使计数区两边平台沾上菌悬液，以免加盖盖玻片后，造成计数区深度的升高。然后，加盖盖玻片（勿使产生气泡）。

（4）显微镜计数

静置片刻，将血球计数板置载物台上夹稳，先在低倍镜下找到计数室方格后，再转换高倍镜观察并计数。由于生活细胞的折光率和水的折光率相近，观察时应减弱光照的强度，以既可以看清菌体又可以看清方格的线条为宜。计数前若发现菌液太浓或太稀，需重新调节稀释度后再计数，一般要求样品稀释到每小格内有5~10个菌体为宜。计数时若计数室是由16个中方格组成，按对角线方位，数左上、左下、右上、右下的4个中方格（即一共100小格）的菌数。如果是25个中方格组成的计数室，除数上述4个中方格外，还需数中央1个中方格的菌数（即一共80个小格）。如菌体位于中方格的双线上，计数时则按计上不计下，计左不计右的原则，以减少误差。对于出芽的酵母菌，芽体达到母细胞大小一半时，即可作为两个菌体计算。每个样品重复计数2~3次（每次数值不应相差过大，否则应重新操作）。

（5）清洗计数板

测数完毕，取下盖玻片，用水将血球计数板冲洗干净，切勿用硬物洗刷或抹擦，以免损坏网格刻度。洗净后自行晾干或用吹风机吹干，放入盒内保存。

（6）计算

按下列公式计算出每毫升菌悬液所含酵母菌细胞数量。

25(中方格) × 16(小方格)的计数板:细胞总数/mL = $N/5 \times 25 \times 10\ 000 \times$ 稀释度

16(中方格) × 25(小方格)的计数板:细胞总数/mL = $N/4 \times 16 \times 10\ 000 \times$ 稀释度

式中　N——测得的 5 或 4 个中方格的总菌数,稀释度表示样品的稀释倍数。

9.11.5　实验报告

1)结果

①将目镜测微目尺校正结果填入表 9.6 中。

表 9.6　目镜测微目尺校正结果

物　镜	目镜尺格数	镜台尺格数	目镜尺校正值/μm
低倍镜			
高倍镜			
油镜			

②将酵母菌大小的测定结果填入表 9.7 中。

接目镜倍数 ________

表 9.7　酵母菌大小测定记录(单位:格)

	1	2	3	4	5	6	7	8	9	10	11	12	13	14	均值/μm
长															
宽															

结果计算:长(μm)= 平均格数×校正值,宽(μm)= 平均格数×校正值

大小表示:宽(μm)×长(μm)

③将总菌数的测定结果填入表 9.8 中。

表 9.8　总菌数测定记录

计数次数	每个大方格菌数					稀释倍数	1 mL 菌液中总菌数	平均值
	1	2	3	4	5			
第 1 次								
第 2 次								

2) 思考题

①为什么随着显微镜放大倍数的改变,目镜测微尺每格相对的长度也会改变?

②当目镜不变,目镜测微尺也不变,只改变物镜,目镜测微尺每格所量的菌体的实际长度是否相同?为什么?

③在用血球计数板计数时,如果只看到细胞看不到方格线,或只看到方格线看不到细胞怎么办?

④血球计数板计数的误差主要来自哪些方面?如何减小误差?

⑤某单位要求知道一种干酵母粉中活菌的存在率,请你设计1~2种可行的测定方法。

9.12 实验十二 细菌的药物敏感性试验

细菌的药物敏感性试验用于测定细菌对不同抗生素的敏感度,或测定某种药物的抑菌(或杀菌)浓度,为临床用药或为新的抗菌药物的筛选提供依据。为了解致病菌对哪种抗菌素敏感,以合理用药,减少盲目性,往往应进行药敏试验。药物试验的方法很多,普遍使用的是圆纸片扩散法。

9.12.1 目的要求

掌握圆纸片扩散法测定细菌对抗生素等药物的敏感试验的操作方法和结果判定,明确药敏试验在实际生产中的应用。

9.12.2 基本原理

一种抗生素如果以很小的剂量便可抑制、杀灭致病菌,则称该种致病菌对该抗生素"敏感"。反之,则称为"不敏感"或"耐药"。其大致方法是:采集大肠杆菌和金黄色葡萄球菌接种在适当的培养基上,于一定条件下培养;同时将分别沾有一定量各种抗生素的纸片贴在培养基表面(或用不锈钢圈,内放定量抗生素溶液),培养一定时间后观察结果。由于致病菌对各种抗生素的敏感程度不同,在药物纸片周围便出现不同大小的抑制病菌生长而形成的"空圈",称为抑菌圈。抑菌圈大小与致病菌对各种抗生素的敏感程度成正比关系。于是可以根据试验结果有针对性地选用抗生素。

9.12.3 实验材料及仪器

接种环、酒精灯、试管架、眼科镊子、温箱、普通琼脂平板、抗菌药物纸片、青霉素空瓶、大肠杆菌和金黄色葡萄球菌的培养物。

9.12.4 操作步骤

1)药敏片的制备

取新华1号定性滤纸,用打孔机打成6 mm直径的圆形小纸片。取圆纸片50片放入清洁干燥的青霉素空瓶中,瓶口以单层牛皮纸包扎。经0.1 MPa 15~20 min高压消毒后,放在37 ℃温箱或烘箱中数天,使完全干燥。

2)药液的制备(用于商品药的试验)

按商品药的使用治疗量的比例配制药液。

3)抗菌药纸片制作

在上述含有50片纸片的青霉素瓶内加入药液0.25 mL,并翻动纸片,使各纸片充分浸透药液,翻动纸片时不能将纸片捣烂。同时在瓶口上记录药物名称,放37 ℃温箱内过夜,干燥后即密盖,如有条件可真空干燥。切勿受潮,置阴暗干燥处存放,有效期3~6个月。

4)无菌操作

用接种环取细菌培养物,在营养琼脂平板上密集均匀划线。

5)贴片

用无菌镊子夹取各种抗菌药物圆纸片(一般在试纸片上标记有药物名或代号),按图9.6轻轻贴在已接种细菌的琼脂培养基表面,一次放好,不能移动,各纸片间的距离要大致相等。

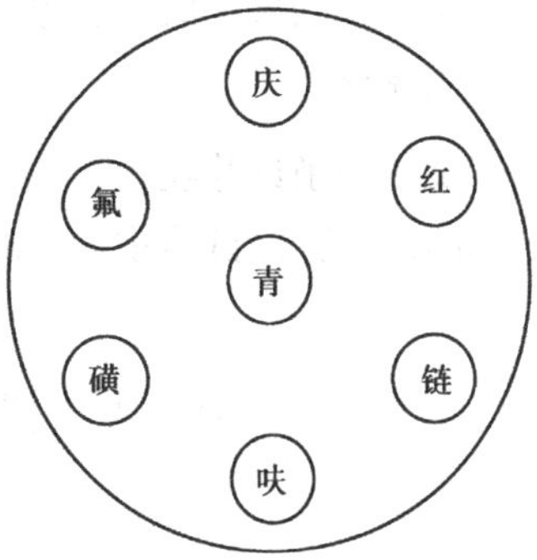

图9.6 细菌药敏实验示意图

6)培养

平皿倒置,37 ℃温箱中培养18~24 h。

7)结果观察

根据纸片周围有无抑菌圈及其直径大小,按下列标注确定细菌对抗生素等药物的敏感度(表9.9)。

表9.9 细菌对不同抗菌药物敏感度标准

药物名称	抑菌圈直径/mm	敏感度
青霉素(50 μg/mL)单位	无抑菌圈	不敏感
	<10	低度敏感
	11~26	中度敏感
	>26	高度敏感

续表

药物名称	抑菌圈直径/mm	敏感度
链霉素(500 μg/mL)单位	无抑菌圈 <10 10~15 >15	不敏感 低度敏感 中度敏感 高度敏感
新霉素(300 μg/mL)单位	无抑菌圈 <10 11~25 >25	不敏感 低度敏感 中度敏感 高度敏感

9.12.5 实验报告

1)结果

根据实验结果完成实验报告。

2)思考题

①试述药敏试验在生产中的应用?

②圆纸片药敏试验中操作时应注意什么事项?

9.13 实验十三 病毒的鸡胚接种

9.13.1 目的要求

掌握鸡胚培养病毒的接毒和收毒方法,明确鸡胚培养病毒的应用。

9.13.2 基本原理

病毒在鸡胚中增殖后,可根据鸡胚病变和病毒抗原的检测等方法判断病毒增殖情况。病毒导致鸡胚病变常见的有以下4个方面:

①鸡胚死亡,胚胎不活动,照蛋时血管变细或消失。

②鸡胚充血、出血或出现坏死灶,常见在胚体的头、颈、躯干、腿等处或通体出血。

③鸡胚畸形。

④鸡胚绒毛尿囊膜上出现痘斑。

9.13.3 实验材料与仪器

受精卵、恒温箱、照蛋器、接种箱、蛋架、一次性注射器(1~5 mL)、中号镊子、眼科剪和镊子、毛细吸管、橡皮乳头、灭菌平皿、试管、吸管、酒精灯、试管架、胶布、蜡、锥子、锉、煮沸消毒器、消毒剂(5%碘酊、75%酒精棉、5%石炭酸或3%来苏尔)、新城疫Ⅰ系或Ⅳ系疫苗。

9.13.4 操作步骤

1)鸡胚的选择和孵化

应选择健康无病鸡群或SPF鸡群的新鲜受精蛋。为便于照蛋观察,以来航鸡蛋或其他白壳蛋为好。用孵化箱孵化,要注意温度、湿度和翻蛋。孵化最低温度为36 ℃,一般为37.5 ℃,相对湿度为60%。每日最少翻蛋3次。

发育正常的鸡胚照蛋时可见清晰的血管及鸡胚的活动。不同的接种材料需不同的接种途径,不同的接种途径需选用不同日龄的鸡胚。卵黄囊接种,用6~8日龄鸡胚;绒毛尿囊膜接种,用9~13日龄的鸡胚;绒毛尿囊腔接种,用9~12日龄的鸡胚接种;血管注射,用12~13日龄的鸡胚;羊膜腔和脑内注射,用10日龄的鸡胚。

2)接种前的准备

(1)病毒材料的处理

怀疑污染细菌的液体材料,加抗生素(青霉素1 000 IU/mL和链霉素1 000 μg/ mL)置室温1 h或4 ℃冰箱12~24 h,高速离心,取上清液,或经细菌滤器滤过除菌。如为患病动物组织,应剪碎、匀浆、离心后取上清液,必要时加抗生素处理或过滤除菌。若用新城疫Ⅰ系或Ⅳ系疫苗,则无菌操作用生理盐水将其稀释100倍。

(2)照蛋

以铅笔划出气室、胚胎位置及接种的位置,表明胚龄及日期,气室朝上立于蛋架上。尿囊腔接种选9~12日龄的鸡胚,接种部位可选择在气室中心或远离胚胎侧气室边缘,避开大血管。

(3)鸡胚的接种

以新城疫病毒的绒毛尿囊腔接种为例,在接种部位先后用5%碘酊棉及75%酒精棉消毒,然后用灭菌锥子打1个孔,一次性1 mL注射器吸取新城疫病毒液垂直或稍斜插入气室,刺入尿囊腔,向尿囊腔内注入0.1~0.3 mL。注射后,用熔化的蜡封孔,置温箱中直立孵化3~7 d。孵化期间,每6 h照蛋1次,观察胚胎存活情况。弃去接种后24 h内死亡的鸡胚,24 h以后死亡的鸡胚应置0~4 ℃冰箱中冷藏4 h或过夜(气室朝上直立),一定时间内未致死的鸡胚也放冰箱冻死。

(4)鸡胚材料的收获

原则上接种什么部位,收获什么部位。

绒毛尿囊腔接种新城疫病毒时,一般收获尿囊液和羊水。将鸡胚取出,无菌操作轻轻敲打并揭去气室顶部蛋壳及壳膜,形成直径 1.5~2.0 cm 的开口。用灭菌镊子夹起并撕开或用眼科剪剪开气室中央的绒毛尿囊膜,然后用灭菌吸管从破口处吸取尿囊液,注入灭菌青霉素或试管内。然后破羊膜收获羊水,收获的尿囊液和羊水应清亮,浑浊说明有细菌污染。收获的病毒经无菌检验合格者冷冻保存。用具消毒处理,鸡胚置消毒液中浸泡过夜或高压灭菌,然后弃掉。

注意事项:鸡胚接种需严格无菌操作,以减少污染。操作时应细心,以免引起鸡胚的损伤。病毒培养时应保持恒定的适宜条件,收毒结束,注意用具、环境的消毒处理。

9.13.5 实验报告

1)结果

完成实验报告

2)思考题

①病毒的鸡胚接种途径有哪些?分别选用多大日龄的鸡胚?

②收集病毒时,为什么要弃掉 24 h 以内死亡的鸡胚?

9.14 实验十四 病毒的血凝和血凝抑制试验

9.14.1 目的要求

掌握 HA-HI 试验的原理及操作方法,掌握血凝滴度和血凝抑制滴度结果的判断。

9.14.2 基本原理

某些病毒的表面有糖蛋白血凝素,能与鸡、豚鼠、人等红细胞表面的糖蛋白受体结合,从而出现红细胞的凝集现象,称为病毒的血凝现象。病毒的血凝现象是非特异性的,当加入特异性的抗病毒血清时,病毒血凝素与抗体结合后,其凝集红细胞的作用被抑制,从而不出现红细胞凝集现象,称为病毒的血凝抑制现象。依据病毒的血凝和血凝抑制现象的原理可以设计病毒的血凝和血凝抑制试验。生产中病毒的血凝和血凝抑制试验主要用于鸡新城疫、禽流感、减蛋综合征等病毒性传染病的诊断和免疫监测,尤其是新城疫抗体的检测,对选择免疫时机和检测免疫效果具有重要的指导意义。

9.14.3 实验材料及仪器

新城疫病毒液、新城疫待检血清、1%红细胞悬液、生理盐水、微量血凝反应板、微量移液器、灭菌塑料吸头、微型振荡器、温箱、注射器、抗凝剂、离心管、天平、离心机等。

9.14.4 操作步骤

1）新城疫病毒液的制备

一般以新城疫Ⅱ系或 Lasota 系疫苗进行试验，也可用疫苗接种鸡胚，收获的尿囊液分装于洁净、干燥的青霉素瓶中，冻存于冰箱备用。

2）1%红细胞悬液的制备

灭菌注射器吸取抗凝剂（按每毫升加入灭菌的3.8%枸橼酸钠溶液0.2 mL），从成年健康非免疫公鸡静脉或心脏采血，放入灭菌离心管内，以2 000 r/min离心3~4 min，弃去上清液和红细胞上层的白细胞薄膜，将沉淀的红细胞加入生理盐水，同上法离心3~4次，最后一次5 min，将最后一次离心的红细胞，根据需要量，用生理盐水配成1%的红细胞悬液。

3）操作方法

在96孔V型微量血凝反应板上进行（表9.10）。

表9.10 鸡新城疫病毒血凝试验（HA）的操作术式（微量法）

孔 号	1	2	3	4	5	6	7	8	9	10	11	12
病毒的稀释倍数	21	22	23	24	25	26	27	28	29	210	211	对照
生理盐水	50	50	50	50	50	50	50	50	50	50	50	50
新城疫病毒液	50	↘50	↘50	↘50	↘50	↘50	↘50	↘50	↘50	↘50	↘50 ↓弃50	—
1%红细胞悬液	50	50	50	50	50	50	50	50	50	50	50	50
振荡1 min，置37 ℃温箱放置15 min												
结果举例	+	+	+	+	+	+	+	±	±	−	−	−

①加生理盐水：用微量移液器给每孔加入生理盐水50 μL。

②加病毒液：换一吸头用移液器取50 μL病毒液加入到第1孔，并用移液器挤压3~5次，使病毒液混合均匀，然后取50 μL加入到第2孔，混匀后取50 μL加入到第3孔，依此倍比稀释到11孔，第11孔混匀后吸出50 μL弃去。第12孔作为不加病毒的红细胞对照孔。

③加红细胞：换一吸头每孔加入1%鸡红细胞悬液50 μL。

④加样完毕，将血凝板反应板置于微型振荡器振荡1 min，然后置37 ℃温箱放置15~30 min，待对照红细胞已沉淀可观察并判定结果。

4）结果判定及记录

将反应板倾斜45°，沉于孔底的红细胞沿倾斜面呈现流泪状为红细胞不凝集或不完全凝集；如果孔底的红细胞平铺，凝成均匀薄层，倾斜后不呈现流泪状，表示红细胞被病毒完全凝集。

红细胞完全凝集用"+"表示,不完全凝集用"±"表示,不凝集用"-"表示。新城疫病毒液能凝集鸡的红细胞,但随着病毒液被稀释,其凝集红细胞的作用逐渐变弱。稀释到一定倍数时,就不能使红细胞出现完全凝集,从而出现不完全凝集或不凝集结果。能使一定量红细胞完全凝集的病毒最大稀释倍数为该病毒的血凝滴度,或称血凝价(1个血凝单位——HAU)。如表9.10,新城疫病毒液的血凝价为128倍(27)。

5)病毒的血凝抑制(HI)试验

(1)被检血清的制备

采取经新城疫免疫后鸡的血液,放入干净的平皿内(成一薄层),凝固后,用注射器针头划成菱形血块,置于恒温箱(37 ℃)内数分钟后,很快析出血清。也可静脉或心脏采血完全凝固后自然析出或离心得淡黄色的液体为被检血清。

(2)4个血凝单位病毒液的制备

根据HA试验结果,确定病毒的血凝价,然后按照下式计算4个血凝单位病毒液稀释倍数,并用生理盐水进行稀释。

病毒的血凝价

$$4\text{个血凝单位病毒的稀释倍数}=\frac{\text{病毒的血凝价}}{4}$$

如表9.10中病毒液的血凝价为128倍(27),4个血凝单位病毒的稀释倍数为32倍(25)。

(3)操作方法

同样在96孔V型微量血凝反应板上进行(表9.11)。每排孔可检测1份血清样品。

表9.11　鸡新城疫病毒血凝抑制试验(HI)的操作术式(微量法)

孔　号	1	2	3	4	5	6	7	8	9	10	11	12
被检血清的稀释倍数	21	22	23	24	25	26	27	28	29	210	病毒对照	盐水对照
生理盐水	50	50	50	50	50	50	50	50	50	50	50	100
待检血清	50	50	50	50	50	50	50	50	50	50	— 弃50	—
4个血凝单位的病毒	50	50	50	50	50	50	50	50	50	50	50	—
振荡1 min,置37 ℃温箱放置5~10 min												
1%红细胞悬液	50	50	50	50	50	50	50	50	50	50	50	50
振荡15~30 s,置37 ℃温箱放置15~30 min												
结果举例	-	-	-	-	-	-	±	±	±	+	+	+

①加生理盐水:用微量移液器给 1~11 孔加入 50 μL,12 孔加入 100 μL。

②加被检血清:换一吸头吸取被检血清 50 μL 加入到第 1 孔,并用移液器挤压 3~5 次,使血清混合均匀,然后取 50 μL 加入到第 2 孔,混匀后取 50 μL 加入到第 3 孔,依此倍比稀释到第 10 孔,第 10 孔混匀后吸出 50 μL 弃去。第 11 孔为病毒对照,第 12 孔为盐水对照。

③加 4 个血凝单位的病毒:换一吸头给 1~11 孔加入 4 单位病毒 50 μL。然后,振荡 1 min,将反应板置 37 ℃恒温培养箱中作用 5~10 min。

④加红细胞:换一吸头给每孔加 1%鸡红细胞悬液 50 μL。振荡 15~30 s,37 ℃培养箱中作用 15~30 min,待第 11 孔病毒对照孔的红细胞均匀铺在管壁(100%凝集),取出,观察并记录结果。

(4)结果判定及记录

将反应板倾斜 45°,沉于孔底的红细胞沿倾斜面呈现流泪状为红细胞凝集完全抑制或凝集不完全抑制;如果孔底的红细胞平铺,凝成均匀薄层,倾斜后不呈现流泪状,表示红细胞完全凝集。

红细胞凝集完全抑制用"-"表示,红细胞凝集不完全抑制用"±"表示,红细胞完全凝集用"+"表示。能完全抑制红细胞凝集的血清最大稀释倍数叫该血清的血凝抑制滴度或血清的血凝抑制效价,用被检血清的稀释倍数或以 2 为底的对数表示。如表 9.11 所表示的血清的血凝抑制效价为 64 倍(26)或 6(log 2)。

病毒的 HA-HI 试验,可用已知血清来鉴定未知病毒,也可用已知病毒来检测血清中的抗体效价,在某些病毒病的诊断及疫苗免疫效果的检测中应用广泛。

6)注意事项

①红细胞的储存:抗凝血在 4 ℃储存时间不能超过 1 周,如需储存较久,可用阿氏液替换抗凝剂,以 4∶1(4 份阿氏液加 1 份血液)比例混合血液,4 ℃可储存 4 周。

②反应的温度:不同病毒的血凝性在不同温度下反应明显,如细小病毒 4 ℃,痘病毒则 37 ℃,正黏病毒、副黏病毒 4~37 ℃均可。一般温度高时,结果出现快,需要的时间短,温度低时,结果出现晚,一般需 30 min。

③结果的判定:判定时首先应检查对照孔是否正确。如正确则证明各种条件及操作无误,如对照不正确,就必须重作。

9.14.5 实验报告

1)结果

根据实验结果完成实验报告。

2)思考题

①简述血凝试验的过程和结果的判定。

②简述血凝抑制试验的过程和结果的判定。

9.15 实验十五 凝集实验

鸡百痢快速血平板凝集试验

9.15.1 目的要求

掌握鸡白痢全血平板凝集试验的操作方法及结果判断。

9.15.2 基本原理

颗粒性抗原与相应抗体结合后,在有电解质存在时,互相凝聚成肉眼可见的凝集小块。参与反应的抗原称为凝集原,抗体称为凝集素。

9.15.3 实验材料及仪器

鸡白痢全血凝集反应抗原、鸡白痢阳性血清、生理盐水、洁净玻璃板、蜡笔、7 号或 9 号注射针头、75%酒精棉球、移液器、手电筒。

9.15.4 操作步骤

①用蜡笔将玻璃板分成 3 格。

②将抗原瓶充分摇匀,在 3 格内分别滴加 1 滴鸡白痢全血凝集反应抗原。

③用注射针头刺破鸡的翅静脉或冠尖,用移液器吸取全血 1 滴加入第 1 格内。

④用移液器吸取鸡白痢阳性血清 1 滴加入第 2 格内作阳性对照,吸取生理盐水 1 滴加入第 3 格内作阴性对照。

⑤以上 3 格用牙签随即搅拌均匀,并使散开至直径约 2 cm 为度。

⑥用手电筒反照玻璃板,仔细观察并判定。

9.15.5 实验报告

①抗原与血清混合后在 2 min 内发生明显颗粒状或块状凝集者为阳性。

②2 min 以内不出现凝集,或出现均匀一致的极微小颗粒,或在边缘处由于临干前出现絮状者判为阴性反应。

③在上述情况之外而不易判断为阳性或阴性者,判为可疑反应。

布鲁氏菌凝集试验

9.15.6　目的要求

掌握布鲁氏菌凝集试验的操作方法及结果判断。

9.15.7　基本原理

应用血清学方法检出血清中有抗体存在,则说明被检动物为布氏杆菌病患畜。动物感染布氏杆菌以后首先出现的是凝集抗体,再过一段时间才出现补体结合抗体,最后产生变态反应性。补体结合反应是一种高度特异性的,其阳性反应与感染的符合率,比血清凝集试验与感染的符合率高。我国的家畜布氏杆菌病检疫应用的免疫生物学方法主要是凝集试验。试管凝集反应:本试验按《家畜布氏杆菌病试管凝集反应技术操作规程及判定标准》进行。

9.15.8　实验材料及仪器

①抗原:由兽医生物药品厂生产供应。使用时用 0.5%石炭酸生理盐水作 1∶20 稀释,长霉或出现凝集块的抗原不能应用。

②被检血清:必须新鲜,无明显蛋白凝固,无溶血现象和腐败气味。

③阳性血清和阴性血清:由兽医生物药品厂生产供应。

④稀释液:0.5%石炭酸生理盐水,用化学纯石炭酸与氯化钠配制,经高压灭菌后备用。

⑤用具:1 mL 滴管、10 mL 滴管、试管架、洗耳球、10 mL 玻璃试管、移液器。

9.15.9　操作步骤

1) 被检血清的稀释

一般情况,牛、马和骆驼用 1∶50,1∶100,1∶200 和 1∶400 四个稀释度。猪、山羊、绵羊和狗用 1∶25,1∶50,1∶100,1∶200 四个稀释度。大规模检疫时也可用两个稀释度既牛、马和骆驼为 1∶50,和 1∶100;猪、山羊、绵羊和狗 1∶25 和 1∶50。

2) 血清稀释(以羊、猪为例)和加入抗原的方法

每份血清用 5 支小试管(口径 8~10 mm),第 1 管加入 2.3 mL 石炭酸生理盐水,第 2 管不加,第 3、第 4 和 5 管各加入 0.5 mL。用 1 mL 吸管吸取被检血清 0.2 mL,加入第 1 管中,并混合均匀。

混匀后,以该吸管吸取混合液分别加入第 2 管和第 3 管,每管 0.5 mL。以该吸管将第 3 管的混合匀吸取 0.5 mL 加入第 4 管混匀后,又从第 4 管吸出 0.5 mL 加入第 5 管,第 5 管混匀完毕弃 0.5 mL。如此稀释之后,从第 2 管起血清稀释度分别为 1∶12.2,1∶25,1∶50 和

1∶100。

血清规定用0.5%石炭酸生理盐水稀释，但检验羊血清时用0.5%石炭酸10%盐水溶液稀释。

加入抗原的方法：先以0.5%石炭酸生理盐水将抗原原液作20倍稀释（如果血清用0.5%石炭酸10%盐水溶液稀释则抗原原液也用0.5%石炭酸10%盐水稀释），然后加入上述各管（第1管不加，留作血清蛋白凝集对照），每管0.5 mL，振摇均匀，加入抗原后，第2管至第5管各管混合液的容积均为1 mL，血清稀释度从第2管起依次变为：1∶25，1∶50，1∶100，1∶200。

牛、马和骆驼血清稀释和加抗原的方法与上述一致，不同的是，第1管加2.4 mL0.5%石炭酸生理盐水和0.1 mL被检血清，加抗原后从第2管到第5管血清稀释度为1∶50，1∶100，1∶200和1∶400。

3）对照管的制作

每次试验须作3种对照各1份。

阴性血清对照：阴性血清的稀释和加抗原的方法与被检血清同。

阳性血清对照：阳性血清对照稀释到原有滴度，加抗原的方法与被检血清相同。

抗原对照（了解抗原是否有自凝现象）：加1∶20抗原稀释液0.5 mL于试管中，再加0.5 mL0.5%石炭酸生理盐水（如果血清用0.5%石炭酸10%盐水溶液稀释则也加入0.5%石炭酸10%盐水溶液）。

4）比浊管的制作

每次试验须配制比浊管作为判定清亮程度（凝集反应程度）的依据，配制方法如下：取本次试验用的抗原稀释液（即抗原原液的20倍稀释液）5～10 mL加入等量的0.5%石炭酸生理盐水（如果血清用0.5%石炭酸10%盐水稀释，则加入0.5%石炭酸10%盐水溶液）作对倍稀释，然后按表9.12配制比浊管。

表9.12 比浊管的配制

试管号	抗原稀释（1∶40）/mL	0.5%石灰酸生理盐水/mL	清亮度/%	判断（标记）
1	0	1.0	100	++++
2	0.25	0.75	75	+++
3	0.5	0.5	50	++
4	0.75	0.25	25	+
5	1.0	0	0	-

5）记录结果

全部试管充分振荡后，置37 ℃温箱中22～24 h后，用比浊管对照并记录结果。

9.15.10　结果分析

1) 实验结果

据各管中上层液体的清亮度记录凝集反应的强度(凝集价),特别是50%(即“++”的凝集)对判定结果关系很大,需用比浊管对照判定。

++++:完全凝集和沉淀,上层液体100%清亮(即100%菌体下沉)。

+++:几乎完全凝集和沉淀,上层液体75%清亮。

++:沉淀明显,液体50%清亮。

+:无沉淀。液体25%清亮。

-:无沉淀,不清亮。

确定每份血清的效价时,应以出现“++”以上的凝集现象(即50%的清亮)的最高血清稀释度为血清的凝集价。

2) 思考题

布氏杆菌病主要血清学诊断方法有几种?其优缺点如何?

9.16　实验十六　沉淀实验

9.16.1　目的要求

掌握环状沉淀和琼脂扩散试验的一般操作及结果判定。

9.16.2　实验材料及仪器

①用具:小试管[0.4 cm×(4~6)cm]、毛细吸管、三角烧瓶、高压灭菌器、酒精灯、玻片或平皿、打孔器(孔径4~6 mm)、温箱及湿盒等。

②试验试剂:优质琼脂1g加pH7.4的0.1mol/L PBS或生理盐水(禽类血清用8%盐水)100 mL;疑似炭疽杆菌病料、炭疽沉淀血清。

③抗原:鸡马利克氏病阳性抗原及待检鸡毛囊或马传贫抗原。

④抗体:鸡马利克氏病标准诊断血清或疑似马传贫的病马血清及阳性血清。

注意:若无上述抗原抗体材料,可用绵阳血清及兔抗羊血清抗体。

9.16.3　操作步骤

1) 环状沉淀试验(以炭疽杆菌为例)

①抗原制备:取可疑患炭疽死亡病畜皮肤或肝脏约1 g放试管或小三角瓶中,加生理盐

水 510 mL,煮沸 30~40 min。冷却后按最初量补足生理盐水,用滤纸过滤 3~4 次,取澄清液作为待检抗原。如检样为皮张时可用冷浸法,将检样置于 37 ℃温箱中烘干,经高压灭菌后剪成小块称重,然后加入 5~10 倍的 0.3%碳酸生理盐水,置温室下浸泡 18~24 h,同上法过滤取澄清液体作为沉淀原。

②取 3 支小试管,用毛细血管加 0.1 mL 炭疽沉淀血清(注意液面勿有气泡)。

③取其中 1 支毛细血管将待检抗原沿管壁轻轻加入,使其重叠在炭疽沉淀血清之上,上下两液间有一整齐界面(注意加液时动作轻缓,勿使产生气泡)。

④另两支小试管作对照,1 支加炭疽阳性抗原,1 支加生理盐水,方法同上(注意毛细血管必须专用,不能混乱使用)。

⑤在 5~10 min 内判断结果,上下重叠的两界面上出现乳白色环者为炭疽阳性,证明被检动物死于炭疽。加炭疽阳性抗原的对照管应出现白环,另一对照管则否。

2)琼脂扩散沉淀反应

抗原、抗体在含有电解质的琼脂凝胶基质中可以向四周自由扩散,如果二者是相应的具有特异性,则在一定部位相遇,并发生反应,出现肉眼可见的白色沉淀线。此种反应为琼脂扩散沉淀反应。

由于一种抗原可能含有数种抗原成分,因而在凝胶中的扩散速度也不一样,所以在凝胶中可以和抗血清形成数条沉淀线,每一条沉淀线即代表一种抗原成分。所以琼脂扩散反应除用作微生物的鉴定、疾病诊断外,还可用作抗原成分的分析。该反应的操作如下:取精制琼脂干粉 1~1.2 g,放入含 0.1‰硫柳汞的磷酸缓冲液(PBS)或硼酸缓冲液(BBS)中,水浴加热融化混匀。

①融化后以两层纱布夹薄层脱脂棉过滤,除去不溶性杂质。

②将直径 90 mm 的洁净平皿放在平台上。每平皿倒入热的琼脂 15~18 mL,厚度约2.5 mm。注意不要产生气泡,冷凝后加盖,把平皿倒置,防止水分蒸发,放在普通冰箱中保存 2 周左右。

③将琼脂平皿放于事先绘制好的图案上,用打孔器照图案打孔,外周孔径为 6 mm,中央孔径为 4 mm,孔间距 3 mm,如图 9.7 所示。

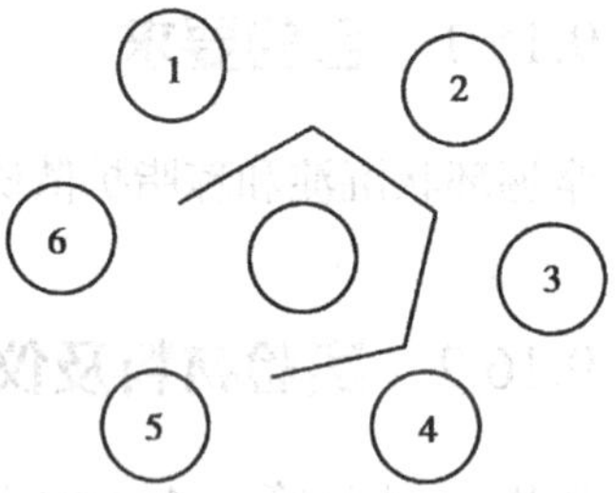

图 9.7 琼脂扩散反应图

打孔后用琼脂写字墨水,在琼脂板上端写上日期及编号等。在中央孔加入标准炭疽沉淀原,在外周孔1/2/3/4,各加炭疽沉淀素血清至孔满为止。加盖平皿,待孔中液体吸干后,将平皿倒置以防止水分蒸发;将琼脂板放入铺有数层湿纱布的带盖搪瓷盘中,置 15~30 ℃室温或 37 ℃恒温箱中,24 h 后,即可出现较粗的白色明显的沉淀线。

若用琼脂扩散反应诊断传染病,则是往中央孔滴加被检血清 1 滴(0.025~0.05 mL),在周围孔滴加不同浓度的抗原各一滴,放湿盒中静置于室温下或 37 ℃恒温箱中 2~5 d,观察结果。若阳性反应,则在抗原与抗体孔之间出现 1~2 条或多条白色沉淀线。阴性者,则无此反应。

9.16.4 实验报告

根据实验现象判定实验结果。

9.17 实验十七　酶联免疫吸附试验(ELISA)

9.17.1 猪瘟抗体检测(间接 ELISA)

1)目的要求

①了解酶联免疫吸附试验间接 ELISA 的机理。

②掌握酶联免疫吸附试验间接 ELISA 的方法。

2)基本原理

间接 ELISA 是测定抗体最常用的方法,属非竞争结合试验。基本原理是将抗原连接到固相载体上,样品中待测抗体与之结合成固相抗原-受检抗体复合物,再用酶标二抗(针对受检抗体的抗体,如羊抗人 IgG 抗体)与固相免疫复合物中的抗体结合,形成固相抗原-受检抗体-酶标二抗复合物,测定加底物后的显色程度,确定待测抗体含量。

间接 ELISA 方法的基本原理可用图 9.8 来表示。

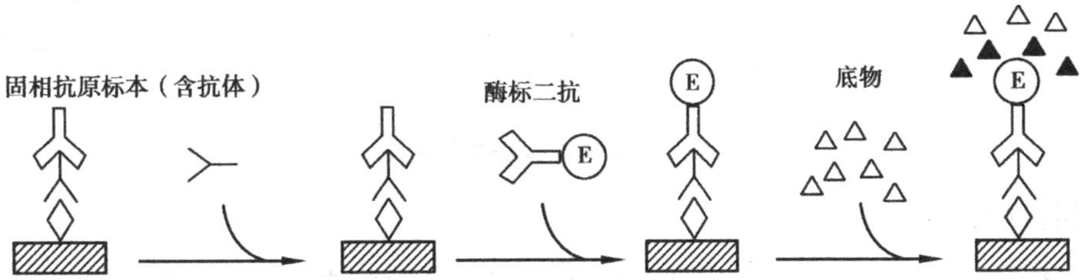

图 9.8　间接法 ELISA 测抗体示意图

3)实验材料及仪器

酶联检测仪,酶标板,微量加样器,猪瘟病毒,酶标 SPA,猪瘟阳性血清,猪瘟阴性血清,待检血清,pH9.6 碳酸缓冲液,洗涤液(PBS-T),BSA(牛血清白蛋白),封闭液,稀释液,底物溶液,30%双氧水,2 mol/L H_2SO_4溶液,邻苯二胺(POD)。

4)操作步骤

①用包被缓冲液将猪瘟病毒抗原稀释至 1~10 μg/mL,每孔加 0.1 mL,37 ℃包被 2~3 h。

②次日用 PBS-T 洗涤 3 次,每次 5 min,甩干。

③在每孔内加封闭液 0.2 mL,37 ℃封闭 3 h。

④重复第②步

⑤加一定稀释的待检血清(未知抗体)0.1 mL 于上述已包被的反应孔中,置 37 ℃孵育

1 h,洗涤。(同时做 3 组空白、阴性及阳性孔对照)于反应孔中,加入新鲜稀释的酶标 SPA 0.1 mL,37 ℃孵育 2 h,洗涤 3 次,最后一遍用 DDW(超轻水)洗涤。

⑥加底物液显色:于各反应孔中加入临时配制的 TMB 底物溶液 0.1 mL,37 ℃ 30 min。

⑦终止反应:于各反应孔中加入 2 mol/L 硫酸 0.05 mL。

⑧结果判定:可于白色背景上,直接用肉眼观察结果:反应孔内颜色越深,阳性程度越强,阴性反应为无色或极浅,依据所呈颜色的深浅,以"+""-"号表示。也可测 OD 值:在 ELISA 检测仪上,于 490 nm,以空白对照孔调零后测各孔 OD 值,若大于规定的阴性对照 OD 值的 2.1 倍,即为阳性。

9.17.2 鸡传染性法氏囊病病毒检测(夹心 ELISA)

1)目的要求

①了解酶联免疫吸附试验夹心 ELISA 的机理。

②掌握酶联免疫吸附试验夹心 ELISA 的方法。

2)基本原理

双抗体夹心法方法的基本原理可用图 9.9 来表示。

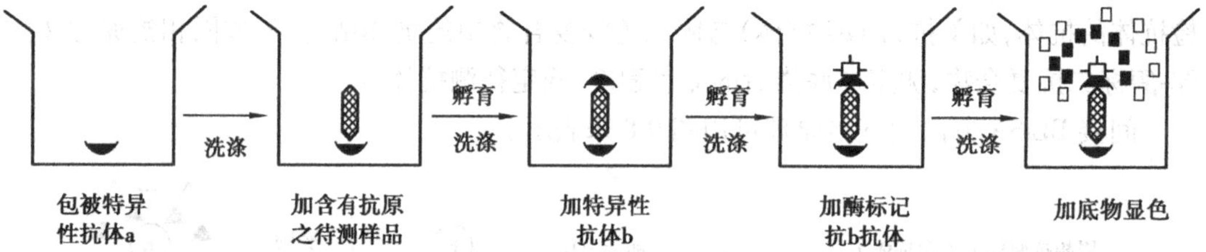

图 9.9 双抗体夹心法测抗原示意图

3)实验材料及仪器

酶联检测仪,酶标板,微量加样器,鸡传染性法氏囊病病毒,酶标抗体,阳性血清,阴性血清,待检血清,pH9.6 碳酸缓冲液,洗涤液(PBS-T),BSA(牛血清白蛋白),封闭液,稀释液,底物溶液,30%双氧水,2 mol/L H_2SO_4溶液。

四甲基联苯胺(TMB)显色液:

底物显色 A 液:醋酸钠 13.6 g,柠檬酸 1.6 g,30%双氧水 0.3 mL,蒸馏水加至 500 mL。

底物显色 B 液:乙二胺四乙酸二钠 0.2 g,柠檬酸 0.95 g,甘油 50 mL,0.15 gTMB 溶于 3 mL DMSO 中,蒸馏水加至 500 mL。

注意避光保存,使用的时候根据需要量取等量 AB 液混匀后使用。

4)操作步骤

(1)包被

用 0.05M pH9.6 碳酸盐包被缓冲液将抗体稀释至蛋白质含量为 1~10 μg/ mL。在每个聚苯乙烯板的反应孔中加0.1 mL,4 ℃过夜。次日,弃去孔内溶液,用洗涤缓冲液洗3次,每次3 min。(简称洗涤,下同)。

(2)加样

加一定稀释的待检样品0.1 mL于上述已包被的反应孔中,置37 ℃孵育1 h。然后洗涤。(同时做空白孔,阴性对照孔及阳性对照孔)。

(3)加酶标抗体

于各反应孔中,加入新鲜稀释的酶标抗体(经滴定后的稀释度)0.1 mL。37 ℃孵育0.5~1 h,洗涤。

(4)加底物液显色

于各反应孔中加入临时配制的TMB溶液0.1 mL,37 ℃10 min。

(5)终止反应

于各反应孔中加入2 mol/L硫酸0.05 mL。

(6)结果判定

可于白色背景上,直接用肉眼观察结果:反应孔内颜色越深,阳性程度越强,阴性反应为无色或极浅,依据所呈颜色的深浅,以"+""-"号表示。也可测OD值:在ELISA检测仪上,于450 nm,以空白对照孔调零后测各孔OD值,若大于规定的阴性对照OD值的2.1倍,即为阳性。

5)实验报告

(1)结果

完成实验报告。

(2)思考题

间接ELISA与夹心ELISA有何区别?

参考文献

[1] 参军平,程汉,等.动物微生物与免疫[M].北京:中国林业出版社,2013.
[2] 欧阳素贞,曹晶,等.动物微生物与免疫[M].北京:化学工业出版社,2014.
[3] 葛兆宏,等.动物微生物[M].北京:中国农业出版社,2001.
[4] 卢中华,等.动物微生物学[M].北京:中国科学技术出版社,1997.
[5] 李舫.动物微生物与免疫技术[M].北京:中国农业出版社,2006.
[6] 赫民忠.动物微生物[M].重庆:重庆大学出版社,2007.
[7] 李舫.动物微生物学[M].北京:中国农业出版社,2006.
[8] 王坤,等.动物微生物学[M].北京:中国农业大学出版社,2007.
[9] 胡建和,等.动物微生物学[M].北京:中国农业科学技术出版社,2006.
[10] 河南农业大学.动物微生物学[M].2 版.北京:中国农业出版社,2004.
[11] 黄青云.畜牧微生物学[M].2 版.北京:中国农业出版社,2003.
[12] 江苏省徐州农业学校.兽医微生物学[M].2 版.北京:中国农业出版社,1992.
[13] 葛兆宏.动物微生物[M].北京:中国农业出版社,2001.
[14] 杨汉春.动物免疫学[M].北京:中国农业大学出版社,2003.
[15] 胡桂学.兽医微生物学实验教程[M].北京:中国农业大学出版社,2006.
[16] 郭鑫.动物免疫学实验教程[M].北京:中国农业大学出版社,2006.
[17] 韦选民,等.动物疾病实验室检验手册[M].北京:中国农业出版社,2006.
[18] 钱存柔,等.微生物学实验教程[M].2 版.北京:北京大学出版社,2008.
[19] 王俊东.兽医药实验室检验技术[M].北京:中国农业科学技术出版社,2005.
[20] 马兴树.禽传染病实验诊断技术[M].北京:化学工业出版社,2006.
[21] 中国农业科学院,哈尔滨兽医研究所.兽医微生物学[M].北京:中国农业出版社,1998.
[22] 周珍辉.动物细胞培养技术[M].北京:中国环境科学技术出版社,2006.
[23] 周德庆.微生物学教程[M].3 版.北京.高等教育出版社,2011.
[24] 沈萍,陈向东.微生物学[M].3 版.北京:高等教育出版社,2011.